高等学校信息工程类专业系列教材

现 代 交 换 技 术

张继荣　屈军锁

杨武军　郭　娟　编著

糜正琨　　　主审

西安电子科技大学出版社

内 容 简 介

交换的概念是伴随着电话系统产生的。随着因特网技术的迅猛发展以及全球电信管制的开放，交换技术也从传统的电路交换、分组交换发展到以 ATM 和 IP 为核心的宽带分组交换，再到光交换。本书从全面、客观的角度出发，紧紧围绕交换的核心，介绍并分析与交换有关的方方面面，包括其演变、进展以及在网络中的角色等内容。

全书共分 8 章：第 1 章绪论，介绍交换原理、交换机的组成和各种交换技术；第 2 章介绍 7 号信令系统；第 3 章介绍电路交换技术和 FETEX-150、S-1240 典型机；第 4 章介绍分组交换技术及典型机的工作原理；第 5 章介绍宽带 ATM 交换技术；第 6 章介绍局域网交换技术；第 7 章介绍面向 IP 的交换技术；第 8 章介绍交换新技术，包括在网络演进过程中交换节点功能的变迁及软交换和光交换技术。每章后都配有思考题。

本书注重选材，内容翔实，层次清楚，编写方法新颖。

本书可作为普通高等院校通信、电子、信息等专业的本科教材或教学参考书，也可作为电信技术人员和研究人员的培训教材。

★ 本书配有电子教案，需要者可登录出版社网站，免费下载。

图书在版编目(CIP)数据

现代交换技术/张继荣等编著. —西安：西安电子科技大学出版社，2004.1(2025.8 重印)
ISBN 7-5606-1320-8

Ⅰ. 现…　Ⅱ. 张…　Ⅲ. 通信交换-高等学校-教材　Ⅳ. TN91

中国版本图书馆 CIP 数据核字(2003)第 105074 号

责任编辑　阎　彬　马武装　刘小莉
出版发行　西安电子科技大学出版社(西安市太白南路 2 号)
电　　话　(029)88202421　88201467　　　邮　　编　710071
网　　址　www.xduph.com　　　　　　电子邮箱　xdupfxb001@163.com
经　　销　新华书店
印刷单位　陕西天意印务有限责任公司
版　　次　2004 年 1 月第 1 版　2025 年 8 月第 13 次印刷
开　　本　787 毫米×1092 毫米　1/16　印张　18.5
字　　数　435 千字
定　　价　48.00 元
ISBN 978-7-5606-1320-8
XDUP 1591001-13
*** 如有印装问题可调换 ***

前　言

现有的通信网，无论是广域网还是局域网，绝大多数都是交换式通信网，即网络以交换机为核心组建。由于交换机具有强大的寻址能力、信息处理能力和出色的稳定性，同时解决了网络智能化问题，因此大大地增加了网络的灵活性和经济性，提高了网络的性能。

从 1898 年第一台人工交换机发展到今天，交换技术已有 100 多年的历史。随着网络的演进和发展，交换技术也从承载单一业务的电路交换、分组交换，发展到承载多种业务的宽带交换。电话网中的交换机，在用户需要通信时，只需在通信终端之间建立一条临时的电路连接，通信中不需要对信息进行差错检验和纠正。因此，该交换机的作用就像一个软件控制的开关电路，非常简单。而在数据网中，数据业务有较大的突发性，且对差错敏感。因此，数据网中的交换机除具有基本的交换功能外，还必须具有差错检验和流量控制等功能，以确保传送的数据正确；否则，将难以保证服务质量。宽带网络的目标是在一个网络中传送话音、数据、图像等多种业务。为了满足不同业务对服务质量的要求，交换机要有区分服务的能力，交换节点的功能将变得更复杂。由于通信网和交换技术是互相制约、共同发展的，因此要想搞清楚交换机是如何工作的，必须把它放在通信网中去学习。

在现有的交换技术教材中，传统电信教材只介绍广域网上使用的交换方式，电路交换色彩过重；而计算机教材对交换的介绍侧重协议，对交换机的内部工作讲述得不够。这两种情况均不能使读者对交换方式有一个全面的了解。本书紧紧围绕交换的核心——交换网络、转发表、路由表、控制信令展开论述，详细讲述了通信网中现有的各种交换技术和未来可能成为标准的多协议标记交换技术(MPLS)。为了便于读者更好地理解，本书采用了这样的描述方式：先明确要传送的业务及特点，再叙述根据这些具体要求所选择的合适的交换方式。

现在，人类已跨入"信息时代"，IP 数据业务以及传统的数据业务量的总和已经超过了话音业务。网络应用和业务重心的变化，必然会影响到骨干网络的结构、模式和交换技术。因此本书以未来网络的核心——分组交换技术为重点进行介绍。

用户端到端的通信，可能经过多个交换机，交换机之间的工作需要协调，否则交换机将无法正常工作。信令系统就在交换机之间扮演了这样的角色。由于信令系统在交换系统中起着非常重要的作用，因此我们将其单列一章介绍，使读者能够更深刻地理解交换过程。

全书共分 8 章：第 1 章绪论，介绍交换原理和各种交换技术；第 2 章介绍 7号信令系统；第 3 章介绍电路交换技术；第 4 章介绍分组交换技术；第 5 章介绍ATM 交换技术；第 6 章介绍局域网交换系统；第 7 章介绍面向 IP 的交换技术；第8 章介绍交换新技术。其中，第 1 章、第 3 章和第 8 章由张继荣编写，第 2 章和第6 章由杨武军编写，第 5 章和第 7 章由屈军锁编写，第 4 章由郭娟编写。这 4 位作者均参加了本书所有章节的讨论。

本书可作为普通高等院校通信、电子、信息等专业的本科教材或教学参考书，也可作为电信技术人员和研究人员的培训教材。

本书的编写和修改得到了很多老师、同仁和亲友的帮助与支持，特别是糜正琨教授对本书进行了细致的审校，提出了很多中肯的修改意见；本书的编写和出版也得到了西安电子科技大学出版社的大力支持。作者在此对以上人士和单位表示衷心的感谢。

限于作者的水平，书中难免有缺陷和不足之处，敬请广大读者批评指正。

作　者

2003 年 6 月于西安

目　录

2

3

第 1 章 绪 论

  交换机是通信网中不可缺少的重要组成部分。随着科学技术的发展和生产技术的不断提高，交换技术也在不断更新，交换机的性能更趋完善，接续速度更快，更能适应当今信息社会的需要。本章重点介绍交换的基本概念，交换机的功能，交换网络的实现，交换节点在通信网中的作用，多种交换方式及其特点等内容。

1.1 交换与通信网

1.1.1 交换机的引入

  通信的目的是实现信息的传递。在通信系统中，信息是以电信号或光信号的形式传输的。一个通信系统至少应由终端和传输媒介组成，如图 1.1 所示。终端将含有信息的消息，如话音、图像、计算机数据等转换成可被传输媒介接受的信号形式，同时将来自传输媒介的信号还原成原始消息；传输媒介则把信号从一个地点传送至另一个地点。这样一种仅涉及两个终端的单向或交互通信方式称为点对点通信。

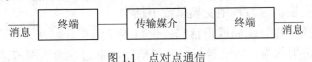

消息 ─ [终端] ─ [传输媒介] ─ [终端] ─ 消息

图 1.1　点对点通信

  当存在多个终端，且希望它们中的任何两个都可以进行点对点通信时，最直接的方法是把所有终端两两相连，如图 1.2 所示。这样的一种连接方式称为全互连式。全互连式连接存在下列一些缺点：

  (1) 当存在 N 个终端时，需用 N(N-1)/2 条线对，线对数量以终端数的平方增加。

  (2) 当这些终端分别位于相距很远的两地时，两地间需要大量的长线路。

  (3) 每个终端都有 N-1 对线与其它终端相接，因而每个终端需要 N-1 个线路接口。

  (4) 增加第 N+1 个终端时，必须增设 N 对线路。当 N 较大时，无法实用化。

  (5) 由于每个用户处的出线过多，因此维护工作量较大。

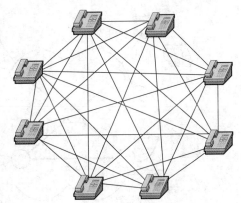

图 1.2　多用户全互连式连接

如果在用户分布密集的中心安装一个设备——交换机(switch，也叫交换节点)，每个用户的终端设备经各自的专用线路(叫用户线)连接到交换机上，如图 1.3 所示，就可以克服全互连式连接存在的问题。

图 1.3 中，当任意两个用户之间要交换信息时，交换机将这两个用户的通信线路连通。用户通信完毕，两个用户间的连线就断开。有了交换设备，N 个用户只需要 N 对线就可以满足要求，线路的投资费用大大降低，用户线的维护也变得简单容易。尽管这样增加了交换设备的费用，但它的利用率很高，相比之下，总的投资费用将下降。

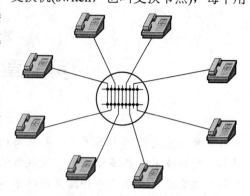

图 1.3 用户通过交换机连接

1.1.2 通信网

最简单的通信网(communication network) 仅由一台交换机组成，如图 1.4 所示。每一台通信终端通过一条专门的用户环线(简称用户线)与交换机中的用户接口连接。交换机能在任意选定的两条用户线之间建立和释放一条通信链路。

当用户数量很多且分布的区域较广时，一台交换机不能覆盖所有用户，这时就需要设置多台交换机组成如图 1.5 所示的通信网。网中直接连接电话机或终端的交换机称为本地交换机或市话交换机，相应的交换局称为端局或市话局；仅与各

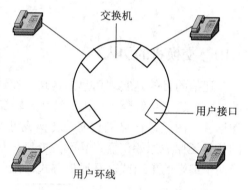

图 1.4 由一台交换机组成的通信网

交换机连接的交换机称为汇接交换机。当通信距离很远，通信网覆盖多个省市乃至全国范围时，汇接交换机常称为长途交换机。交换机之间的线路称为中继线。显然，长途交换设备仅涉及交换机之间的通信，而市内交换设备既涉及到交换设备之间的通信又涉及到交换设备与终端的通信。

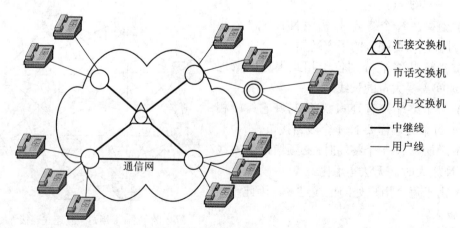

图 1.5 多台交换机组成的通信网

图 1.5 中的用户交换机 PBX(Private Branch Exchange)常用于一个集团的内部。PBX 与市话交换机之间的中继线数目通常远比 PBX 所连接的用户线数目少，因此当集团中的电话主要用于内部通信时，采用 PBX 要比将所有话机都连到市话交换机上更经济。当 PBX 具有自动交换能力时，又称为 PABX(Private Automatic Branch Exchange)。公共电话网只负责接续到 PBX，进一步从 PBX 到电话机的接续常需要由话务员转接，或采用特殊的直接接入设备(DID)。

由此可见，交换机在通信网中起着非常重要的作用，它就像公路中的立交桥，可以使路上的车辆(信息)安全、快捷地通往任何一个道口(交换机输出端口)。

1.1.3　面向连接网络和无连接网络

信息在通信网中由发端至终端逐节点传递时，网络有两种工作方式：面向连接 CO(Connection Oriented)和无连接 CL(Connectionless)。某种程度上，这两种工作方式可以比作铁路和公路。铁路是面向连接的，例如从北京到广州，只要铁路信号往沿路各站一送，道岔一合(类似交换的概念)，火车就可以从北京直达广州，一路畅通，保证运输质量。而公路则不然，卡车从北京到广州一路要经过许多岔路口，在每个岔路口都要进行选路，遇见道路拥塞时还要考虑如何绕道走，要是拥塞情况较多时就会影响运输，或者延误时间，或者货物受到影响，质量得不到保证。这就是无连接的情况。

1. 面向连接网络

图 1.6 给出了面向连接网络的传送原理。

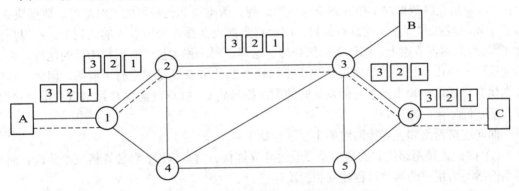

图 1.6　面向连接网络的传送原理

假定 A 站有三个数据块要送到 C 站，它首先发送一个"呼叫请求"消息到节点 1，要求到 C 站的连接。节点 1 通过路由表确定将该信息发送到节点 2，节点 2 又决定将该信息发送到节点 3，节点 3 又决定将该消息发送到节点 6，节点 6 最终将"呼叫请求"消息投送到 C 站。如果 C 站准备接受这些数据块的话，它就发出一个"呼叫接受"消息到节点 6，这个消息通过节点 3、2 和节点 1 送回到 A 站。现在，A 站和 C 站之间可以经由这条建立的连接(图中虚线所示)来交换数据块了。此后的每个数据块都经过这个连接来传送，不再需要选择路由。因此，来自 A 站的每个数据块，穿过节点 1、2、3、6，而来自 C 站的每个数据块穿过节点 6、3、2、1。数据传送结束后，由任意一端用一个"清除请求"消息来终止这一连接。

面向连接网络建立的连接有两种：实连接和虚连接。用户通信时，如果建立的连接由一条接一条的专用电路资源连接而成，无论是否有用户信息传递，这条专用连接始终存在，且每一段占用恒定的电路资源，那么这个连接就叫实连接；如果电路的分配是随机的，用户有信息传送时才占用电路资源(带宽根据需要分配)，无信息传送就不占用电路资源，对用户的识别改用标志，即一条连接使用相同标志统计的占用电路资源，那么这样一段又一段串接起来的标志连接叫虚连接。显然，实连接的电路资源利用率低，而虚连接的电路资源利用率高。

2. 无连接网络

这里以图 1.7 为例来说明无连接网络是如何实现传送的。

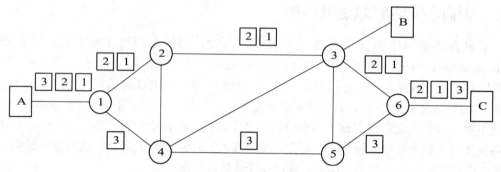

图 1.7　无连接网络的信息传送过程

假定 A 站有三个数据块要送到 C 站，它将数据块 1、2、3 一连串地发给节点 1。节点 1 需对每个数据块做出路由选择的决定。在数据块 1 到来后，节点 1 得知节点 2 的队列短于节点 4，于是它将数据块 1 排入到节点 2 的队列。数据块 2 也是如此。但是对于数据块 3，节点 1 发现现在到节点 4 的队列最短，因此将数据块 3 排在去节点 4 的队列中。在以后通往 C 站路由的各节点上，都作类似的处理。这样，每个路由虽都有同样的目的地址，但并不遵循同一路由。另外，数据块 3 先于数据块 2 到达节点 6 是完全有可能的，因此，这些数据块有可能以一种不同于它们发送时的顺序投送到 C 站，这就需要 C 站来重新排列它们，以恢复它们原来的顺序。

面向连接网络和无连接网络的主要区别如下：

(1) 面向连接网络用户的通信总要经过建立连接、信息传送、释放连接三个阶段；而无连接网络不为用户的通信过程建立和拆除连接。

(2) 面向连接网络中的每一个节点为每一个呼叫选路，节点中需要有维持连接的状态表；而无连接网络中的每一个节点为每一个传送的信息选路，节点中不需要维持连接的状态表。

(3) 用户信息较长时，采用面向连接的通信方式的效率高；反之，使用无连接的方式要好一些。

1.1.4　网络分层模型

随着科学技术的发展，通信的范围越来越大，这就需要更多的通信网络和通信设备间都能够互通互连。为了保证各网络与设备有良好的互通性，降低设计的复杂度，人们引入了分层参考模型。

1. 开放系统互连参考模型

为了使各种计算机在世界范围内互连成网，国际标准化组织 ISO(International Standards Organization)在 1978 年提出了一套非常重要的标准框架，即开放系统互连参考模型 OSI/RM (Open System Interconnection Reference Model)，简称 OSI。这里，"开放"的意思是：只要遵循 OSI 标准，一个系统就可以和位于世界上任何地方的、也遵循同一标准的其它任何通信系统进行通信。

现在，OSI 模型已经成为通信界，尤其是网络界共同遵守的标准。许多主要的协议(如 TCP/IP)和网络(如 X.25、FR、ATM、Internet 等)均有相应的参考模型标准，这大大提高了导入新技术的方便性及对各种通信网(电话网、X.25 网、局域网及 Internet 等)的适应性。为了能够在以后各章讨论问题清晰，本书将有关 OSI 内容放在第 1 章中介绍。

OSI 的参考模型具有七个层次，因此也将它称为分层模型，见图 1.8。

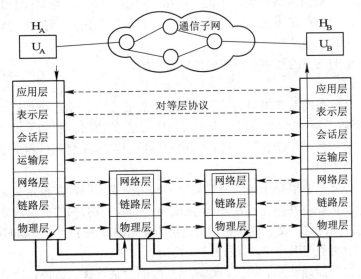

H_A：主机 A；U_A：用户 A；H_B：主机 B；U_B：用户 B

图 1.8 OSI 的分层模型

各层的主要功能如下：

1) 物理层

物理层与通信媒介直接相连，其功能是提供用于建立、保持和断开物理接口的条件，以保证比特流的透明传输。物理层协议主要规定了计算机或终端与通信设备之间的接口标准，它包含接口的物理、电气、功能与规程四个方面的特性。

物理层传送的基本单位是比特，又称位。

2) 数据链路层

数据链路层是 OSI 的第二层，简称链路层。它主要负责数据链路的建立、维持和拆除，并在两个相邻节点的线路上，将网络层送下来的信息(分组)组成帧传送，每一帧包括一定数量的数据和一些必要的控制信息。为了保证数据帧的可靠传输，数据链路层应具有差错控制功能。在传送数据时，若接收节点检测到所接收数据中有差错，就要求发端重发，直至该帧被正确接收。同时，数据链路层还应具备简单的流量控制功能，以防止接收缓存器容量不够而产生溢出。这样，链路层就把一条有可能出错的实际物理链路转变成让网络层向下看起来好像是一条不出差错的链路，实现了在不可靠的物理链路上进行可靠的数据传输的功能。

数据链路层传输的基本单位是帧。常用的数据链路层协议是 ISO 推荐使用的高级数据链路控制 HDLC(High-level Data Link Control)规程。它是面向比特的传输控制规程。

3) 网络层

网络层又叫通信子网层，主要用于控制子网的运行。网络层将从高层传送下来的数据打包，再进行必要的路由选择、差错控制、流量控制以及顺序检测等处理，使发端用户的运输层所传下来的数据能够准确无误地按照地址传送到目的用户的运输层。

网络层的主要任务是路由选择、数据包的分段和重组以及拥塞控制等。

值得指出的是：根据网络类型的不同，网络层可以不存在。例如对于由广播信道所构成的通信子网，由于不存在路由选择问题，故一般不需要网络层。对于一个通信子网来说，第三层即网络层是它的最高层。

网络层所传送的信息的基本单位叫做分组或者包。

4) 运输层

运输层位于开放系统互连模型的第四层，它是衔接通信子网(由物理层、数据链路层及网络层构成)和资源子网(包含会话层、表示层及应用层)的桥梁，起到了承上启下的作用。运输层对高层用户起到了屏蔽作用，使高层用户的同等实体在交互过程中不会受到下层数据通信技术细节的影响。

运输层的任务就是要根据子网的特性最佳地利用网络资源，并根据会话实体的要求，以最低费用和最高可靠性在两个端用户(即发端用户和收端用户)的会话层之间建立一条运输连接，以透明方式传送报文，或者说，运输层为会话层提供了一个可靠的端到端的服务。运输层只能存在于端系统用户中，又称端—端层。

运输层的主要功能是建立、拆除和管理端系统的会话连接。这种连接是会话实体之间的一种逻辑信道。OSI 规定运输层提供 0～4 共五类协议，以适应不同的网络特性，满足会话层提出的服务质量要求。0 类是最简单类，适用于可靠型的网络，其协议不存在排序、流控和错误检测等方面的处理，只是让信息直接穿过；4 类的服务质量最高。为了保证服务质量，运输层对数据进行分段/合段或者分割/拼接等处理，组成运输层报文，并选择合适的服务等级，以适应高低层通信之间的差异；类似地，为了适应低层提供的不同服务质量，有时要进行复用/解复用，合路/分路等处理，同时，也要进行端到端的流量控制。

运输层传送的信息的基本单位是分段报文。

5) 会话层

会话层又称会晤层，其任务就是提供一种有效的方法，以组织和协商两个表示层进程之间的会话，并管理它们之间的数据交换。会话是指两个用户(表示层进程)之间的连接。会话可允许一个用户进入远程分时系统，或在两个用户计算机之间传送一个文件。会话层的主要功能是依据在应用进程之间约定的原则，按照正确的顺序发/收数据，进行各种形态的对话，其中包括对对方是否有权参加会话的身份核实，确定由哪一方支付通信费用，并且在选择功能方面取得一致，如是选全双工还是选半双工通信等等。另外，在会话建立后，需要对进程间的对话进行管理和控制，如权标的发放(只有持有权标的一方才可以执行某种关键的操作)和同步的管理(当会话由于某种原因中止时，在数据中插入检验点，会话恢复后仅重传最后一个检验点后的数据)。

在有些计算机网络中，会话层与运输层是合二为一的，其总的功能都是为用户建立一条逻辑信道。

会话层传送的信息的基本单位也叫报文，但它与运输层的报文有本质的不同。

6) 表示层

表示层主要解决用户信息的语法表示问题，它向上对应用层提供服务。表示层对信息格式和编码起转换作用，例如将 ASCll 码转换成 EBCDIC 码等，同时将欲交换的数据从用户的抽象语法转换成适合 OSI 系统内部使用的传送语法。表示层还提供信息压缩的功能，如采用哈夫曼编码对文本进行压缩。此外，对传送的信息进行加密与解密也是表示层的任务之一。

表示层传送的信息也是以报文为单位的。

7) 应用层

应用层是 OSI 体系结构的最高层，它直接面向用户，以满足用户不同的需求，是惟一向应用程序直接提供服务的层。其功能包括：提供网络完整透明性，用户资源的配置，应用管理和系统管理，分布式信息服务及分布式数据库管理等。

应用层传送的是用户数据报文。

上述层次中 1~3 层的功能属于通信子网的功能，这些功能的实现均体现在交换机内。按照分层模型设计交换机，可以将设备的复杂功能简单化、层次化，使每一个层次在信息交换中都担当一个独立的角色，具有特定的功能。

2. 分层结构中使用的术语

在分层模型结构中，相邻层间低层为高层提供服务。服务通过定义的相邻层间服务接入点 SAP(Service Access Point)，用一组确定的服务原语实现。OSI 定义了请求、指示、响应、证实四种类型的原语。"请求"原语请求下层服务者提供服务，促成某项工作，如建立连接。服务提供者收到这一请求后，通知接收方对等服务提供者(对等层)，收方服务提供者用"指示"原语通知上层用户，有人想要与它建立连接。如果收方同意建立连接，可以向自己的服务提供者回发一个"响应"原语，收方将此信息传到发方，发方服务提供者再以"证实"原语通知当初曾发出"连接请求"原语的用户，连接任务完成。

在一次服务中，如果发方提出请求，收方给以确认(使用四类原语)，这类服务称为有证实的服务，它可以保证信息的可靠传送；如果对服务结果不确认(只使用请求和指示原语)，则称为非证实的服务，这类服务不能保证信息的可靠传送。

第 N+1 层递交给第 N 层的数据单元叫第 N 层业务数据单元 N-SDU(N-Service Data Unit)，第 N 层加上一些必要的控制信息 H(Header)后，就构成第 N 层的协议数据单元 N-PDU(N-Protocol Data Unit)，见图 1.9。其中，SDU 是要通过网络传到远端对等层的业务信息，H 字段帮助对等层实体执行相应的对等层协议，对等层间通信使用对等层协议。

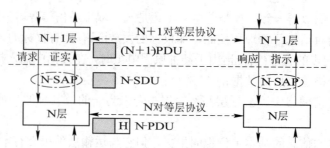

PDU：协议数据单元； SDU：业务数据单元； SAP：服务接入

图 1.9　OSI 服务的概念

1.1.5　信息在网络中的传送方式

信息在网络中的传送方式称为传送模式，包括信息的复用、传输和交换方式。复用方式和传输方式对交换方式有很大影响，因此本节介绍同步传送模式 STM(Synchronous Transfer Mode)和异步传送模式 ATM(Asynchronous Transfer Mode)。

1. 同步传送模式

STM 采用同步时分复用 STDM(Synchronous Time Division Multiplexing)、传输和同步时分交换 STDS(Synchronous Time Division Switch)技术。所谓时分复用，就是采用时间分割的方法，把一条高速数字信道分成若干条低速数字信道，构成同时传输多个低速信号的信道。

同步时分复用是指将时间划分为基本时间单位，一帧时长是固定的(常见的为 125 μs)。每帧分成若干个时隙，并按顺序编号，所有帧中编号相同的时隙成为一个子信道，该信道是恒定速率的，具有周期出现的特点。一个子信道传递一路信息。这种信道也称为位置化信道，因为根据它在时间轴上的位置，就可以知道是第几路信道。

对同步时分复用信号的交换实际上是对信息所在位置的交换，即时隙的内容在时间轴上的移动，称为同步时分交换。

STM 的优点是一旦建立连接，该连接的服务质量便不会受网络中其它用户的影响。但是为了保证连接所需带宽，必须按信息最大速率分配信道资源。这一点对恒定比特率业务没有影响，但对可变比特率业务会有影响，它会降低信道利用率。

2. 异步传送模式

ATM 采用异步时分复用 ATDM(Asynchronous Time Division Multiplexing)、传输和异步时分交换 ATDS(Asynchronous Time Division Switch)技术。

把需要传送的信息分成很多小段，称为分组。每个分组前附加标志码，说明分组要去哪个输出端。来自同一用户的信息划分成的分组的标志码相同。各个分组在复接时可以使用任何时隙(子信道)。这样，把一个信道划分成若干子信道，用标志码标识的信道称为标志化信道。这时，一个信道中的信息与它在时间轴上的位置(即时隙)没有必然联系。将这样的子信道合成为一个信道的技术，称为异步时分复用(也叫统计时分复用)。

对异步时分复用信号的交换实际上就是按照每个分组信息前的路由标志，将其分发到出线，这种交换方式叫异步时分交换(也叫存储转发交换)。

异步时分复用的优点是能够统计地、动态地占用信道资源。在连接建立并给连接分配带宽时，ATM 与输入业务流速率无关，可以不按最大信息速率分配带宽。在相等的信道资源前提下，ATM 比 STM 接纳的连接数更多。

图 1.10 对两种时分复用信号进行了简单的比较。

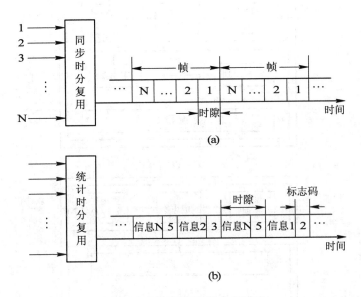

图 1.10　两种复用方式比较

(a) 同步时分复用；(b) 异步时分复用

1.2　交　换　原　理

1.2.1　交换节点的功能结构

通信网由终端、交换机和传输系统组成。终端只是信息产生的源点或接收信息的目的点。传输系统负责传送信息。网络中的复杂控制只能由交换机来完成，因此，交换机的性能决定了网络的性能。

无论何种交换机，在通信网中均完成如下功能：

(1) 接入功能：完成用户业务的集中和接入，通常由各类用户接口和中继接口完成。

(2) 交换功能：指信息从通信设备的一个端口进入，从另一个端口输出。这一功能通常由交换模块或交换网络完成。

(3) 信令功能：负责呼叫控制及连接的建立、监视、释放等。

(4) 其它控制功能：包括路由信息的更新和维护、计费、话务统计、维护管理等。

虽然具体交换技术的实现受到业务网络实现方式的限制，但实现交换的基本成分均包含路由表、转发表(可选)、交换模块(分为空分型、共享存储器型和总线型等)和相关控制信令(路由信息交换信令、转发表的建立控制信令、局间端到端的连接建立信令等)，见图 1.11。

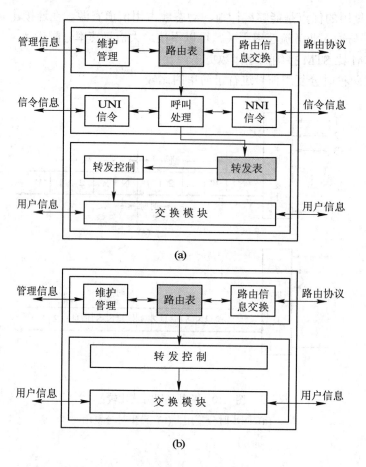

图 1.11　交换节点的功能结构

(a) 面向连接；(b) 无连接

1. 路由表

终端、交换机和传输线之间的连接形式多种多样。如果用线表示传输线，用点表示终端或交换机，那么用点和线的组合就可以描述网络的拓扑结构。线型、星型、网型、环型、树型是几种基本的网络拓扑结构，复杂的网络结构是这几种基本结构的组合。

交换机要正确完成指定的交换功能，基本的前提是网络中的每一个交换节点都必须拥有当前网络的拓扑结构信息。为便于叙述，我们将交换节点中存储的到网络中每一个目的地的路由信息的数据结构称为"路由表"，交换节点依靠它进行寻址选路。

路由表可以静态设置，如电话网中的路由表和 ITU ATM 网中的路由表是以局数据的形式人工输入的，输入前已根据网络拓扑结构考虑了冗余路由。这种情况下，交换节点之间可以不使用路由协议。路由表也可以动态创建，如无连接的 Internet 就是根据路由协议来交换网络拓扑信息，创建转发的路由表的。

2. 转发表

在无连接网络中，由于每一个分组都携带目的地网络地址，交换节点只需要根据路由表就可以完成从入端口到出端口的交换。

在面向连接网络中，连接建立阶段传递的控制数据中包含目的地地址，沿途交换节点以目的地地址为关键字，查找路由表，就可以确定到指定目的地相应入端口的信息应该交换到哪一个出端口，交换节点同时将该信息保存到一张数据表中，以维持网络内的连接状态，这张表就是转发表。在用户数据传输阶段，用户数据无需携带目的地地址，交换节点将根据已经建立好的转发表实现快速的数据交换。实际上，转发表记录的是一个交换节点当前维持的连接在该交换节点实现交换时要走的内部通道信息。根据交换实现技术的不同，转发表的内容和物理形式也不相同。

在广域网中，对于 CL 型的网络，由于每个节点无需创建并维持连接状态，其网络节点只需一张路由表就可以完成转发任务；而 CO 型的网络则需要两张表：路由表和转发表。其中，路由表建立的是交换机之间的连接，而转发表控制交换机内部数据的高速转发。转发表通过管理系统或信令协议来创建。通过管理系统创建的转发表，一般提供永久或半永久连接；而通过信令协议创建的转发表，支持动态交换型连接。

3. 交换模块

交换功能是交换系统最重要的基本功能之一。完成这一基本功能的部件是交换模块，也叫交换网络(switching network)。

如果不考虑交换网络的内部结构，那么交换网络对外的特性是一组入线和一组出线。N 条入线和 N 条出线组成的交换网络用 N×N 表示。对于数字交换网络，每一条入线和出线均是时分复用线。交换网络的作用是将任意入线的信息交换到指定出线去。交换网络的工作原理见图 1.12。

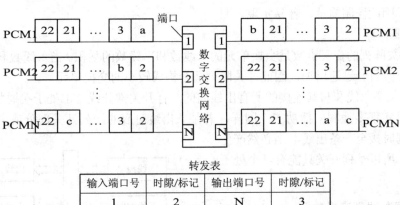

转发表

输入端口号	时隙/标记	输出端口号	时隙/标记
1	2	N	3
2	3	1	22
⋮	⋮	⋮	⋮
N	21	N	2

图 1.12　交换网络的工作原理

1.2.2　基本交换单元

交换网络由基本交换单元构成。基本交换单元有如下几种：空分阵列、共享总线型交换单元和共享存储器型交换单元。

1. 空分阵列

1) 一般结构

空分阵列由一组入线、一组出线以及连接入线和出线的开关(交叉点)组成,因此也叫开关阵列,见图 1.13。

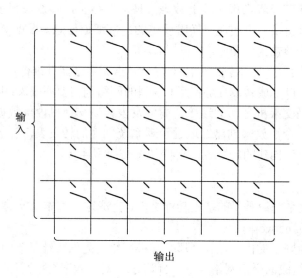

输入

输出

图 1.13　空分阵列

在交换单元内部,要建立任意入线和任意出线之间的连接,只需通过控制开关的闭合就可实现,因此控制简单,容易实现。

2) 主要特点

(1) 开关阵列的交叉点数是交换单元的入线数和出线数的乘积。当入线数和出线数增加时,交叉点数目会迅速增加,因此开关阵列适合构成较小的交换单元。

(2) 当某条入线和与其连接的所有出线间的一行开关部分或全部处于接通状态时,开关阵列很容易实现多播和广播功能。同样,若某条出线对应的一列开关部分或全部接通,若干条入线同时接至一条出线,则必然产生出线冲突,所以一列开关只能有一个处于接通状态。

2. 共享总线型交换单元

1) 一般结构

共享总线型交换单元包括入线控制部件、出线控制部件和总线三部分。交换单元的每条入(出)线经各自的入(出)线控制部件与总线相连。总线按时隙轮流分配给各个入线控制部件和出线控制部件使用,分配到总线的输入部件将输入信号送到总线上,见图 1.14。

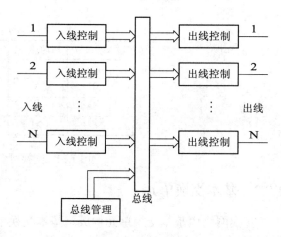

图 1.14　共享总线型交换单元的一般结构

2) 主要特点

入线控制部件的功能是接收入线信号，将信号的格式进行相应变换，然后放在缓冲存储器中，并在分配给该部件的时隙上把收到的信息送到总线上。出线控制部件的功能是检测总线上的信号，并把属于自己的信息读入一个缓冲存储器中，再将信号格式做相反变换，形成出线信号送出。

总线包括多条数据线和控制线。数据线用于在入线控制部件和出线控制部件间传送信号。控制线用于控制各入线控制部件以获得时隙和发送信息，并控制出线控制部件读取属于自己的信息。

总线的时隙分配要按一定的规则。最简单也最常用的规则是：不管各入线控制部件是否有信息，只是按顺序把时隙分给各入线。比较复杂但效率较高的规则是：只在入线有信息时才分配入线时隙。因此共享总线型交换单元既可以用于同步交换也可以用于存储转发交换，这取决于时隙分配原则。

3. 共享存储器型交换单元

1) 一般结构

共享存储器型交换单元的一般结构如图 1.15 所示。它的核心部件是存储器，它被分成 N 个区域，N 个输入数字信号分别存入 N 个不同区域，再分别读出以实现交换。

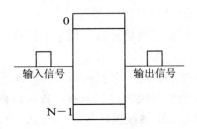

图 1.15　共享存储器型交换单元的一般结构

2) 工作方式

共享存储器型交换单元的工作方式有两种：

(1) 入线缓冲。若存储器中的 N 个区域是和各路输入信号一一对应的，即第 1 路输入信号送到第 1 个存储区域(编号为 0)，第 2 路输入信号送到第 2 个存储区域(编号为 1)等等，则称交换单元是入线缓冲的。

(2) 出线缓冲。若存储器中的 N 个区域是和各路输出信号一一对应的，即第 1 个存储区域(编号为 0)的数据作为第 1 路输出信号，第 2 个存储区域(编号为 1)的数据作为第 2 路输出信号等等，则称交换单元是出线缓冲的。

共享存储器型交换单元既可用于同步交换也可用于存储转发交换，但它们的具体实现有所不同。

1.2.3　交换机的物理结构

下面以电话交换机为例，说明交换机的组成结构。

一台电话交换机通常由三部分组成：接口、交换网络及控制系统，见图 1.16。

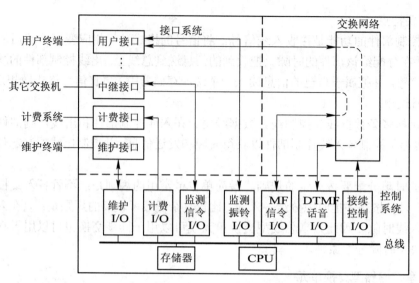

图 1.16　交换机的组成框图

用户通过用户线连接到交换系统的用户接口，交换局间通过中继线连接中继接口。根据传输线上的信号不同，用户接口和中继接口又有模拟和数字之分。通过用户或中继接口可以将来自不同终端(如电话机、计算机等)或其它交换机的各种传输信号转换成统一的交换机内部工作信号，并按信号的性质分别将信令传送给控制系统，将用户信号传送给交换网络。

除话音业务接口外，交换机还有维护接口，用来连接维护中心，对交换机进行集中的操作、管理和维护(OAM)。

操作是指在具体安装一台交换机时，对交换机所做的配置和状态控制。操作员应能通过"操作"功能了解交换机安装的各类接口和参数，各接口线所对应的地址和电话号码以及整个交换机安装了多少个终端和中继线接口等。

管理是对通信网中的业务量的控制以及路由表的维护，同时也负责日常话务量统计、通话时间记录及计费等工作。

维护包括对交换机故障的检测、故障的定位和修复。

通过计费接口，可以将交换机采集到的原始通话数据，如通话开始和结束时间，发、收双方电话号码等信息送到存储器或计费中心，计费中心按通话距离、通话时长、优惠时段和费率等计算通话费用并形成交费话单。

交换网络实现各入/出线上信号的传递和交换。交换机内部的网络通道(如 TS16)可以传送交换机内部的管理信息或处理机之间的通信信息。

在控制系统控制下，交换机收发信令，完成交换接续、日常维护、话务统计、测量、计费和设备的管理以及系统输入、输出等所有的控制功能。

1.3　交换技术分类

1.3.1　业务特点

通信以传送信息为目的，但是不同信息间的差异很大。

1．信息相关程度不同

数字信号由二进制"0"和"1"的组合编码表示。对于语音码组，传输中如果一个比特发生错误，不会影响它的语义，如果出现多个错误，根据前后语义的相关性，也可以推断出其含义。但如果一个数据码组在传输中发生一个比特错误，则在接收端可能会被理解成为完全不同的含义。特别对于银行、军事、医学等关键事务处理，发生的毫厘之差都会造成巨大的损失。一般而言，数据通信的比特差错率必须控制在 10^{-8} 以下，而话音通信比特差错率可达 10^{-3}。

2．时延要求不同

有些业务要求比特流以很小的时延和时延抖动(抖动是指信息的不同部分到达目的地时具有不同的时延)到达对端，这类业务叫实时业务。其典型的例子是 64 kb/s 的语音和可视电话业务。对于电话业务，端到端时延不能大于 25 ms(ITU-T G.164)，否则需要加上回波抵消器。即使在有回波抵消器的情况下，时延也不能大于 ±500 ms，否则交互式的会话将变得十分困难。与话音业务相比，大多数数据业务对时延并不敏感。

3．信息突发率不同

突发率是业务峰值比特率与平均比特率的比值。突发率越大，表明业务速率变化越大。不同的业务在平均比特率和突发率方面都有不同的特征，见表 1.1。

表 1.1　几种业务的平均比特率和突发率

业　　务	平　均　比　特　率	突　发　率
话音	32 kb/s	2
交互式数据	1～100 kb/s	10
批量数据	1～10 kb/s	1～10
标准质量图像	1.5～15 Mb/s	2～3
高清晰度电视	15～150 Mb/s	1～2
高质量可视电话	0.2～2 Mb/s	5

话音的突发性主要来自突发的讲话和寂静，典型情况下这二者各占 50%的时间，平均比特率大约为 32 kb/s，一般不会出现长时间信道中没有信息传输的情况。而如果计算机通信双方处于不同的工作状态时，数据传输速率是大不相同的。如批量数据传送的突发性很高，因为在读出磁盘的一些连续扇区后，必须移动磁头才能读下一组连续扇区。

综上所述，话音、数据等不同的通信业务具有不同的特点，因而在网络发展过程中形成了不同的交换方式。已出现的多种交换方式见图 1.17。

在图 1.17 中，我们从电信网络使用的交换技术和计算机通信网络使用的交换技术两条线索进行总结。

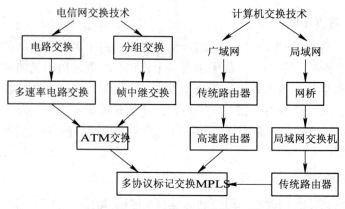

图 1.17　交换技术分类

1.3.2　电路交换

电路交换是最早出现的一种交换方式，也是电话通信使用的交换方式。电话通信要求为用户提供双向连接以便进行对话式通信，它对时延和时延抖动敏感，而对差错不敏感。因此当用户需要通信时，交换机就在收、发终端之间建立一条临时的电路连接，该连接在通信期间始终保持接通，直至通信结束才被释放。通信中交换机不需要对信息进行差错检验和纠正，但要求交换机处理时延要小。交换机所要做的就是将入线和指定出线的开关闭合或断开。交换机在通信期间提供一条专用电路而不做差错检验和纠正，这种工作方式称为电路交换 CS(Circuit Switching)。电路交换是一种实时的交换。

1．电路交换的过程

电路交换是一种面向连接的技术。图 1.18 描述了电路交换的过程，它包括呼叫/连接建立、信息传送(通话)和呼叫/连接释放。

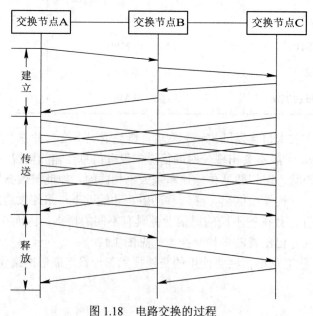

图 1.18　电路交换的过程

2．电路交换的特点

电路交换采用同步时分复用和同步时分交换技术，它具有的特点是：

(1) 整个通信连接期间始终有一条电路被占用，即使在寂静期也是如此。信息传输时延小。

(2) 电路是"透明"的，即发送端用户送出的信息通过节点连接，毫无限制地被传送到接收端。所谓"透明"是指交换节点未对用户信息进行任何修正或解释。

(3) 对于一个固定的连接，其信息传输时延是固定的。

(4) 固定分配带宽资源，信息传送的速率恒定。

如果采用电路交换方式传送数据有以下缺点：

(1) 所分配的带宽是固定的，造成网络资源的利用率降低，不适合突发业务传送。

(2) 通信的传输通路是专用的，即使在没有信息传送时别人也不能利用，所以采用电路交换进行数据通信的效率较低。

(3) 通信双方在信息传输速率、编码格式、同步方式、通信规程等方面要完全兼容，这使不同速率和不同通信协议之间的用户无法接通。

(4) 存在着呼损。由于通信线路的固定分配和占用方式，会影响其它用户的再呼入。

电路交换适合于电话交换、文件传送、高速传真业务使用，但它不适合突发业务和对差错敏感的数据业务使用。

3．多速率电路交换

电路交换方式建立的连接只有一种传送速率，常见的为 64 kb/s。为了满足不同业务的带宽需要，出现了多速率电路交换 MRCS(Multi-Rate Circuit Switching)。

多速率电路交换仍然采用固定分配带宽资源的方法。与电路交换不同的是，这种交换资源的分配不是一个等级，而是多个等级。因此，实现多速率交换的一个关键问题是确定基本速率(基本带宽资源)。基本速率定得低，不能满足高带宽业务的需要；基本速率定得高，对低带宽业务会造成浪费。另外多速率的类型也不能太多，否则控制复杂，难以实现。

多速率电路交换技术是窄带综合业务网 N-ISDN(Narrowband Integrated Services Digital Network)使用的交换技术。

1.3.3 分组交换

1．报文交换

报文交换(message switching)是根据电报的特点提出来的。电报的交换传输基本上只要求单向连接，一般也允许有一定的延迟，但如果传输中有差错，必须改正以确保信息正确。因此报文的传送不需要提供通信双方的实时连接，但每个交换节点要有纠错、检错功能。

1) 报文交换原理

报文交换的基本工作原理如图 1.19 所示。交换机把来自用户的报文先暂时存在交换节点内排队等候，待交换节点出口上线路空闲时，就转发至下一节点，这种方式叫存储—转发(store and forward)交换，报文在下一节点再存储—转发，直至到达目的节点。在该方式中，信息是以报文为单位传输的。为了保证报文的正确传送，网络节点必须具有信息处理、存储和路由选择功能。

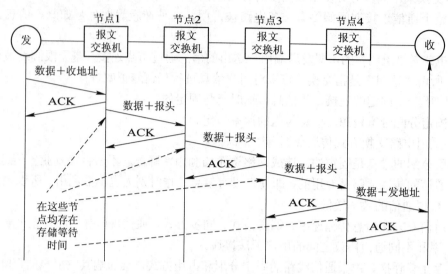

图 1.19 　报文交换原理示意图

2) 报文交换特点

报文交换的优点是：

(1) 报文交换不需要事先建立连接，并且可采用多路复用，因此不独占信道，从而可大大提高线路的利用率。

(2) 用户不需要叫通对方就可发送报文，无呼损。

(3) 容易实现不同类型终端之间的通信，输入/输出电路速率及电码格式可以不同。

报文交换的主要缺点是：

(1) 当长报文通过交换机存储并等待发送时，会在交换机中产生较大时延，不利于实时通信。

(2) 要求交换机有高速处理能力及大的存储容量，增加了设备费用。

报文交换适用于公共电报及电子信箱业务。

2. 分组交换

报文交换传输时延大，不能满足实时性的要求，为此人们进行了一些探索，提出了分组交换的概念。

1) 分组交换原理

分组交换 PS(Packet Switching)把要发送的数据报文分成若干个较短的、按一定格式组成的分组(packet)，然后采用统计时分复用将这些分组传送到一个交换节点。交换节点仍然采用存储—转发技术。分组具有统一格式并且长度比报文短得多，便于在交换机中存储及处理。分组在交换机的主存储器中停留很短时间，一旦确定了新的路由，就很快被转发到下一个节点机。分组通过一个交换机(节点)的平均时延比报文要小得多。

分组交换技术是在早期的低速、高出错率的物理传输线基础上发展起来的，为了确保数据可靠传送，交换节点要运行复杂的协议，以完成差错控制和流量控制等主要功能。由于链路传输质量太低，逐段链路的差错控制是必要的。

支持分组交换的协议有多种，根据协议的不同，分组交换网络可以是面向连接的，也可以是无连接的。面向连接的分组网络提供虚电路 VC(Virtual Circuit)服务，无连接的分组网络提供数据报 DG(Datagram)服务。

2) 分组交换的特点

分组交换存在如下优点：

(1) 由于采用"存储—转发"，可以实现不同速率、不同代码及同步方式、不同通信规程的用户终端间的通信。

(2) 采用统计时分复用技术，多个用户共享一个信道，通信线路利用率高。

(3) 由于引入逐段差错控制和流量控制机制，使传输误码率大为降低，网络可靠性提高。

分组交换也存在以下缺点：

(1) 技术实现复杂。分组交换机要提供存储—转发、路由选择、流量控制、速率及规程转换状态报告等，要求交换机具有较好的处理能力，所以软件较为复杂。

(2) 网络附加的传输控制信息较多。由于需要把报文划分成若干个分组，每个分组头又要加地址及控制信息，因此降低了网络的有效性。

(3) 信息从一端传送到另一端，穿越网络越长，分组时延越大。

这种传统的分组交换主要应用于数据通信，很难应用于实时多媒体业务。

1.3.4　帧中继

帧中继 FR(Frame Relay)是以分组交换技术为基础的高速分组交换技术，它对目前分组交换中广泛使用的 X.25 通信协议进行了简化和改进，在网络内取消了差错控制和流量控制，将逐段的差错控制和流量控制处理移到网外端系统中实现，从而缩短了交换节点的处理时间。这是因为光纤通信具有低误码率的特性，所以不需要在链路上进行差错控制，而采用端对端的检错、重发控制方式。这种简化了的协议可以方便地利用 VLSI 技术来实现。

这种高速分组交换技术具有很多优点：可灵活设置信号的传输速率，充分利用网络资源提高传输效率；可对分组呼叫进行带宽的动态分配，因此可获得低延时、高吞吐率的网络特性；速率可在 64 kb/s～45 Mb/s 范围内。

帧中继适用于处理突发性信息和可变长度帧的信息，特别适用于计算机网络互连。

1.3.5　ATM 交换

ATM 是 ITU-T(国际电联电信部)确定的用作宽带综合业务数字网 B-ISDN(Broadband Integrated Services Digital Network)的复用、传输和交换模式。信元是 ATM 特有的分组单元，话音、数据、视频等各种不同类型的数字信息均可被分割成一定长度的信元。它的长度为 53 字节，分成两部分：5 字节的信元头含有用于表征信元去向的逻辑地址、优先级等控制信息；48 个字节的信息段用来装载不同用户的业务信息。任何业务信息在发送前都必须经过分割，封装成统一格式的信元，在接收端完成相反操作以恢复业务数据原来的形式。通信过程中业务信息信元的再现，取决于业务信息要求的比特率或信息瞬间的比特率。

ATM 具有以下技术特点：

(1) ATM 是一种统计时分复用技术。它将一条物理信道划分为多个具有不同传输特性的逻辑信道提供给用户，实现网络资源的按需分配。

(2) ATM 利用硬件实现固定长度分组的快速交换，具有时延小、实时性好的特点，能够满足多媒体数据传输的要求。

(3) ATM 是支持多种业务的传递平台，并提供服务质量 QoS(Quality of Service)保证。ATM 通过定义不同 ATM 适配层 AAL(ATM Adaptation Layer)来满足不同业务传送性能的要求。

(4) ATM 是面向连接的传输技术，在传输用户数据之前必须建立端到端的虚连接。所有信息，包括用户数据、信令和网管数据都通过虚连接传输。

(5) 信元头比分组头更简单，处理时延更小。

ATM 支持语音、数据、图像等各种低速和高速业务，是一种不同于其它交换方式、与业务无关的全新交换方式。

1.3.6　计算机网络使用的交换技术

计算机网络以共享资源和交换信息为目的。从服务范围看，计算机网络分为局域网 LAN(Local Area Network)、城域网 MAN(Metropolitan Area Network)和广域网 WAN(Wide Area Network)。本书主要介绍 LAN 和 WAN 中使用的交换技术。

早期的 LAN 网络为共享传输介质的以太网或令牌网，网络中使用总线型交换网络、半双工方式进行通信。当用户数增多时，每个用户的带宽变窄，而且极易导致网络冲突，引起网络阻塞。解决这一问题的传统方法是在网络中加入 2 端口网桥，即采用网络分段技术。在一个较大的网络中，为保证响应速度，往往要分割出数十个甚至数百个网段，这使整个网络的成本增加，网络的结构和管理更复杂。

局域网交换技术是在多端口网桥的基础上于 20 世纪 90 年代初发展起来的，它是一种改进了的局域网桥。与传统的网桥相比，它能提供更多的端口(4～88)，端口之间通过空分交换网络直连或采用存储—转发交换技术。局域网交换机的引入，简化了大型 LAN 的拓扑结构，减少了冲突和带宽窄的问题。传统 LAN 与交换式 LAN 的对比见图 1.20。

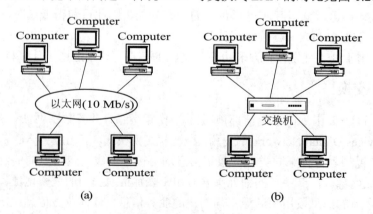

图 1.20　传统 LAN 和交换式 LAN

(a) 传统 LAN；(b) 交换式 LAN

局域网交换机仍然采用广播式分组通信方式，这会导致广播风暴，因此又引入了路由器。路由器将不同的 LAN 互连，可以隔离广播风暴。路由器具有路由选择功能，可以为跨越不同 LAN 的流量选择最适宜的路径，可以绕过失效的网段进行连接，还可以进行不同类型网络协议的转换，实现异种网络互连。

路由器将很多个分布在各地的计算机局域网互连起来构成广域网，可以实现更大范围的资源共享，见图 1.21。如今最大的广域网是因特网(Internet)，它使用 TCP/IP 协议。

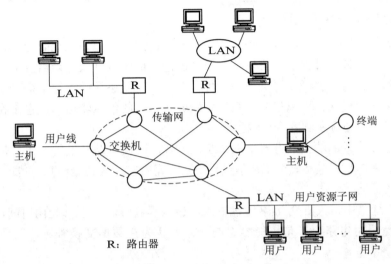

图 1.21　广域网的组成

路由器的连接是借助公共传输网络(如电信网)实现的。公共传输网络基本可以分成三类：一类是电路交换网络，主要是公共交换电话网 PSTN(Public Switch Telephone Network)和综合业务数字网 ISDN(Integrated Service Digital Network)；一类是分组交换网络，主要是 X.25 分组交换网和帧中继等；还有一类是数字数据网 DDN(Digital Data Network)和光纤传送网。

路由器使用无连接的分组交换技术。它的工作是检查进入的数据包，将其目标地址与路由表中的项目相比较，如果是直接相连子网的站点，则路由器将其转发到目的地；否则，查询相应的路由表，选择合适的路由通过物理网络将其送到邻接的路由器。

传统的路由器对每个要转发的分组进行大量的处理，因此要求传统的路由器具有丰富的功能，要能够同时支持多种协议，具有上百个可配置的参数，能够实现复杂的分组过滤机制，增强对网络的控制。这些丰富的功能通常是通过软件获得的。遗憾的是，随着网络中通信量的增加，软件处理的速度越来越慢，拥挤成为突出问题。

为了解决传统路由器的瓶颈问题，人们引入了高速路由器。高速路由器采用多层交换技术，通过两种独立的方法解决瓶颈问题：

(1) 基于硬件的转发，加速转发处理过程。提高路由器速度的方法是改变其结构，将路由计算、控制等非实时任务用软件来实现，分组转发等实时工作用硬件实现，这样转发数据分组的速率达到了每秒数千万个。

(2) 基于流或标签的转发，根据通信的目标地址优化路由，使用较短的固定长度的标签对数据流进行转发，避免对分组的重复性选路。

这两种方法的优点在于它们互相补充，可以配合使用来改善整个网络的性能，增强网络的可扩展性。已经出现的多层交换技术有：第 2 层交换、第 3 层交换、第 4 层交换、ATM

上的多协议互连 MPOA(Muti-Protocol over ATM)、标签交换 TAG(Tag Switch)、多协议标记交换 MPLS(Multi Protocol Label Switching)等。

1.3.7 交换技术比较

1. 电路交换、分组交换和 ATM 交换的比较

交换系统的功能可以用两种说法来描述。一种说法是,交换系统的功能是在入端和出端之间建立连接。按这种说法,可以把交换系统想像成一堆开关,当需要把一个入端和一个出端连接起来的时候就搬动开关。另一种说法是,交换系统的功能是把入端的信息分发到出端上。按这种说法,可以把交换系统想像成一个大的信息转运站,它接收入端上的信息,然后分门别类地分发到各个出端上。

以电路连接为目的的交换方式是电路交换方式。因此电路交换的动作就是在通信时建立电路,通信完毕断开电路。至于通信过程中双方是否在相互传送信息,传送了什么信息,都与交换系统无关。

在计算机通信中,人机交互(从键盘输入,显示器输出)时间长,空闲时间可高达 90%以上,如果仍然采用电路交换是不能容忍的。人们认为在数据交换领域,应使用分组交换方式。

分组交换方式不是以电路连接为目的,而是以信息分发为目的的。因此信息传送给交换机时要先经过一番加工处理:分段、封装、检错和纠错、流量控制、反馈重发等,然后根据分组头中的地址域和控制域,把一个个分组分发到各个出端上。

可以这样说,电路交换是一种"粗放"的和"宏观"的交换方式,它只管电路而不管在电路上传送的信息。相比之下,分组交换比较"精微"和"细致",它对传送的信息进行管理。

ATM 交换是一种改进的快速分组交换技术。它对信息的管理不像分组交换那样"精微"和"细致"。因为连接 ATM 交换机的是光纤传输线,其传输错误微乎其微,因此 ATM 网络中取消了逐段的差错控制和流量控制,ATM 交换节点的控制自然也简化了。为了满足实时业务的要求,ATM 也使用了一些电路交换中的方法。所以,ATM 交换不仅仅是简化控制,而是结合了电路交换和分组交换的优点,产生的一种新的交换技术。

综上所述,我们可以得出结论:电路交换只闭合网络开关,不处理信息,时延小,最适合实时业务,典型应用是话音;分组交换处理每一个信息,差错小,最适合数据业务;ATM 交换用于 B-ISDN,适合现有和未来的所有业务。

2. OSI 与节点交换技术

OSI 分层模型将一个物理实体完成的功能分成多个逻辑功能层,每一层具有不同的功能,多层功能的组合可完成整体功能。利用这种技术,可以将交换节点复杂而庞大的设计问题简化为一些"单层"设计问题。OSI 与各种交换技术之间的关系概述如下。

电路交换完成的功能相当于 OSI 模型的第 1 层,即在物理层交换,无需使用协议。

使用 X.25 协议的传统分组交换完成 OSI 模型的低 3 层功能,即包括物理层、数据链路层、网络(分组)层的功能。数据链路层采用完全的差错控制(包括对传送信息的帧定位、差错检验、差错恢复),交换在第 3 层实现。由于其节点处理复杂,转发信息速率最低。

帧交换完成 OSI 模型的低 2 层，即物理层和数据链路层功能，并对数据链路层进行简化，只完成数据链路层的核心功能(对传送信息的帧定位和差错检验)，交换在第 2 层实现。其节点复杂度比 X.25 低，转发速率高于 X.25 网。

ATM 协议完成相当于 OSI 模型的低 2 层功能，网络中的交换节点不再支持对用户信息的任何差错控制，交换在第 2 层实现。节点对用户信息处理的复杂度最低，允许转发速率最高。

局域网交换也使用 OSI 模型的低 2 层，但它的数据链路层比较复杂，交换在第 2 层实现。

传统路由器使用 OSI 模型的低 3 层协议，交换在第 3 层实现。

表 1.2 给出了网络中使用的交换技术特点的比较。

表 1.2　交换技术特点的比较

技术 特性	电路交换	分组交换 (面向连接)	帧中继 (交换)	ATM 交换	分组交换 (无连接)
复用方式	同步复用	统计复用	统计复用	统计复用	统计复用
带宽分配	固定带宽	动态带宽	动态带宽	动态带宽	动态带宽
时延	最小	较大	小	小	不定
连接方式	面向连接	面向连接	面向连接	面向连接	无连接
差错控制	无	有	有	有限	有
信息单元长度	固定	可变	可变	固定	可变
最佳应用	话音	批量数据	LAN 互连	多媒体	短数据

1.4　交换技术演进

1.4.1　电路交换技术的演进

1876 年在 Bell A.G 发明电话以后的很短时间里，人们就意识到应该把电话线集中到一个中心节点上，这些中心点可以把电话线连接起来，这就诞生了最早的电话交换技术——人工磁石电话交换机。这种交换机的交换网络就是一个接线台，非常简单，接线由人工控制。由于人工接续的固有缺点，如接续速度慢，接线员需日夜服务等，迫使人们寻求自动接续方式。

在 1889 年，Strowger A. B. 发明了第一个由两步动作完成的上升旋转式自动交换机，以后又逐步演变为广泛应用的步进制自动交换机。这种交换机的交换网络由步进接线器组成，主叫用户的拨号脉冲直接控制交换网络中步进选择器的动作，从而完成电话的接续，属于直接控制(direct control，或叫分散控制)方式。步进选择器动作范围大，带来的直接后果是接续速度慢，噪音大。直接控制的方式导致组网和扩容非常不灵活。

第一个纵横交换机于 1932 年投入使用。纵横交换机的交换网络由纵横接线器组成，与步进接线器相比，器件动作范围减小了很多，接续速度明显提高。它采用一种称为"记发器"的特殊电路实现收号控制和呼叫接续，是一种间接控制(indirect control，也叫集中控制)方式。这种控制方式下的组网和容量扩充灵活。

　　第二次世界大战后，当整个长距离网络实现自动化时，自动电话占据了统治地位。晶体管的发明刺激了交换系统的电子化，导致了 20 世纪 50 年代后期第一个电子交换机的出现。

　　随着计算机技术的出现，从 20 世纪 60 年代开始有了软件控制的交换系统。如 1965 年，美国开通了世界上第一个用计算机存储程序控制的程控交换机。由于采用了计算机软件控制，用户的服务性能得到了很大发展，如增加了呼叫等待、呼叫转移以及三方通话功能等。

　　模拟信号转换为数字信号的原理随着脉冲编码调制 PCM(Pulse Code Modulation)的推出而被人们广泛接受。20 世纪 70 年代，电话语音被编码后传送，出现了数字程控交换机。由于计算机比较昂贵，因此采用了集中控制方式。

　　数字程控交换在发展初期，有些系统由于成本和技术上的原因，曾采用过部分数字化，即选组级数字化，而用户级仍为模拟型的形式，编/译码器也曾采用集中的共用方式，而非单路编/译码器形式。随着集成电路技术的发展，很快就采用了单路编/译码器和全数字化的用户级。

　　微处理机技术的迅速发展和普及，使数字程控交换普遍采用多机分散控制方式，灵活性高，处理能力增强，系统扩充方便而经济。

　　软件方面，除去部分软件要注重实时效率和/或为了与硬件关系密切而用汇编语言编写以外，普遍采用高级语言，包括 C 语言、CHILL 语言和其它电信交换的专用语言。对软件的主要要求不再是节省空间开销，而是可靠性、可维护性、可移植性和可再用性，使用了结构化分析与设计、模块化设计等软件设计技术，并建立和不断完善了用于程控交换软件开发、测试、生产、维护的支持系统。

　　数字程控交换机的信令系统也从随路信令走向共路信令。

　　综上所述，到了 20 世纪 80 年代中期，交换网络已实现了从模拟到数字，控制系统从单级控制到分级控制，信令系统从随路信令到 7 号共路信令的转变。

　　经过一百多年的发展，电路交换技术已非常完善和成熟，是目前网络中使用的一种主要交换技术。传统电话交换网中的交换局，GSM 数字移动通信系统的移动交换局，窄带综合业务数字网(N-ISDN)中的交换局，智能网 IN(Intelligent Network)中的业务交换点 SSP(Service Switching Point)均使用的是电路交换技术。

1.4.2　分组交换技术的发展

　　20 世纪 60 年代初期，欧洲 RAND 公司的成员 Paul Baran 和他的助手们为北大西洋公约组织制定了一个基于话音打包传输与交换的空军通信网络体制，目的在于提高话音通信网的安全和可靠性。这个网络的工作原理设想是：把送话人的话音信号分割成数字化的一些"小片"，各个小片被封装成"包"，并在网内的不同通路上独立地传输到目的端，最后从包中卸下"小片"装配成原来的话音信号送给受话人。这样，在除目的地之外的任何其它终点，只能窃听到支言片语，不可能是一个完整的语句。另外，由于每个话音小片可以有多条通路到达目的站，因而网络具有抗破坏和抗故障能力。

　　第一次论述这种分组交换通信网络体制的论文发表于 1964 年(P. Baran et al.，On Distributed Communications，Series of 11 reports，Rand Coorp. Santa Monica，Ca.，Aug. 1964)。可惜由于当时的技术尤其是数字技术水平所限，并且对语音信号实现复杂处理的器件以及大型网络的分组交换、路由选择和流量控制等功能所要求的计算机还十分缺乏和昂贵,因而这种网络体制未能实现。

第一个利用这个研究成果的是美国国防部的高级研究计划局 ARPA(Advanced Research Project Agency)。当时 ARPA 在全国范围内的许多大学和实验室安装了许多计算机,进行大量的基础和应用科学研究工作。由于时区、计算中心负荷、专用软件、硬件等的差别,他们觉得需要一种能交换数据和共享资源的有效办法。 当时世界上还没有任何能实现资源共享的网络,因此 ARPA 决定致力于开发一个网络,把分组交换技术应用于网络的数据通信。这就是 1969 年开始组建、1971 年投入运营的 ARPANET——世界上第一个采用分组交换技术的计算机通信网。

第一代的分组交换机由一台主机和接口信息处理机 IMP(Interface Message Processor)组成, 见图 1.22。主机将发送的报文分成多个分组,加上分组头,为每一个分组独立选路,然后将某个输入队列中的分组转移到某个输出队列中并发往目的地。接收端作相反处理。IMP 执行较低级别的规程,例如链路差错控制,以减轻主计算机的负荷。系统中的软件也是 ARPANET 专用的。受计算机速度的限制,第一代分组交换机每秒只能处理几百个分组。

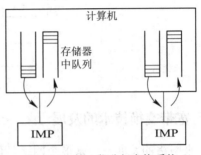

图 1.22 第一代分组交换系统

到 1969 年 12 月已经有由 4 个节点组成的实验性网络被启动。当更多的 IMP 被安装时,网络增长的非常快,并且很快覆盖了全美国。

后来,IMP 软件被修改,允许终端直接连接到特殊的 IMP 即终端接口处理机(TIP)上,每台 IMP 可以有多台主机(为了节省开支),主机可以与多台 IMP 对话(保护主机不受 IMP 故障影响),主机还可以与 IMP 远距离连接(适用于主机远离网络的情况)。这就是第二代分组交换机的雏形,见图 1.23。这一时期不同研究机构使用各自的协议控制分组交换机的工作。

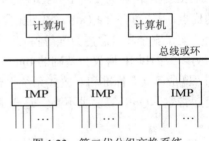

图 1.23 第二代分组交换系统

第二代分组交换系统的特征是采用共享媒体将 IMP 互连,计算机主要用于虚电路的建立,通信协议各自独立。

1974~1975 年间,已有多个独立的公用分组网在建设之中。在英国的 NPL、美国的 TELENET、加拿大的 DATAPAC、法国的 PTT 以及其它一些国家的努力下,分组交换技术逐步完善,形成了多层次结构的网络体系。1976 年 3 月,ITU-T 制定了著名的 X.25 建议,实现了用户—网络接口的标准化,使得不同数据终端可以通过任何一个分组数据网传送信息。在这以后,又陆续制定了其它有关的建议,如 X.28,X.75,X.29 等,这些协议对不同终端接入分组交换网、分组交换网之间的互连、分组交换网与电话交换网的互连起到了重要的作用。

第三代分组交换系统使用标准化的协议,用交换网络取代了共享媒体网络,解决了分组交换机的瓶颈问题，增强了并行处理功能，大大提高了网络的吞吐量。第三代分组交换机的结构示意图见图 1.24。

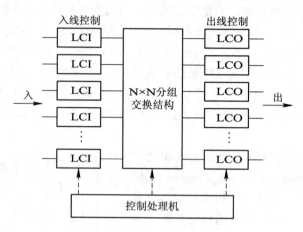

图 1.24　第三代分组交换系统

1.4.3　宽带交换技术的发展

未来网络的发展不会是多个网络，而是用一个统一的宽带网络提供多种业务。这个网络中的关键设备——交换机，也必须能实现多种速率、多种服务要求及多种业务的交换。

使宽带网络成为可能的技术有三种：ATM、宽带 IP 技术和光交换技术。

1. ATM 与 IP

ATM 是电信界为实现 B-ISDN 而提出的面向连接的技术。它集中了电路交换和分组交换的优点，具有可信的 QoS 来保证语音、数据、图像和多媒体信息的传输。它还具有无级带宽分配、安全和自愈能力强等特点。

另一方面以 IP 协议为基础的 Internet 的迅猛发展，使 IP 成为当前计算机网络应用环境中的"既成事实"标准和开放式系统平台。其优点在于：① 易于实现异种网络互连；② 对延迟、带宽、QoS 等要求不高，适于非实时的信息通信；③ 具有统一的寻址体系，易于管理。

ATM 和 IP 都是发展前景良好的技术，但它们在发展过程中都遇到了问题。

从技术角度看，ATM 技术是最佳的，而且 ATM 过于完善了，其协议体系的复杂性造成了 ATM 系统研制、配置、管理、故障定位的难度；ATM 没有机会将现有设施推倒重来，构建一个纯 ATM 网。相反，ATM 必须支持主流的 IP 协议才能够生存。

传统的 IP 网络只能提供尽力而为(best effort)的服务，没有任何有效的业务质量保证机制。IP 技术在发展过程中也遇到了路由器瓶颈等问题。

如果把这两种技术结合起来，既可以利用 ATM 网络资源为 IP 用户提供高速直达数据链路，发展 ATM 上的 IP 用户业务，又可以解决 Internet 发展中的瓶颈问题，推动 Internet 业务的进一步发展。

在支持 IP 协议时，ATM 处于第二层，IP 协议处于第三层，这是业界普遍认可的一种网络模型。当网络中的交换机接收到一个 IP 分组时，它首先根据 IP 分组中的 IP 地址通过某种机制进行路由地址处理，按路由转发。随后，按已计算的路由在 ATM 网上建立虚电路(VC)。以后的 IP 分组在此 VC 上以直通方式传输，从而有效地解决了传统路由器的瓶颈问题，并提高了 IP 分组转发速度。

随着吉比特高速路由器的出现及 IP QoS、MPLS 等概念的提出，ATM 的优势也发生了变化。新的网络模型被人们提出，IP 作为二层处理的呼声日益高涨，甚至有人说随着 MPLS 产品的出现及 IP QoS 问题的解决，对 ATM 的需求将会日益减少。ATM 技术与 IP 技术在未来骨干网中的地位之争达到空前激烈的程度，很多电信运营厂商仍在观望，而更多的厂商则是双管齐下。

尽管在未来谁是主流的问题上有很多分歧，但多数厂商和研究人员均认为 ATM 技术与 IP 技术在未来很长一段时间内将共存，并最终融合在一起。目前最看好的是支持两者结合的多协议标记交换(MPLS)技术，它的大部分标准已制定。

2. 光交换技术

光纤传输技术在不断地进步，波分复用系统在一根光纤中已经能够传输几百吉比特每秒到太比特每秒的数字信息。传输系统容量的快速增长带来的是对交换系统发展的压力和动力。通信网中交换系统的规模越来越大，运行速率也越来越高，未来的大型交换系统将需要处理总量达几百、上千太比特每秒的信息。但是目前的电子交换和信息处理网络的发展已接近了电子速率的极限，其中所固有的 RC 参数、钟偏、漂移、串话、响应速度慢等缺点限制了交换速率的提高。为了解决电子瓶颈限制问题，研究人员开始在交换系统中引入光子技术，实现光交换。

光交换的优点在于，光信号在通过光交换单元时，不需经过光电、电光转换，因此它不受检测器、调制器等光电器件响应速度的限制，对比特速率和调制方式透明，可以大大提高交换单元的吞吐量。光交换将是未来宽带网络使用的另一种宽带交换技术。

思 考 题

1.1 全互连式网络有何特点？为什么通信网不直接采用这种方式？
1.2 在通信网中引入交换机的目的是什么？
1.3 无连接网络和面向连接的网络各有何特点？
1.4 OSI 参考模型分为几层？各层的功能是什么？
1.5 网络分层模型的意义是什么？分层设计对交换机有什么益处？
1.6 已经出现的交换方式有哪些？各有何特点？
1.7 交换方式的选择应考虑哪些因素？
1.8 比较电路交换、分组交换、ATM 交换的异同。
1.9 交换机应具有哪些基本功能？实现交换的基本成分是什么？
1.10 交换网络有哪些基本的交换单元？它们是如何工作的？

第 2 章　 7 号信令系统

两个人之间要进行正常的沟通,前提是他们使用相同的语言。同样,当人们使用通信网来通信时,前提也是构成通信网的设备之间也要使用相同的语言进行通信协调。信令系统在设备之间就扮演了这样的角色。本章介绍电话网的信令系统,主要内容包括:信令的基本概念、7 号信令的协议结构、7 号信令系统各层的主要功能、信令网的结构和工作原理及电话用户部分的信令过程等。

2.1　信令系统概述

2.1.1　信令的概念

通过上一章的学习,我们知道了在通信网上的一个交换节点可以完成任意入线到任意出线之间连接的建立任务。但由于广域网络上用户众多,且分布在很大的地理范围内,很难用一个交换节点实现所有用户的互连,因此在广域通信网上的任意两用户间的通信,一般都会涉及多个交换节点。

为保证在一次通信业务的执行过程中相关的终端设备、交换设备、传输设备能够协调一致地完成必需的交换动作和控制信息的传递,通信网必须提供一套标准的控制系统,在相关设备之间交换控制信息,以协调完成相应的控制任务。我们将这些控制信息的语法、语义、信息传递的时序流程以及产生、发送和接收这些控制信息的软、硬件共同组成的集合体称为信令系统。为了与设备间传递的普通用户信息相区别,这里引入了“信令”的概念。所谓信令,就是指在通信网上为完成某一通信业务,节点之间要相互交换的控制信息(包括终端、交换节点、业务控制节点)。

2.1.2　信令的功能

信令系统的主要功能就是指导终端、交换系统、传输系统协同运行,在指定的终端间建立和拆除临时的通信连接,并维护网络本身的正常运行,包括监视功能、选择功能和管理功能。信令系统的各种功能简介如下:

(1) 监视功能:监视设备的忙闲状态和通信业务的呼叫进展情况。

(2) 选择功能:通信开始时,通过在节点间传递包含目的地地址的连接请求消息,使得相关交换节点根据该信息进行路由选择,进行入线到出线的交换接续,并占用局间中继线路。通信结束时,通过传递连接释放消息通知相关交换节点释放本次通信业务占用的中继线路,并拆除交换节点的内部连接。

(3) 管理功能:进行网络的管理和维护,如检测和传送网络的拥塞信息、提供呼叫计费信息、提供远端维护信令等。

　　这里以最简单的局间电话通信业务为例，说明信令在一次通信过程中所起的作用，见图 2.1。从图中可以明显地看到，在一次电话通信过程中，信令在连接建立、通信和释放阶段起了关键作用，如果没有这些信令，人和机器都将不知所措，出现混乱状态。没有摘机信令，交换机就不知道该为哪个用户提供服务；没有拨号音，用户就不知道交换机是否被占用并准备就绪，盲目拨号交换机可能收不到。即使在通信阶段，信令系统也始终对用户通信状态进行着不间断的监视。由于信令系统在实现一个通信业务的过程中起了重要作用，因此人们将其比作通信网的神经系统。

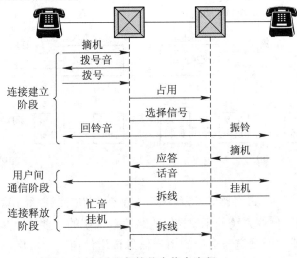

图 2.1　电话业务的基本信令流程

2.1.3　信令的分类

1．按信令的工作区域分

　　信令按其工作区域的不同可分为用户线信令和局间信令。

　　(1) 用户线信令：指在终端和交换机之间的用户线上传输的信令。其中在模拟用户线上传输的叫模拟用户线信令，主要包括：用户终端向交换机发送的监视信令和地址信令，例如主、被叫用户的摘/挂机信令、主叫用户拨打的电话号码等；交换机向用户发送的信令，主要有铃流和忙音等音信号。在数字用户线上传送的信令则叫数字用户线信令，目前主要有在 N-ISDN 中使用的 DSS1 信令和在 B-ISDN 中使用的 DSS2 信令，它们比模拟信令传递的信息要多。由于每一条用户线都要配置一套用户线信令设备，所以用户线信令应尽量简单，以降低设备的复杂度和成本。

　　(2) 局间信令：指在交换机和交换机之间、交换机与业务控制节点之间传递的信令。它们主要用来完成连接的建立、监视、释放，网络的监控、测试等功能，比用户线信令复杂得多。

2．按所完成的功能分

　　信令按所完成的功能分有监视信令、地址信令及维护管理信令。

(1) 监视信令：监视用户线和中继线的状态变化。

(2) 地址信令：主叫话机发出的数字信号以及交换机间传送的路由选择信息。

(3) 维护管理信令：线路拥塞、计费以及故障告警等信息。

3. 按信令的传送方向分

在通信网中，信令按照其传送方向可分为前向信令和后向信令。

4. 按信令信道与用户信息传送信道的关系分

按信令信道与用户信息传送信道的关系分，信令分为随路信令和公共信道信令。图 2.2 描述了这两种信令系统的组成结构。

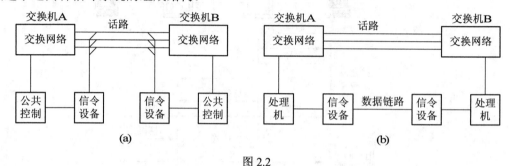

图 2.2

(a) 随路信令系统示意；(b) 公共信道信令系统示意

图 2.2(a)是随路信令系统的示意图。随路信令系统的主要特点是信令与用户信息在同一条信道上传送，或信令信道与对应的用户信息传送信道一一对应。我们看到两端交换节点的信令设备之间没有直接相连的信令信道，信令是通过对应的用户信息信道来传送的。以传统电话网为例，当有一个呼叫到来时，交换机先为该呼叫选择一条到下一交换机的空闲话路，然后在这条空闲的话路上传递信令，当端到端的连接建立成功后，再在该话路上传递用户的话音信号。在过去的模拟电话通信网、X.25 网络中该系统被广泛使用。我国在模拟电话网时代广泛使用的中国 1 号信令系统就是一个典型的带内多频互控随路信令系统。

图 2.2(b)是公共信道信令系统的示意图。公共信道信令系统的主要特点是信令在一条与用户信息信道分开的信道上传送，并且该信令信道并非某一个用户信息信道的专用信令信道，而是为一群用户信息信道所共享。我们看到两端交换节点的信令设备之间有直接相连的信令信道，信令的传送是与话路分开的、无关的。仍以电话呼叫为例，当一个呼叫到来时，交换节点先在专门的信令信道上传递信令，端到端的连接建立成功后，再在选好的话路上传递话音信号。

与随路信令相比，公共信道信令具有以下优点：

(1) 信令系统独立于业务网，具有改变和增加信令而不影响现有业务网业务的灵活性。

(2) 信令信道与用户业务信道分离，使得在通信的任意阶段均可传输和处理信令，可以方便地支持未来出现的各类交互、智能新业务。

(3) 便于实现信令系统的集中维护管理，降低信令系统的成本和维护开销。

由于公共信道信令具有这些优越性，因此在目前的数字电话通信网、智能网、移动通信网、FR 网、ATM 网上均采用了公共信道信令方式。目前，在电话通信网上，已标准化和正在使用的局间公共信道信令系统只有一种，就是 7 号信令系统。

2.1.4 信令方式

在通信网上,不同厂商的设备需要相互配合工作,这就要求设备之间传递的信令遵守一定的规则和约定,这就是信令方式,它包含信令的编码方式、信令在多段链路上的传送方式及控制方式。信令方式的选择对通信质量及业务的实现影响很大。

1. 编码方式

信令的编码方式有未编码方式和已编码方式两种。

未编码方式的信令可按脉冲幅度的不同、脉冲持续时间的不同、脉冲数量的不同来进行区分,它在过去的模拟电话网上的随路信令系统中被使用。由于其编码容量小、传输速度慢等缺点,目前已不再被使用。

已编码方式有以下几种形式:

(1) 模拟编码方式:有起止式单频编码、双频二进制编码和多频编码方式,其中使用最多的是多频编码方式。比如中国 1 号记发器信令的前向信令就设置了 6 种频率,每次取出两个同时发出,表示一种信令,共有 15 种编码。多频编码方式的特点是编码较多、有自检能力、可靠性较好,曾被广泛地使用于随路信令系统中。

(2) 二进制编码方式:典型的代表是数字型线路信令,它使用 4 比特二进制编码来表示线路的状态信息。

(3) 信令单元方式:也就是不定长分组形式,用经二进制编码的若干字节构成的信令单元来表示各种信令。该方式编码容量大、传输速度快、可靠性高、可扩充性强,是目前的各类公共信道信令系统广泛采用的方式,其典型代表是 7 号信令系统。

2. 传送方式

信令在多段链路上的传送方式有三种。下面以电话通信为例说明其工作过程。

(1) 端到端方式(见图 2.3):发端局的收号器收到用户发来的全部号码后,由发端局发号器发送第一转接局所需的长途区号(图中用 ABC 表示),并完成到第一转接局的接续;第一转接局根据收到的长途区号,完成到第二转接局的接续,再由发端局发号器向第二转接局发送 ABC,第二转接局根据 ABC 找到收端局,完成到收端局的接续;此时发端局向收端局发送用户号码(图中用 xxxx 表示),建立发端到收端的接续。端到端方式的特点是:发码速度快,拨号后等待时间短,但要求全程采用同样的信令系统,并且发端信令设备在连接建立期间占用周期长。

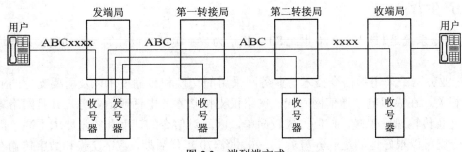

图 2.3   端到端方式

(2) 逐段转发方式(见图 2.4):信令逐段进行接收和转发,全部被叫号码由每一个转接局全部接收，并依次逐段转发出去。逐段转发的特点是：对链路质量要求不高，在每一段链路上的信令类型可以不一样，但其信令的传输速度慢，连接建立的时间比端到端方式长。

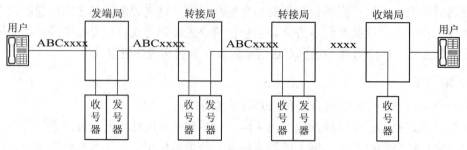

图 2.4　逐段转发方式

　　(3) 混合方式：实际应用中，常将上面两种方式结合起来混合使用。如在中国 1 号信令中，可根据链路的质量，在劣质链路上采用逐段转发方式，在优质链路上采用端到端方式。目前的 7 号信令系统中，主要采用逐段转发方式，但也支持端到端的信令方式。

3．控制方式

　　控制方式指控制信令发送过程的方法，主要有三种方式：
　　(1) 非互控方式：即发端连续向收端发送信令，而不必等待收端的证实信号。该方法控制机制简单，发码速度快，适用于误码率很低的数字信道。
　　(2) 半互控方式：发端向收端发送一个或一组信令后，必须等待收到收端回送的证实信号后，才能接着发送下一个信号。半互控方式中前向信令的发送受控于后向证实信号。
　　(3) 全互控方式：该方式发端连续发送一个前向信令，且不能自动中断，直到收到收端发来的后向证实信号，才停止该前向信令的发送，收端后向证实信号的发送也是连续且不能自动中断的，直到发端停发前向信令后，才能停发该证实信令。这种不间断的连续互控方式抗干扰能力强、可靠性好，但设备复杂、发码速度慢，主要用在过去传输质量差的模拟电路上，目前在公共信道方式中已不再被使用。
　　目前在 7 号信令系统中，主要采用了非互控方式，但是为了保证可靠性，并没有完全取消后向证实信号。

2.2　7 号信令系统简介

2.2.1　产生背景

　　7 号信令系统是 ITU-T 在 20 世纪 80 年代初为数字电话网设计的一种局间公共信道信令方式。
　　特定业务网中采用的信令技术与业务网采用的交换和传输技术以及所要支持的业务类型紧密相关。在模拟电话通信网时代，网络仅支持基本的电话通信业务，并且网络本身的交换速度和传输速度较慢，控制方式较简单，因而对信令的速度和容量要求不高，简单的随路信令就可以很好地满足业务需求了。20 世纪 70 年代后期，数字交换和数字传输在电话通信网中被广泛使用，网络的交换和传输速度大大提高，交换设备的控制技术也由布线逻辑方式转向存储程序控制方式,这导致了新业务的大量涌现。上述发展形势迫切需要一种高速、大容量、数字化、独立于具体业务的新型信令系统,7 号信令系统正是在这种背景下应运而生的。

ITU-T 在 1973 年就开始了对 7 号信令系统的研究,1980 年第一次正式提出了 7 号信令的建议,即 1980 年黄皮书,它提出的主要建议包括:MTP Q.701~Q.707,TUP Q.721~Q.725 DUP Q.741 等。在 1984 年的红皮书中,提出的主要建议包括:ISUP Q.761~764、Q.766, MTP 的监视测量 Q.791,PBX 应用 Q.710,7 号信令网络及编号计划 Q.705、Q.708 等。在 1988 年的蓝皮书中,主要提出了 TCAP Q.771~Q774,7 号信令系统测试规范 Q.780~783。 1992 年的白皮书,则继续完善了 ISUP、SCCP、TC 三部分的标准。目前,ITU-T 的第 11 工作组仍在继续宽带网络中信令技术的研究工作。

2.2.2　主要应用

7 号信令主要的应用如下:

(1) 基本应用,包括数字电话通信网、基于电路交换方式的数据网、窄带综合业务数字网 N-ISDN。基本应用只使用 7 号信令系统的 4 级功能结构,即 MTP 和 TUP、DUP、ISUP 等用户部分。

(2) 扩展应用,包括智能网应用(记账卡呼叫、800 呼叫等)、网络的操作、维护与管理、陆地移动通信网、N-ISDN 补充业务等。

为同时支持基本应用和扩展应用,目前的 7 号信令系统采用了 4 级结构和 OSI 7 层协议并存的结构,即为了支持扩展应用,7 号信令在 4 级结构的基础上,增加了 SCCP、TC 和 TC-用户部分,扩展成 7 层结构,以支持智能网、移动网和网络的运行、维护和管理业务。

我国在 20 世纪 80 年代中期就开始了 7 号信令系统的研究、实施和应用。1985 年首先在北京、广州、天津等大城市的同一制式交换机间采用了 7 号信令系统,并以 ITU-T 建议为基础陆续制定完善了我国的 7 号信令规范。目前,我国已建成了三级公用 7 号信令网,包括全国长途信令网和各地二级信令网。另外,我国的公众数字移动通信网也建立了自己的专用三级 7 号信令网。7 号信令技术已广泛应用于我国的电话网、ISDN 网、智能网和移动通信网中。

2.2.3　7 号信令系统的特点

与传统的随路信令系统相比,7 号信令系统最显著的特征是:它是一个以分组通信方式在局间专用的信令链路上传递控制信息的公共信道信令系统,主要的特点如下:

(1) 局间的 7 号信令链路由两端的信令终端设备和它们之间的数据链路组成,数据链路是一个工作于双向方式的数据信道,目前使用的速率为 64 kb/s。

(2) 7 号信令系统的本质是一个高速分组交换系统,信令系统之间通过局间的专用信令链路以分组的形式交换各类业务控制信息。在 7 号信令中,分组被称为信号单元 SU(Signal Unit)。

(3) 一条信令链路可以传送若干条话路(指用户话音信号占用的信道)的信令,理论上话路群的最大容量为 4096 条。因此,每个电路相关的 SU 中必须包含一个标记,以识别该 SU 传送的信令属于哪一个话路。

(4) 由于话路与信令信道分离,有些时候信令畅通,并不一定话路也畅通,因此,必要时要对话路进行单独的导通检验。

7 号信令的上述特点使它与随路信令系统相比具有以下优点：

(1) 信令系统更加灵活。在 7 号信令中，一群话路以时分方式分享一条公共信道信令链路，两个交换局间的信令均通过一条与话音通道分开的信令链路传送。信令系统的发展可不受业务系统的约束，这对改变信令、增加信令带来了很大的灵活性。

(2) 信令在信令链路上以信号单元方式传送，传送速度快，呼叫建立时间大为缩短，不仅提高了服务质量，而且提高了传输设备和交换设备的使用效率。

(3) 信令编码容量大，采用不等长信令单元编码方式，便于增加新的网络管理信号和维护信号，以满足各种新业务的要求。

(4) 信令以统一格式的信号单元传送，实现了局间信令传送形式的高度统一。

(5) 信令与话音分开通道传送，分开交换，因而在通话期间可以随意处理信令，便于以后支持复杂的交互式业务。

(6) 信令设备经济合理。采用公共信道信令系统后，每条话路不再配备各自专用的信令设备，而是把几百条、几千条话路的信令汇集起来后共用一组高速数据链路及其信令设备传送，节省了信令设备的总投资。

2.3　7 号 信 令 网

2.3.1　信令网的组成

7 号信令网由信令点 SP、信令转接点 STP 和连接信令点与信令转接点的信令链路三部分组成。

1. 信令点

信令点是信令消息的起源点和目的点，它们可以是具有 7 号信令功能的各种交换局、操作管理和维护中心、移动交换局、智能网的业务控制节点 SCP 和业务交换节点 SSP 等。通常又把产生消息的信令点称为源信令点。把信令消息最终到达的信令点称为目的信令点。

2. 信令转接点

信令转接点 STP 具有信令转发的功能，它可将信令消息从一条信令链路转发到另一条信令链路上。在信令网中，信令转接点有两种：一种是专用信令转接点，它只具有信令消息的转接功能，也称独立式信令转接点；另一种是综合式信令转接点，它与交换局合并在一起，是具有用户部分功能的信令转接点。

独立式 STP 是一种高度可靠的分组交换机，是信令网中的信令汇接点。它容量大、易于维护、可靠性高，在分级信令网中用来组建信令骨干网，汇接、转发信令区内、区间的信令业务。

综合式 STP 容量较小，可靠性不高，但传输设备利用率高，价格便宜。

3. 信令链路

信令链路是信令网中连接信令点的基本部件。它由 7 号信令功能的第一、第二功能级组成。目前常用的信令链路主要是 64 kb/s 的数字信令链路。随着通信业务量的增大，目前有些国家已使用了 2 Mb/s 的数字信令链路。

2.3.2　信令网的工作方式

在 7 号信令网中传递局间话路群信令时，按照话音通路与信令链路的关系，可将信令网分为下述三种工作方式：

(1) 直联工作方式；
(2) 准直联工作方式；
(3) 全分离的工作方式。

1. 直联工作方式

直联工作方式也称对应工作方式，指两个相邻交换局之间的信令消息通过直达的公共信令链路来传送，而且该信令链路是专为连接这两个交换局的话路群服务的，如图 2.5(a) 所示。

2. 准直联工作方式

准直联工作方式也称准对应工作方式，指两个交换局之间的信令消息可以通过两段或两段以上串连的信令链路来传送，并且只允许通过事先预定的路由和 STP，如图 2.5(b) 所示。

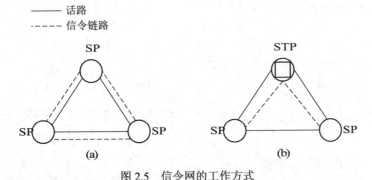

图 2.5　信令网的工作方式

(a) 直联工作方式；(b) 准直联工作方式

3. 全分离的工作方式

全分离的工作方式又称非对应工作方式，这种方式与准直联方式基本一致，所不同的是，它可以按照自由选择路由的方式来选择信令链路，非常灵活，但信令网的寻址和管理比较复杂。

信令网采用哪种工作方式，要依据信令网和话路网的实际情况来确定。当局间的话路群足够大，从经济上考虑合理时，可以采用直联工作方式，设置直达的信令链路；当两个交换局之间的话路群较少，设置直达信令链路经济上不合理时，则可以采用准直联工作方式。对于全分离工作方式，由于路由选择寻址较复杂，因此较少采用。

目前在 7 号信令网中，通常采用直联和准直联相结合的工作方式以满足通信网的需要。在我国，由于电话网是分级结构，信令网也相应采用了分级结构，因此我国的 7 号信令网主要以准直联方式为主，直联方式的比例很小。

2.3.3　信令网的结构

信令网按网络的拓扑结构等级可分为无级信令网和分级信令网两类。

1. 无级信令网

它是指未引入 STP 的信令网。在无级网中信令点间都采用直联方式，所有的信令点均处于同一等级级别。无级信令网按照拓扑结构来分，有线型网、环状网、网状网等几种结构类型。

无级信令网结构比较简单，但有明显的缺点：除网状网外，其它结构的信令路由都比较少，而信令接续中所要经过的信令点数在网络规模较大时无法控制；网状网虽无上述缺点，但当信令点的数量较大时，局间信令链路数量明显增加。如果有 n 个信令点，那么每增加一个信令点，就要增设 n 条信令链路，成本很高。因此网状网虽具有路由多、传递时延小等优点，但限于技术及经济上的原因，无法在大范围内使用。

2. 分级信令网

分级信令网是引入 STP 的信令网。按照需要可以分成二级信令网或三级信令网。

二级信令网是具有一级 STP 的信令网，三级信令网是具有二级 STP 的信令网，其结构如图 2.6 所示。第一级 STP 为高级信令转接点(HSTP)或主信令转接点，第二级 STP 为低级信令转接点(LSTP)或次信令转接点。

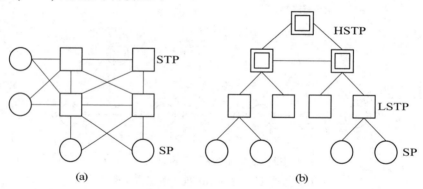

图 2.6　分级信令网的拓扑结构

(a) 二级网；(b) 三级网

分级信令网的一个重要特点是每个信令点发出的信令消息一般需要经过一级或多级 STP 的转接。只有当信令点之间的信令业务量足够大时，才设置直达信令链路，以便信令消息能快速传递并减少 STP 的负荷。

与无级信令网相比，分级信令网具有如下的优点：网络所容纳的信令点数量多；增加信令点容易；信令路由多、信令传递时延相对较短。因此，分级信号网是国际、国内信令网采用的主要形式。二级信令网与三级信令网比较，具有经过 STP 次数少，信令传递时延小的优点，通常在信令网容量可以满足要求的条件下，都采用二级信令网。但在对信令网容量要求大的国家，例如美国和我国，都使用三级信令网。采用几级信令网与以下因素有关：

(1) 信令网要容纳的信令点数量，其中包括信令网所涉及的交换局数、各种特种服务中心的数量，也要考虑其它专用通信网纳入时所应设置的信令点数量。

(2) STP 可以连接的最大信令链路数及工作负荷能力(单位时间内可以处理的最大 MSU 数量)，即在考虑信令网分级时，应当同时核算信令链路数量和工作负荷能力两个参数。

(3) 允许的信令转接次数。一般来说，消息在网络中的传递时延取决于消息的转接次数。转接次数越多，那么时延也就越长。因此，信令网的分级数必须限制在允许的转接次数和时延范围内。

(4) 信令网的冗余度。所谓信令网的冗余度是指信令网设备的备份程度，通常有信令链路、信令链路组、信令路由等多种备份形式。一般情况下，信令网的冗余度越大，其可靠性也就越高，但所需费用也会相应增加，控制难度也会加大。

在实际应用中，信令转接点所能容纳的信令链路数是由设备的规模限定的。因此，在考虑信令网的分级结构时，必须综合考虑信令网的冗余度的大小等因素来确定网络的规模。

3．分级信令网的连接方式

对于分级信令网来说，其连接方式涉及以下几方面内容：

(1) 一级 STP 之间的连接方式：这里指二级信令网中 STP 或三级信令网中 HSTP 间的连接方式，通常有网状连接和 AB 平面连接两种方式。

① 网状连接方式：见图 2.7(a)。其特点是各 STP 间均设有直达信令链路。在正常情况下，STP 间的信令传递不再经过转接，而且信令路由都包括一个正常路由和两个迂回路由。这种连接方式比较简单直观。

② AB 平面连接方式：见图 2.7(b)。AB 平面连接是网状连接的一种简化形式。它将第一级的 STP 分为 A、B 两个平面并分别组成网状网。两个平面间属于同一信令区的 STP 成对相连。在正常情况下，同一平面内的 STP 间的连接不经过 STP 转接，只是在故障的情况下需要经由不同平面间的 STP 连接时，才经过 STP 转接。这种连接方式对于第一级需要较多 STP 的信令网是比较节省的链路连接方式。但是由于两个平面间的连接比较弱，因而从第一级的整体来说，可靠性比网状连接时略有降低，但只要采取一定的冗余措施，也是完全可以的。

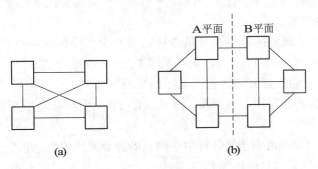

图 2.7　一级 STP 之间的连接方式

(a) 网状连接方式；(b) AB 平面连接方式

(2) 信令点与 STP 间的连接方式：分为固定连接方式和自由连接方式。

① 固定连接：其特点是在本信令区内的信令点采用准直联方式时，它必须连接至本信令区的两个 STP。这样到其它信令区的信令点至少需经过两个 STP 转接。在工作中，如果本信令区内的一个 STP 发生故障，它的信令业务负荷将全部倒换至本信令区内的另一个 STP。如果两个 STP 同时发生故障，则会全部中断该信令区的业务。

② 自由连接：该方式的特点是本信令区内的信令点可以根据它至各个信令点的业务量大小自由连至两个 STP，其中一个为本信令区的 STP，另一个可以是其它信令区的 STP。按照上述连接方式，两个信令区间的信令点可以只经过一个 STP 转接。另外，当信令区内的一个 STP 发生故障时，它的信令业务负荷可以均匀地分配到多个 STP 上，即使两个 STP 同时发生故障，也不会全部中断该信令区的信令业务。

显然，自由连接方式比固定连接方式无论在信令网的设计，还是信令网的管理方面都要复杂得多。但自由连接方式确实大大提高了信令网的可靠性。特别是近年来随着信令技术的发展，上述技术问题也逐步得到解决，因而不少国家在建造本国信令网时，采用了自由连接方式。在我国本地网上也采用了自由连接方式。

2.3.4 信令区的划分和 STP 的设置

虽然信令网是一个与电话网相互独立的网络，但由于信令网是电话网业务运营的支撑网络，所以两者之间存在着密切的对应关系，它们之间是控制与被控制的关系。它们在物理实体上是一个网络，但在逻辑上是两个不同功能的网络。

在分级信令网中，由于存在多级 STP，因而需要对整个信令网进行分区，划定相应级别的 STP 的服务区间，并确定各级 STP、SP 之间的连接方式。以我国信令网为例，由于地域广阔，且我国电话网目前采用三级结构，因此确定信令网也采用三级结构，即 HSTP、LSTP 和 SP 三级，其中大中城市本地信令网为两级，相当于全国三级网中的第二级(LSTP)和第三级(SP)。

第一级 HSTP 的服务区域称为主信令区，每个主信令区对应一个直辖市、省或自治区，通常设置一对 HSTP，放在省会、自治区首府所在地，采用独立式 STP。主信令区间的 HSTP 采用 AB 平面连接法。为保证可靠性，两个 HSTP 间应有一定的距离，所在地要求自然灾害少，维护人员素质高，信令链路性能可靠。HSTP 主要负责转接本信令区内第二级 LSTP 和第三级 SP 的信令消息。

第二级 LSTP 的服务区域称为分信令区，每个分信令区对应一个主信令区内的区或地级市，通常设置一对 LSTP，可以采用独立式 STP 或综合式 STP。若本地网较大，则采用独立式 STP。LSTP 到 HSTP 之间采用固定连接方式，同一主信令区内 LSTP 间的连接可根据业务需要灵活设置，不作具体要求。LSTP 负责转接它所汇接的第三级 SP 的信令消息。

第三级 SP 就是信令网中传送各种信令消息的源点和目的点，SP 至 LSTP 间可以采用固定连接方式，也可以采用自由连接方式。

目前我国电话网等级调整为三级结构，原电话长途网的 Cl 和 C2 级合并为一级，构成 DCl，C3 和 C4 合并为一级，构成 DC2，电话网与信令网的对应关系如图 2.8 所示。

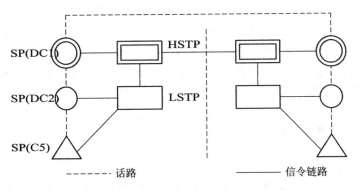

图 2.8　我国电话网与信令网的对应关系

2.3.5　信令网的编号计划

为了使信令网中任意两点之间可以进行相互通信，必须为 STP、SP 分配网络地址，即对信令点进行编码。由于信令网与电话网在逻辑上是相对独立的网络，因此信令点的编码与电话网中的电话簿号码没有直接联系。信令点编码依据信令网的结构及应用要求，实行统一编码，同时要考虑信令点编码的惟一性、稳定性和灵活性，要有充分的容量。

1．国际信令网信令点编码

ITU-T 在 Q.708 建议中规定国际信令网的编码为 14 位，编码容量为 2^{14}=16 384。编码采用三级编号结构：大区识别、区域网识别、信令点识别，如图 2.9 所示。

N M L	K J I H G F E D	C B A
大区识别	区域网识别	信令点识别
信令区域网编码(SANC)		

图 2.9　国际信令点编码结构

NML 为 3 比特的大区识别，为第一级，用于识别全球的编号大区；K～D 为 8 比特的区域网识别，为第二级，用于识别每个编号大区内的区域网。这两级均为 ITU-T 分配，如我国被分配在 4-120，即第四世界大区，区域编码为 120。前两部分合起来又称为信令区域网编码(SANC)。最后 3 比特 CBA 为信令点识别，用于识别区域网内的信令点。

2．我国国内信令网的信令点编码

在我国 1993 年制定的《中国 No.7 信令网体制》中规定，全国 7 号信令网的信令点采用统一的 24 位编码方案。与三级信令网相对应，我国将编码在结构上分为三级，如图 2.10 所示。

主信令区编码	分信令区编码	信令点编码
8 位	8 位	8 位

图 2.10　中国国内信令网的信令点编码结构

这种编码结构，以我国省、直辖市、自治区为单位(个别大城市也列入其内)，将全国划分成若干个主信令区，每个主信令区再划分成若干个分信令区，每个分信令区含有若干个信令点。这样每个信令点(信令转接点)的编码由三部分组成：第一个 8 位用来识别主信令区；

第二个 8 位用来识别分信令区；最后一个 8 位用来识别各分信令区的信令点。

由于国际、国内信令网采用了彼此独立的编号计划，国际接口局应分配两个信令点编码，其中一个是国际网分配的国际信令点编码，另一个则是国内信令点编码。在国际长途接续中，国际接口局要负责这两种编码的转换，其方法是根据业务指示语 SIO 字段中的网络指示码 NI 来识别是哪一种信令点编码并进行相应的转换。

2.3.6　信令网的路由选择

1．信令路由

信令网的基本功能是控制电话网中一次呼叫的连接建立和释放，但作为控制信息的信令消息在信令网中却是以数据报的方式在每个 STP 独立地进行转发。由于采用准直联方式，信令到某一目的地总是沿事先预设的路由转发，因而它比标准的数据报网络转发效率高，网络的维护管理也相对简单。

信令路由是一个信令点的信令消息到达目的地所经过的路径。在准直联方式的信令网中，途中经过的 STP 都是预先设定的，信令点和 STP 的路由表是靠人工预先设置好的，信令网的路由管理功能可以根据信令网的当前状态改变预设路由的工作状态(正常、拥塞、禁止传递等)，从而达到改变路由的目的。

信令路由按其特征和使用方法分为正常路由和迂回路由两类。

(1) 正常路由：指未发生故障情况下的信令消息路由，它既可以是采用直联方式的直达信令路由，也可以是采用准直联方式的信令路由。通常两个信令点间有多条路由时，应将直达路由设为正常路由。

(2) 迂回路由：指因信令链路或路由故障造成正常路由不能传送信令消息而选择的路由。迂回路由都是经过 STP 转接的准直联方式的路由，它可以是一个路由，也可以是多个路由。当有多个迂回路由时，应根据经过 STP 的次数，由小到大依次分为第一迂回路由，第二迂回路由……

2．路由选择原则

路由选择的一般原则为：

(1) 首先选择正常路由，当正常路由故障或不能使用时，再选择迂回路由。

(2) 信令路由中具有多个迂回路由时，应先选择优先级最高的第一迂回路由；第一迂回路由故障或不能使用时，再选第二迂回路由，依此类推。

(3) 在正常或迂回路由中，若存在同一优先级的多个路由，则它们之间采用负荷分担方式工作。

2.4　7 号信令的功能结构

为了方便各种业务的信令功能的实现以及未来信令网的扩充和维护，像大多数现代通信系统的协议一样，7 号信令系统也设计成了分层的协议结构。

2.4.1　4 级结构

最初的 7 号信令技术规范主要是为了支持基于电路交换的基本电话业务而制定的。其基本功能结构分为两部分：消息传递部分(MTP)和适合不同业务的独立用户部分(UP)。用户部分可以是电话用户部分(TUP)、数据用户部分(DUP)、ISDN 用户部分(ISUP)等。7 号信令的基本功能结构如图 2.11 所示。

图 2.11　7 号信令的基本功能结构

消息传递部分作为一个公共消息传送系统，其功能是在对应的两个用户部分之间可靠地传递信令消息。按照具体功能的不同，它又分为 3 级，并同 UP 部分一起构成 7 号信令的基本 4 级结构。用户部分则是使用消息传递部分的传送能力的功能实体。图 2.12 描述了 4 级结构的信令网中，信令点和信令转接点的协议栈结构。

图 2.12　7 号信令网中信令点和信令转接点的协议栈结构

由图 2.12 可以看到，在 7 号信令系统中，MTP 是所有信令节点的公共部分。MTP 负责实现 7 号信令系统的通信子网功能，它根据信号单元所携带的目的地址将其通过信令网可靠地传递到目的地，而不关心具体的信令语义，具体的信令语义由相应的用户部分处理。在信令网中，信令转接点可以只有 MTP 部分，而没有任何用户部分。而对于一个信令点来说，MTP 部分是必备的，用户部分可以根据实际的业务需要来选择，没有必要在一个信令点配置所有的用户部分。

4 级结构中各级的主要功能如下：

(1) MTP-1：信令数据链路功能，该级定义了 7 号信令网上使用的信令链路的物理、电气特性以及链路的接入方法等，相当于 OSI 参考模型的物理层。

(2) MTP-2：信令链路功能，该级负责确保在一条信令链路直连的两点之间可靠地交换信号单元，它包含了差错控制、流量控制、顺序控制、信元定界等功能，相当于 OSI 参考模型的数据链路层。

(3) MTP-3：信令网功能，该级在 MTP-2 的基础上，为信令网上任意两点之间提供可靠的信令传送能力，而不管它们是否直接相连。该级的主要功能包括信令路由、转发、网络发生故障时的路由倒换、拥塞控制等。

(4) UP：由不同的用户部分组成，每个用户部分定义与某一类用户业务相关的信令功能和过程。

2.4.2 4 级结构与 OSI 7 层协议并存的结构

4 级结构是 7 号信令系统最基本的结构，它广泛地应用于数字电话网、电路交换方式的数据网、N-ISDN 网(不包括部分补充业务)中。但随着技术的进步和各种新业务的不断涌现，基本的 4 级结构越来越多地暴露出它的局限性，主要有：

(1) MTP 只使用目的信令点编码 DPC 进行寻址，DPC 的编码只在一个信令网内有效，不能进行网间直接寻址。

(2) MTP 最多只支持 16 个用户部分，不能满足日益增多的新业务的需求。

(3) MTP 只能以逐段转发的方式传递信令，不支持端到端的信令传递。

(4) MTP 不能传递与电路无关的信令，不支持面向连接的信令业务。

随着 7 号信令研究和应用领域的深入，尤其是在智能网、移动通信、电信网的维护和管理等应用领域的普及，人们对 7 号信令系统的功能提出了更高的要求。为了使 7 号信令系统的功能更完善、更强大和灵活，以适应通信网的要求，1990 年后，ITU-T 在 4 级结构的基础上，新增了两个功能模块，即信令连接控制部分(SCCP)和事务处理能力部分(TCAP)，这就使得 7 号信令系统的结构与 OSI 参考模型渐趋一致。

如图 2.13 所示，SCCP、TCAP 与原来的 MTP、TUP、ISUP、DUP 一起构成了一个 4 级结构与 7 层协议并存的功能结构，同时为支持智能网应用、移动应用和信令网络的运营维护管理，在 TCAP 之上又分别引入了 3 种 TC 用户：智能网应用部分(INAP)、移动应用部分(MAP)和运行维护管理应用部分(OMAP)。

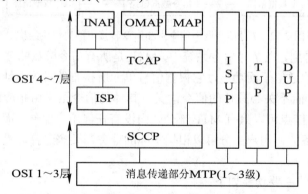

图 2.13 4 级结构与 7 层协议并存的结构

下面我们简单介绍除 MTP 外的各部分的主要应用和功能。

1. 电话用户部分

电话用户部分 TUP(Telephone User Part)是 ITU-T 最早研究并提出的用户部分之一。它定义了在数字电话通信网中用于建立、监视和释放一个电话呼叫所需的各种信令消息和协议。ITU-T 的建议主要针对国际电话网的应用，但也适用于国内电话网。

在 7 层协议结构中，TUP 完成高 4 层的功能，并且 TUP 信令仅通过 MTP 传送。

2. 信令连接控制部分

信令连接控制部分 SCCP(Signaling Connection Control Part)在 4 级结构中是用户部分之一。在 7 层协议结构中，其主要作用是为基于 TCAP 的业务提供运输层服务。

SCCP 的主要目标是要适配上层应用需求与 MTP-3 提供的服务之间不匹配的问题。其主要功能包括：

(1) 在 MTP-3 的基础上为上层应用提供无连接的和面向连接的网络服务。

(2) 基于全局码 GT(Global Title)的地址翻译能力。

在 4 级结构中，MTP-3 只能根据目的信令点编码来进行寻址转发，但信令点编码有两个缺陷：第一，信令点编码并非全局有效，它只在一个信令网内部有效，不能直接用它进行跨网寻址；第二，信令点编码是一个节点地址，它标识的是整个节点，因而无法使用它来寻址节点内部的一个应用。对于 MTP-3 的网管消息和基本呼叫相关型消息，一般将其发送到指定节点就足够了，因而使用信令点编码即可。但对于另一类消息，它们需要发送到指定信令点的特定应用，因而仅使用目的信令点编码是不够的。为解决这一问题，SCCP 引入了子系统号 SSN(Subsystem Number)，它可以惟一地标识一个信令点上的一个应用。

在 SCCP 中，GT 是一个隐含了最终目的信令点编码的地址，GT 可以是 800 号码、记账卡号码，或者是一个移动用户的 MSISDN 号码。但由于 MTP 不能直接使用 GT 进行寻址，因而 SCCP 的 GT 翻译功能负责将 GT 翻译成一个目的信令点编码和子系统号，利用翻译后的地址信息，网络就可以进行正确的寻址了。

GT 翻译功能的引入大大增强了 7 号信令网的寻址能力。使用 GT 翻译功能后，一个信令点不再需要知道所有可能的目的信令点的地址。当源信令点要发起一个呼叫，但又不知道目的信令点的地址时，源信令点就将携带 GT 的信令消息发给默认的 STP(又称 SCCP 中继节点)，STP 利用 GT 进行地址翻译，根据翻译结果将消息进行转发，该过程可以在多个 STP 间进行，直到找到最终的目的信令点。

3．ISDN 用户部分

ISDN 用户部分 ISUP(ISDN User Part)定义了在 N-ISDN 网或数字电话网上建立、释放、监视一个话音呼叫和数据呼叫所需的信令消息和协议。ISUP 支持 N-ISDN 定义的基本承载业务和补充业务，包括全部 TUP 所实现的功能。因此采用 ISUP 后，TUP 部分就可以不用，而由 ISUP 来承担。此外，ISUP 还具有支持非话呼叫和先进的 ISDN 业务所要求的附加功能。在 7 层协议结构中，对于基本业务和部分补充业务信令，ISUP 仅需 MTP 支持就可以了，但对于某些补充业务，则必须通过 SCCP 传送。

4．事务处理能力应用部分

事务处理能力 TC(Transaction Capability)完成 OSI 4～7 层的功能，它由两部分组成，即事务处理能力应用部分 TCAP (Transaction Capabilities Application Part)和中间服务部分 ISP(Intermediate Service Part)。TCAP 完成 OSI 应用层的部分功能，其它由 TC-用户来完成。ISP 则完成 4～6 层的功能。目前，ISP 还处于研究之中，现行的基于无连接服务的应用均可不涉及 ISP。因此，目前如不加说明，TC 均指 TCAP。

TCAP 定义了位于不同信令点上的应用(7 号信令中称为子系统)之间通过 SCCP 服务进行通信所需的信令消息和协议。目前，TCAP 主要用于与网络数据库访问紧密相关的一类业务，例如智能网中记账卡业务、800 业务以及移动通信业务等，这一类业务共同的特征是：要求信令网支持在信令点之间交换电路无关型消息。

在 TCAP 中，两个应用之间的一次通信过程被抽象成一次对话，典型的过程是一个应用发起一次数据库查询请求，收到请求消息的应用负责根据请求查询数据库，并将结果用响应消息返回给发起请求的应用。对话期间交换的信令消息均用 TCAP 消息传递。由于 TCAP 消息必须传给信令点内的特定子系统，因此 TCAP 消息都是通过 SCCP 的 MSU 来传递的。

在 TCAP 之上目前定义了三类 TC-用户：智能网应用部分 INAP(Intelligent Network Application Part)，它定义了用于支持智能网业务的信令和协议；移动应用部分 MAP(Mobile Application Part)，它定义了用于支持移动业务的信令和协议；操作、维护管理应用部分 OMAP(Operations、Maintenance and Administration Part)，它定义了用于支持信令网管理的信令和协议。

2.5　信号单元的类型和格式

在信令网中，信令消息均以消息的形式在信令链路上传输，这些消息被称为信号单元 SU。7 号信令协议定义了三种 SU 类型：消息信号单元 MSU(Message Signal Units)、链路状态信号单元 LSSU(Link Status Signal Units)和填充信号单元 FISU(Fill-in Signal Units)。

2.5.1　SU 的格式

不同类型的 SU 之间长度不同，格式也不完全一样，如图 2.14 所示。

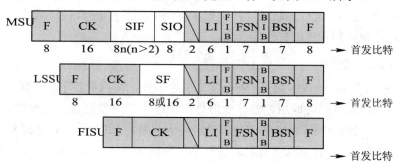

图 2.14　信号单元的格式

我们看到，尽管不同类型的 SU 的格式不同，但它们都有一个由 MTP-2 来处理的公共字段集合(图中用灰色表示)，这些字段的含义介绍如下。

1．标志码(Flag)

标志码也称分界符。在信令链路上，采用 8 比特的固定码型"01111110"来标识一个 SU 的开头和结尾。由于在 SU 的数据字段也有可能出现同样的码型，为防止将非标志码误识别成标志码，通常在 MTP-2 发送 SU 之前，先对数据字段进行插"0"操作，然后加上标志码发送，在接收端的 MTP-2 则执行相反的删"0"操作。

理论上，每个 SU 可以加上两个标志码，一个用于标志该 SU 的开始，另一个则用于标志该 SU 的结束，但在实际中，通常 SU 都使用单一标志码，它既标志上一个 SU 的结束，也标志下一个 SU 的开始。

2．校验码(CK)

该字段采用 CRC 方法检测 SU 在信令链路上传输时是否发生了差错，由 16 个比特组成。接收端使用该字段进行 CRC 校验，一旦发现 SU 传输出错，就要求发送端重传该 SU。

3．长度指示码(LI)

长度为 6 个比特，用来指示位于长度指示码和校验码之间的 8 位位组数目，以区别三种 SU 类型。

三种类型的 SU 的长度指示码分别为：

LI=0 时为 FISU；

LI=1 或 2 时为 LSSU；

LI＞2 时为 MSU。

4．BSN/BIB 和 FSN/FIB

BSN/BIB 代表后向顺序号/后向指示比特，其中 BSN 占 7 个比特，BIB 占 1 个比特；FSN/FIB 代表前向顺序号/前向指示比特，其中 FSN 占 7 个比特，FIB 占 1 个比特。

上述 4 个字段的作用是：

(1) 对接收到的 SU 进行确认(正确还是错误)。

(2) 保证发送的 SU 在接收端按顺序接收。

(3) 流量控制。

在发送端，每个 SU 会被分配一个 FSN，然后发送出去，MTP-2 会将该 SU 在本端缓存，直到接收端通过 BSN 字段对该 SU 进行了确认，发送端才将该 SU 彻底释放。假如接收端通过 BSN/BIB 字段告知发送端该 SU 传输出错，发送端将通过本端的缓冲区重发该 SU。

由于 FSN 占用 7 个比特，其值域的范围为 0～127，因此在发送端，已发送而未被证实的 SU 在缓冲区中最多可存储 127 个，即发送端假如已连续发送了 127 个 SU 而未收到证实消息，发送端将停止发送，等待对端的证实消息。因此 FSN 隐含了 MTP-2 进行流量控制的最大窗口值为 127。

以上为 3 种 SU 公共的部分。其它字段包括：SF，它只在 LSSU 中出现，用来标识信令链路的工作状态；SIO(Service Information Octect)，指业务信息 8 位位组，它只在 MSU 中出现，用来标识一个 MSU 来自于 7 号信令的哪一部分；SIF(Signaling Information Field)，指信令信息字段，用于承载具体的信令信息。SIF 和 SIO 是 MSU 的主要组成部分。

2.5.2　三种 SU 的功能

1. FISU

FISU 是当信令链路上没有 MSU 或 LSSU 发送时才发送的，用以维持信令链路的正常工作。由于接收端对 FISU 仍然要进行差错检测，因此它可以在信令链路上没有信令业务时进行固定的链路性能监视。另外，FISU 使用 BSN/BIB 还可以对已经收到的信令消息进行证实。FISU 是由 MTP-2 产生的。

2. LSSU

LSSU 用于在一条信令链路两端的信令点之间传递通信信息，这些信息包含在 LSSU 的 SF 字段中。由于一条信令链路的两端分别由不同的处理器独立控制，因此需要提供一种方法使两端可以进行管理协调，LSSU 提供了执行这一功能的方法。LSSU 发送的主要信令有：信令链路的初始定位、信令链路的性能监视、处理机的状态信息等。由于 LSSU 只在一条信令链路两端的信令点间传送，因而 LSSU 不需要任何地址信息。

3. MSU

MSU 是 7 号信令网上最重要的一类 SU，与呼叫建立、监视、释放，数据库查询、响应，信令网维护、测试、管理相关的信令均通过 MSU 传递。在 7 号信令中，有几种类型的 MSU，所有的 MSU 有些字段是公共的，另一些字段则根据消息类型的不同而有所变化。

MSU 的类型信息包含在 SIO 字段中，而地址信息和信令信息则包含在 SIF 字段中。

2.5.3 MSU 的格式

MSU 是 7 号信令消息的主要载体，在 MSU 中信令消息包含在 SIO 和 SIF 两个字段中。图 2.15 描述了 TUP 消息、ISUP 消息、MTP-3 管理消息、SCCP 及 TCAP 消息的格式。

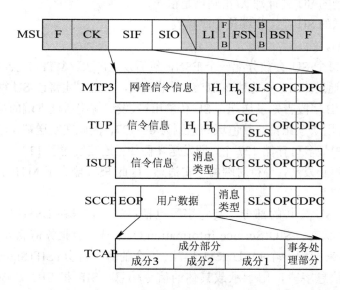

图 2.15　不同 MSU 的格式

这里我们介绍各类 MSU 的公共字段部分：SIO 和 SIF 中的路由标记部分。

1. SIO

SIO 占 8 个比特，主要用来指明 MSU 的类型，以帮助 MTP-3 进行消息的分配。如图 2.16 所示，SIO 分为两部分，低 4 比特为业务指示码 SI，高 4 比特为子业务字段 SSF。

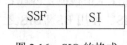

图 2.16　SIO 的格式

SIO 的编码和含义如下：

SI：D C B A

 0 0 0 0　信令网管理消息

 0 0 0 1　信令网测试和维护消息

 0 0 1 0　备用

 0 0 1 1　SCCP

 0 1 0 0　TUP

 0 1 0 1　ISUP

 0 1 1 0　DUP(与呼叫和电路有关)

 0 1 1 1　DUP(性能登记和撤销消息)

 其余　　备用

SSF：DCBA，它的 AB 比特备用，CD 比特是网络指示码 NI，用于区分国内消息还是国际消息。

 D C

 0 0 国际网

 0 1 国内 24 位地址码

 1 0 国内网

 1 1 国内 14 位地址码

2．SIF

如图 2.15 所示，SIF 由 3 部分组成：路由标记部分、消息类型部分和信令信息部分。所有的 MSU 路由标记部分都有相同的格式，而消息类型部分和信令信息部分的格式则由 SIO 中的 SI 确定。路由标记部分的格式如图 2.17 所示。路由标记由 3 部分组成：目的信令点编码 DPC、源信令点编码 OPC 和信令链路选择字段 SLS。其中，DPC 和 OPC 用来标识 MSU 的终点和源点。通常国际信令网信令点的编码长度与国内信令网信令点的编码长度会有所不同，例如在国际网上，一个信令点的编码长度为 14 比特，而在我国国内网中一个信令点的编码长度为 24 比特。详细的信令点编码方案可见 2.3 节。SLS 则用于在一组信令链路或路由间实现信令业务的负荷分担。

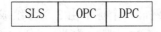

图 2.17　路由标记的格式

2.6　电话用户部分

电话用户部分(TUP)是电话网和信令网间重要的功能接口部分，是电话呼叫接续控制所需的各种信令消息的生成、加工、处理的场所。其基本功能是：

(1) 根据交换局话路系统呼叫接续控制的需要产生并处理相应的信令消息。

(2) 执行电话呼叫所需的信令功能和程序，完成呼叫的建立、监视和释放控制。

到目前为止，ITU-T 关于 TUP 方面的建议共有五个，即 Q.721～Q.725。这些建议主要针对国际电话网的应用，但绝大部分内容也适用于国内电话网。在具体的国内电话网中，通常还要根据具体需要，增加一些国内专用的信令消息和附加的信令程序。

TUP 在电话网中的位置如图 2.18 所示。

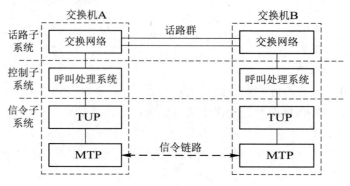

图 2.18　TUP 在电话网中的位置

2.6.1　TUP 消息的格式

来自 TUP 部分的 SU 属于 3 种 SU 类型中的 MSU，在其 MSU 中，SI 字段的编码固定为 0100，表示它是一个来自于 TUP 部分的 MSU。其可变长信令信息字段 SIF 的具体格式如图 2.19 所示。

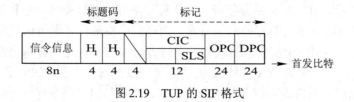

图 2.19　TUP 的 SIF 格式

我们看到 SIF 由 3 部分组成：标记、标题码和信令信息。其中标记和标题码长度固定，信令信息长度可变，但为字节的整数倍。

1. 标记部分

这里以我国 TUP 的 MSU 为例，一个标记由 3 部分组成：目的信令点编码 DPC，长度24 比特；源信令点编码 OPC，长度 24 比特；电路识别码 CIC，长度 12 比特。总计占用 64比特，其中 4 比特是备用的。

在 TUP 的 MSU 中，CIC 用于标识该 MSU 传送的是哪一条话路的信令，即属于局间的哪一条 PCM 中继线上的哪一个时隙。如采用 2.048 Mb/s 数字通路，则 CIC 的低 5 比特表示PCM 时隙号，其余 7 比特表示 PCM 系统号；如采用 8 Mb/s 的数字通路，则 CIC 的低 7 比特表示 PCM 时隙号，其余 5 比特表示 PCM 系统号；如采用 34 Mb/s 的数字通路，则 CIC的低 9 比特表示 PCM 时隙号，其余 3 比特表示 PCM 系统号。同时，CIC 的最低 4 位兼作链路选择字段 SLS，来实现信令消息在多条信令链路间进行负荷分担的功能。12 比特的 CIC理论上允许一条信令链路最多被 4096 条话路共享。

2．标题码

标题码占 8 比特，其中 4 比特的 H_0 用于识别消息组，4 比特的 H_1 用于识别一个消息组内具体的消息。

目前已定义了 13 个消息组。例如：前向地址消息 FAM、前向建立消息 FSM 负责传送前向建立的电话信令；后向建立消息 BSM、后向建立成功消息 SBM、后向建立不成功消息 UBM 负责传送后向建立的电话信令；呼叫监视消息 CSM 负责传送表示呼叫接续状态的信令(如挂机消息)；电路监视消息 CCM、电路群监视消息 GRM 负责传送电路和电路群闭塞、解除闭塞及复原信令；电路网管理信令 CNM 负责传送电路网的自动拥塞控制信息，以保证交换局在拥塞时减少到超载的交换局的业务量。有关消息组和消息的详尽信息可以查阅《中国国内电话网 No.7 信令方式技术规范》。

3．信令信息

SIF 中的信令信息部分是可变长的，它能提供比随路信令多得多的信息。不同类型的 TUP 消息的信令信息部分的内容和格式也各不相同，TUP 需要根据 MSU 携带的标题码来确定其格式和内容。这里我们仅以前向地址消息 FAM 中的 IAM/IAI 为例介绍信令信息部分的内容。

前向地址消息 FAM 共包含 4 种消息：

(1) 初始地址消息 IAM；

(2) 带有附加信息的初始地址消息 IAI；

(3) 带有一个或多个地址的后续地址消息 SAM；

(4) 带有一个地址的后续地址消息 SAO。

其中，IAM/IAI 消息是为一个呼叫建立连接而发出的第一个消息，它包含下一个交换局为建立呼叫连接、确定路由所需要的全部信息。IAM/IAI 中可能包含了全部的地址信息，也可能只包含部分地址信息，包含全部地址还是部分地址信息与交换局间采用的地址传送方式有关。

图 2.20 是 IAM/IAI 消息的格式。

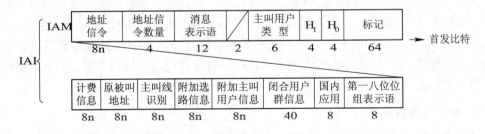

图 2.20　IAM/IAI 消息的格式

主叫用户类别用于传送国际或国内呼叫性质信息，例如在国际半自动接续中指明话务员的工作语言，在全自动接续中指明呼叫的优先级、呼叫业务类型、计费方式等信息。

消息表示语则反映了本次呼叫的被叫性质、所要求的电路性质和信令类型等信息。

地址信令数量是用二进制表示的 IAM 所包含的地址信令数量，地址信令采用 BCD 码表示，若地址信令数量为奇数，最后要补 4 个 0，以凑足 8 比特的整数倍。

与 IAM 相比，IAI 除了包含 IAM 全部的字段之外，还增加了一个八位位组表示语，八位位组表示语中的前 7 位中的每一位指示了 IAI 所携带的一种附加信息，该位为"1"，表示附加信息存在，为"0"则不存在。最后一位为扩展位，假如该位为"0"，则不存在第二八位位组表示语，否则存在。采用这种方式，IAI 可以携带更多的附加信息。

在我国信令网上，规定市—长、市—国际发端局间，包括所经的汇接局必须使用带有附加信息的初始地址消息，以传送主叫用户号码信息。其它如追查恶意呼叫、主叫号码显示等也可直接使用 IAI。

2.6.2　同抢与地址信号的发码方式

1. 同抢

为提高局间中继电路的利用率，7 号信令采用双向电路工作方式。但这带来了一个问题：在忙时，两个交换局可能同时试图占用同一条电路，即一个交换局刚向对端交换局发出了 IAM/IAI 消息，又马上收到了对方送来的 IAM/IAI 消息，并且它们携带相同的 CIC 值，这就发生了双向电路的双向占用，我们称为同抢。

发生同抢的原因是 7 号信令采用双向电路工作方式，并且信令在传输中存在时延，这个时延是信令在信令链路的传输时延、由重发引起的消息时延、准直联工作方式时 STP 处的转发时延之和，我们称为无防卫时间，这个时间越长，同抢的几率就越大。

为降低同抢发生的几率，可采取的防卫措施有两种：

(1) 双向电路群两端的交换局采用相反的顺序选择电路。信令点编码大的交换局按从大到小的顺序来选，信令点编码小的交换局按从小到大的顺序来选。

(2) 将两端的交换局之间的双向电路群分为两部分，各归一端交换局控制。对某一交换局而言，由它控制的那部分电路，它是主控局；对另一部分电路而言，它就是非主控局。在进行电路选择时，每个交换局优先选择由它主控的电路群，并按先进先出方式选择这一群中释放时间最长的一条电路；对于非主控电路群，则无优先权接入，并应选择最新释放的一条电路。

采用这两种方法，可以降低同抢发生的几率。一旦发生同抢，应采取下述方法处理：非主控局让位于主控局，即主控局忽略收到的 IAM/IAI 消息，继续处理对应的呼叫，而非主控局则放弃刚占用的电路，自动在同一路由或重选的路由中选择电路重复试呼。按照 ITU-T 标准的规定，信令点编码大的交换局主控所有偶数电路，信令点编码小的交换局主控所有奇数电路。

2. 地址信号发码方式

地址信号在交换局间传送时，有两种工作方式：重叠发码方式在收到必要的路由选择信息后，立即开始信令过程；而成组发码方式则在收到全部地址信号后，才开始信令过程。成组方式传输效率高，应尽量使用。

通常在市话局至长途/国际局、长话局间、长话局至国际局、国际局至长话局的呼叫接续中可以使用重叠方式。在市话局间、长话局/国际局至市话局、市话局至长话局的半自动接续中可以采用成组方式。

2.6.3　信令过程

在 7 号信令网中，为完成用户间的通话，所使用的交换局间的信令程序，通常又称为呼叫处理信令过程。在面向连接的电话网中，一个正常的呼叫处理信令过程，通常都包含三个阶段：呼叫的建立阶段、通话阶段和呼叫的释放阶段。下面以一个在市话网中经过汇接局转接的正常呼叫处理过程为例说明 7 号信令一般的信令过程。

(1) 见图 2.21，在呼叫建立时，发端市话局首先发出 IAM 或 IAI 消息。IAM 中包含了全部的被叫用户地址信号、主叫用户类别以及路由控制信息。

(2) 当来话交换局为终端市话局并收全了被叫用户地址信号和其它必须的呼叫处理信息后，一旦确定出被叫用户的状态为空闲，应后向发送地址全消息 ACM，通告呼叫接续成功状态。ACM 消息使各交换局释放有关本次呼叫的缓存的地址信号和路由信息，接通话路，并由终端市话局向主叫用户送回铃音。

(3) 在被叫用户摘机后，终端市话局发送后向应答计费消息 ANC。发端市话局收到 ANC 后，启动计费程序，进入通话阶段。

(4) 通话完毕，如果主叫先挂机，发端市话局发送前向拆线消息 CLF，收到 CLF 的交换局应立即释放电路，并回送释放监护消息 RLG。若交换局是转接局，它还负责向下一交换局转发 CLF 消息。假如被叫先挂机，终端市话局应发送后向挂机消息 CBK。在 TUP 中采用主叫控制电路复原方式时，发送 CBK 消息的交换局并不立即释放电路，而是启动相应的定时设备，若在规定的时限内主叫用户未挂机，则发端市话局自动产生和发送前向拆线信号 CLF，随后的电路释放过程与主叫先挂机时一致。

上面的例子只是一个成功呼叫的例子。在实际的呼叫处理过程中，常常要处理一些不能成功建立呼叫的异常情况，例如遇到被叫用户忙、中继电路忙、用户早释、非法拨号等情况时，均应立即释放电路，以提高电路的利用率。这里我们不再过多地介绍。

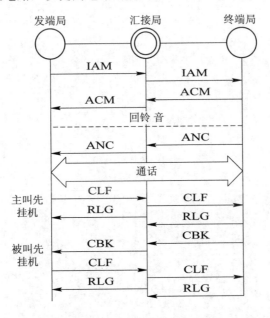

图 2.21　正常的呼叫处理信令过程

思 考 题

2.1　与随路信令相比，公共信道信令主要有哪些优点？

2.2　简述 7 号信令的分层功能结构及各层的主要功能。

2.3　简述 7 号信令的主要应用领域。基本应用和扩展应用在所需协议支持方面主要有哪些不同？

2.4　简述 7 号信令系统的主要技术特点。

2.5　7 号信令系统的 SU 有几种类型？它们各起什么作用？

2.6　7 号信令网有哪三种工作方式？我国信令网采用哪一种？

2.7　信令网由哪几部分组成？各部分的功能是什么？

2.8　画图说明我国信令网的等级结构，并说明各级信令点之间的连接方式。

2.9　什么是信令路由？分哪几类？路由选择的规则是什么？

2.10　在信令链路级，7 号信令根据信号单元中哪个字段检测传输错误？该字段是否在每一段链路上都进行重新计算？

2.11　为保证信令网的可靠性，请简述信令网在拓扑结构上采取了哪些措施以及信令网管理又提供了哪些措施。

2.12　7 号信令方式为什么会发生同抢？同抢的预防措施和解决方法是什么？

2.13　在 7 号信令中，如何区分信令和其对应的呼叫？

2.14　简述成组发码方式与重叠发码方式的区别。假设一个国家的国内电话号码采用等长编码，那么使用哪一种方式较好？

2.15　简述正常的呼叫处理信令过程。

第 3 章　电路交换技术

世界上最早的电路交换机是 1878 年英国人设计的磁石电话交换机。在一百多年的历史中，电路交换经历了从人工交换到自动交换、从模拟交换到数字交换、从布线逻辑控制到存储程序控制、从随路信令到公共信道信令等发展历程。由于程序控制技术最早用于电话交换机，因此很多教材中将电话交换叫做程控交换。实际情况是，自从软件控制技术引入交换机后，不同交换方式的交换机均由程序控制，都可以称为程控交换机。本书将传统话音交换技术叫做电路交换技术。

与其它种类的交换技术相比，电路交换对电路的管理方式粗放，因此它控制简单，实时性好，但资源利用率低，不适合承载突发业务。由于目前绝大多数电话业务的传送都使用电路交换技术，电信运营商的网络是以电路交换机为中心组建的，并且波分复用光交换系统、N-ISDN 网、移动通信网、智能网(IN)的业务交换点也使用电路交换技术，因此有必要学习和掌握它。

本章详细介绍电路交换机的组成和功能，交换网络的工作原理，电路交换机控制软件，电话呼叫处理过程以及 FETEX-150 和 S-1240 典型机等。

3.1　概　　述

3.1.1　电路交换的特点

通过第 1 章的学习，我们初步了解了电路交换的过程，它具有的特点总结如下：

(1) 电路交换是一种实时交换，适用于对实时性要求高的通信业务。

(2) 电路交换是面向连接的交换技术。在通信前要通过呼叫为主叫、被叫用户建立一条物理连接。如果呼叫数超过交换机的连接能力，交换机向用户送忙音，拒绝接受呼叫请求。从另一个角度看，交换机的功能是在入口侧根据内部资源情况，决定接受或放弃新到达的呼叫，并对已处在通信中的每一个呼叫保证通信完整性。

(3) 电路交换采用静态复用、预分配带宽并独享通信资源的方式。交换机根据用户的呼叫请求，为用户分配固定位置、恒定带宽(通常是 64 kb/s)的电路。话路接通后，即使无信息传送，也需要占用电路。因此电路利用率低，尤其是对突发业务来说。

(4) 在传送信息期间，没有任何差错控制措施，控制简单，但不利于可靠性要求高的数据业务传送。

根据上述特点，电路交换机使用了如下控制技术：利用呼叫处理完成交换网络入端口到出端口之间内部通道的预占；使用局间信令完成中继线上带宽资源的预占。由于呼叫建立阶段已获得了全部的通信资源，通信阶段无需缓存和差错控制机制，因此采用同步时分交换就可以满足要求。

3.1.2　电路交换机的分类

从不同的角度可以对电路交换机进行分类。

1．模拟交换机和数字交换机

送入交换机的信号可以是模拟信号，也可以是编码后的数字信号。按交换网络传送的信号形式，可以将电路交换机分为模拟交换机和数字交换机。

2．空分交换机和时分交换机

交换机的交换网络可以用空分阵列组成，也可以用共享存储器或共享总线的时分交换单元组成。按交换网络的接续方式，可以将电路交换机分为空分交换机和时分交换机。

3．布线逻辑控制和存储程序控制交换机

对交换机的控制可以用逻辑电路控制，也可以用存储器中的程序控制。按控制方式可以将电路交换机分为布线逻辑控制交换机和存储程序控制 SPC(Stored Program Controlled)交换机，简称程控交换机。

3.2　电路交换机的硬件结构

典型的电路交换系统是电话交换系统。本节以数字程控电话交换机为例，说明电路交换机的组成。

电路交换机的总体结构包括硬件和软件两部分。本节主要介绍电路交换机的硬件结构。其硬件结构分为话路子系统和控制子系统，如图 3.1 所示。话路子系统主要由接口电路和交换网络组成。接口的作用是将来自不同终端(电话机、计算机等)或其它交换机的各种信号转换成统一的交换机内部工作信号，并按信号的性质分别将信令送给控制系统，将业务消息送给交换网络。交换网络的任务是实现各入、出线上信号的传递或接续。控制子系统对话路子系统进行控制，如监视用户线和中继线的状态，处理用户或其它交换局发送的信令，按信令要求控制交换网络接续，通过接口发送信令，协调交换机工作等。它由处理机、存储器、外部设备和远端接口等部件组成。外部设备有外存、打印机、维护终端等，是交换局维护人员使用的设备。远端接口包括至集中维护操作中心 CMOC(Centralized Maintenance & Operation Center)、网管中心、计费中心等的数据传送接口。存储器用来存储程序和数据，可进一步分为程序存储器和数据存储器。

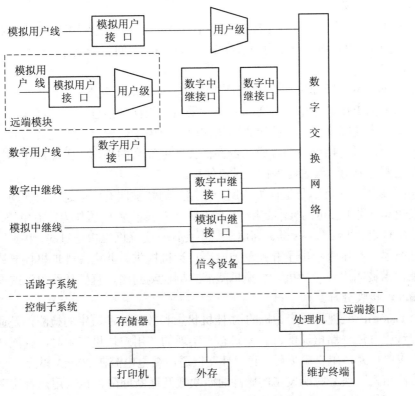

图 3.1　数字交换系统的硬件功能结构

3.2.1　话路子系统

话路子系统包括模拟用户接口、用户级、远端模块、数字用户接口、数字中继接口、模拟中继接口、信令设备、交换网络等部件。

1．模拟用户接口

模拟用户接口是数字程控交换机连接模拟用户线的接口电路。模拟用户的传输线路为二线模拟线，终端和交换机之间采用直流环路信令方式。终端向数字交换网络传送话音信号、音频数据和双音多频信号，交换机向模拟话机提供直流馈电和振铃信号，并完成测量等功能。每一个模拟用户均要经模拟用户接口电路连接交换网络，因此这种接口电路占的比例最大，对它的组成和功能有一个基本要求，归纳起来为 BORSCHT，如图 3.2 所示。

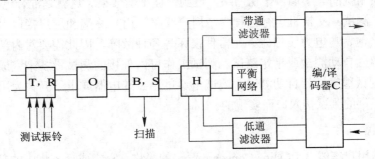

图 3.2　实现 BORSCHT 功能的用户电路

BORSCHT 的含义如下：

B(Battery feed)：馈电。所有连接在交换机上的终端，均由交换机馈电。程控交换机的馈电电压一般为-48 V。通话时馈电电流在 20～100 mA 之间。馈电方式有恒压馈电和恒流馈电两种。

O(Over-voltage)：过压保护。程控交换机内有大量的集成电路，为保护这些元器件免受从用户线进来的高电压、过电流的袭击，一般采用二级保护措施。第一级保护是在用户线入局的配线架上安装保安器，主要用来防止雷电。但由于保安器在雷电袭击时仍可能有上百伏的电压输出，对交换机内的集成元器件仍会产生致命的损伤，因此，在模拟用户接口电路中一般还要完成第二级过压保护和过流保护。

R(Ring)：振铃。振铃信号送向被叫用户，用于通知被叫有呼叫进入。向用户振铃的铃流电压一般较高。我国规定的标准是用 75±15 V、25 Hz 交流电压作为铃流电压，向用户提供的振铃节奏规定为 1 s 通，4 s 断。高电压是不允许从交换网络中通过的，因此，铃流电压一般通过继电器或高压集成电子开关单独向用户话机提供，并由微处理机控制铃流开关的通断。此外，当被叫用户一摘机，交换机就能立刻检测到用户直流环路电流的变化，继而进行截铃和通话接续处理。

S(Supervision)：监视。用户话机的摘/挂机状态和拨号脉冲数字的检测，是通过微处理机监视用户线上直流环路电流的有、无状态来实现的。用户挂机空闲时，直流环路断开，馈电电流为零；反之，用户摘机后，直流环路接通，馈电电流在 20 mA 以上。

对于脉冲话机，拨号时所发出的脉冲通断次数及通断间隔，也以用户直流环路的通断来表示。微处理机通过检测直流环路的这种状态变化，就可以识别用户所发出的脉冲拨号数字。这种收号方式主要由软件程序实现，称为软收号器。

对于双音多频 DTMF(Dual-tone Multi Frequency)话机，用户所拨号码以双音多频信号形式出现在线路上，交换机内要有专用收号器对号码进行接收和识别。专用收号器也叫"硬收号器"。

C(Codec)：编译码。数字交换机只能对数字信号进行交换处理，而话音信号是模拟信号，因此，在模拟用户电路中需要用编码器把模拟话音信号转换成数字话音信号，然后送到交换网络进行交换。反之，通过解码器把从交换网络输出的数字话音转换成模拟话音送给用户。

H(Hybrid)：混合电路。数字交换网络完成 4 线交换(接收和发送各 1 对线)，而用户传输线路上用 2 线双向传送信号。因此，在用户话机和编/解码器之间应进行 2/4 线转换，以把 2 线双向信号转换成收、发分开的 4 线单向信号，而相反方向需进行 4/2 线转换；同时可根据每一用户线路阻抗的大小调节平衡网络，达到最佳平衡效果。这就是混合电路的功能。

T(Test)：测试。交换机运行过程中，用户线路、用户终端和用户接口电路可能发生混线、断线、接地、与电力线相碰、元器件损坏等各种故障，因此需要对内部电路和外部线路进行周期巡回自动测试或指定测试。测试工作可由外接的测试设备来完成，也可利用交换机的软件测试程序进行自动测试。测试是通过测试继电器或电子开关为用户接口电路或外部用户线提供的测试接入口而实现的。

2. 用户级

用户级是用户集线器 LC(line Concentration)的简称，它完成话务集中的功能。一群用户经用户级集中后以较少的链路接至交换网络，以提高交换网络的利用率。集中比一般为 2∶1～8∶1。

用户级和用户接口电路还可以设置在远端，常称为远端模块，见图 3.1 中的虚线框。远端用户级与母局之间用数字链路连接，链路数与远端用户级的容量及业务量大小有关。远端模块的设置带来了组网的灵活性，节省了用户线的投资。

3．数字用户接口

连接用户终端且环线采用数字传输的交换机接口称为数字用户接口。已标准化的数字用户接口有基本速率接口 BRI(Basic Rate Interface)和基群速率接口 PRI(Primary Rate Interface)。这两个接口的传输帧结构分别为 2B＋D 和 30B＋D，线路速率分别为 192 kb/s 和 2.048 Mb/s。其中，"B" 是 64 kb/s 的业务信道，"D" 是信令信道，在 BRI 中 D 是 16 kb/s，在 PRI 中 D 是 64 kb/s。

数字用户接口应具有图 3.3 所示的功能结构。过压保护、馈电和测试功能的作用及实现与模拟用户接口类似。当用户终端本身具有工作电源时，接口还可以免去馈电功能。

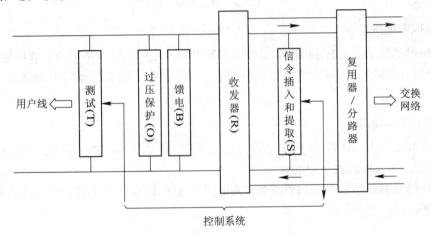

图 3.3　数字用户接口的基本功能

数字用户线采用专用信令链路传送信令(DSS1 信令)。发送方将信令插入专用逻辑信道，以时分复用方式和信息一起传送，接收方从专用逻辑信道提取信令。

交换网络接续的信道是 64 kb/s 的数字信道，而环线的传输速率可能高于或低于 64 kb/s。因此，在接口和交换网络之间，需要插入一个多路复用器与分路器，以便将环线信号分离或合并为若干条 64 kb/s 的信道。

收发器的主要作用是实现数字信号的双向传输。曾经提出的方案有空分、频分、时分和回波抵消法四种。空分法即在两个方向各使用一对独立的双绞线，由于不经济，因此很少使用。频分法即在两个方向使用一对传输线，各使用不同的频段，由于占用频带宽，传输距离近，现在也很少使用。时分法是将收发脉冲压缩，在两个方向使用不同时间段送出信号，所需频带至少是收发信号带宽的 2 倍，电路易集成。但传输距离近，不适合长距离通信。回波抵消法采用混合线圈实现 2/4 线变换，在同一对线上可以同时传送两个方向的信号，它所需的频带窄，传输距离长，是目前数字用户线采用的主要技术。此外，收发器中还要有均衡器、扰码器和编解码器。均衡器用来补偿数字信号传输时产生的非线性衰减和时延，消除码间干扰；扰码器的作用是在发送数据中加入一个伪随机序列，破坏传送数据中可能出现的全 1、全 0 或某种信号周期重复的规律性，可以减少相邻信号的串扰和定时信号的误判。收发器的原理框图见图 3.4。

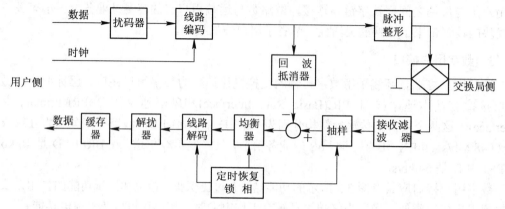

图 3.4　收发器的原理框图

4．模拟中继接口

模拟中继 AT(Analog Trunk)接口是数字交换机为适应局间模拟环境而设置的接口电路，用来连接模拟中继线。模拟中继接口具有测试、过压保护、线路信令监视和配合、编/译码等功能。

5．数字中继接口

数字中继 DT(Digital Trunk)接口是数字交换系统与数字中继线之间的接口电路，可适配 PCM 一次群或高次群的数字中继线。

数字中继具有码型变换、时钟提取、帧同步和复帧同步、帧定位、信令插入和提取、告警检测等功能，见图 3.5。

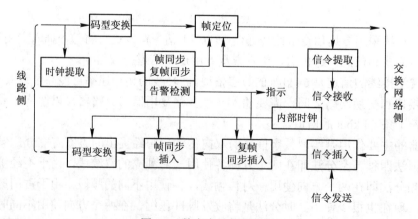

图 3.5　数字中继的原理图

如果交换局间的传输采用同步数字序列 SDH(Synchronous Digital Hierarchy)，则可以将交换机多个中继输出信号装入到 SDH 端机的不同容器中，再复接成 STM-1(155 Mb/s)或 STM-4(622 Mb/s)的 SDH 帧信号传送。

6．信令设备

第 2 章我们已经学习了信令的概念。电路交换机中信令的作用是控制呼叫电路的建立和释放，并控制呼叫的进程。本局用户通信的信令过程见图 3.6。

对于随路信令 CAS(Channel Associated Signaling)系统，信令有监视信令、地址信令、各种音信令和铃流。监视信令完成呼叫监视、应答等功能，它分散在用户接口和中继接口电路中。其它两种信令体现在图 3.1 的信令设备中，包括各种音信号 (拨号音、忙音、回铃音等) 发生器、双音多频信号接收器、多频信号发送和接收器。铃流发生器单独设置，通常放在用户模块中。

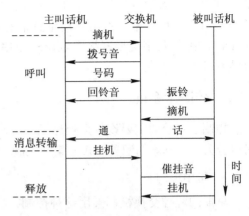

图 3.6　本局呼叫的信令过程

除铃流信令外，其它音信令和多频信令都是以数字形式直接进入数字交换网络，并像数字话音信号一样交换到所需端口。音信令的数字化原理和话音完全一样。

如果交换局间使用公共信道信令 CCS(Common Channel Signaling)，那么图 3.1 中的信令设备主要完成 7 号信令第二功能级的功能，第一功能级的功能由数字中继完成，第三和第四功能级的功能由控制系统完成。

7．交换网络

对电路交换而言，呼叫处理的目的是在需要通话的用户之间建立一条通路，以支持节点交换功能。交换功能由交换机中的交换网络实现。交换网络可在处理机的控制下建立任意两个终端之间的连接。数字交换系统的交换过程如图 3.7 所示。

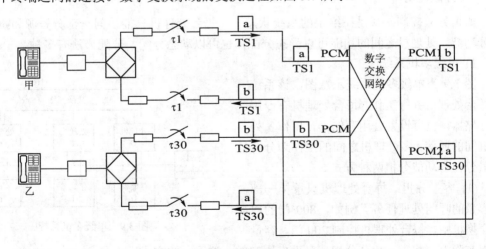

图 3.7　数字交换系统的交换过程

在数字交换机中，每个用户都占用一个固定的时隙，用户的话音信息就装载在各个时隙之中。例如，有甲、乙两个用户，甲用户的发话信息 a 或受话信息都固定使用时隙

1(TS1)，而乙用户的发话信息 b 或受话信息都固定使用 TS30。如果这两个用户要互相通话，则甲用户的话音信息 a 要在 TS1 时隙送至数字交换网络，而在 TS30 时隙将其取出送至乙用户。反过来，乙用户的话音信息 b 也必须在 TS30 时隙送至数字交换网络，而在 TS1 时隙从数字交换网络中取出送至甲用户。这就是话音电路交换，它实质上是一种时隙交换。

3.2.2　控制子系统

控制子系统的主要设备是处理机。处理机的数量和分工有各种配置方式，但归结起来可以分为三种基本的配置方式：集中控制、分散控制和分布式控制。

1．集中控制

早期的程控交换机都采用这种控制方式。假设某一交换机的控制系统由多台处理机组成，每一台处理机均装载全部软件，可以完成所有控制功能，访问所有硬件资源，这种控制方式就叫集中控制方式，见图 3.8。

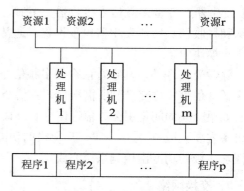

图 3.8　集中控制方式

集中控制的主要优点是：处理机能掌握整个系统的状态，可以访问所有资源；控制功能的改变一般都在软件上进行，比较方便。但是，这种集中控制的最大缺点是：软件要包括各种不同特性的功能，规模庞大，不便于管理；系统较脆弱，一旦出故障会造成全局中断。

2．分散控制

所谓分散控制，就是在给定的系统状态下，每台处理机只能访问一部分资源和执行一部分功能。处理机之间的功能可以静态分配，也可以动态分配。分配方法有多种。

1) 单级多机系统

图 3.9 为单级多机系统示意图。该系统中各台处理机并行工作，每台处理机有专用的存储器，也可设置公用存储器，用作各处理机间的通信。多处理机之间的工作划分有容量分担与功能分担两种方式。

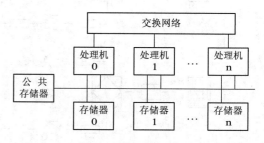

图 3.9　单级多机系统

(1) 容量分担：每台处理机只承担一部分容量的呼叫处理任务。例如，800 门的用户交换机中，每台处理机控制 200 门。容量分担实际上也相当于负荷分担，是面向固定的一群用户的方式。

容量分担的优点是处理机数量可随着容量的增加而逐步增加，缺点是每台处理机要具有所有的功能。

(2) 功能分担：每台处理机只承担一部分功能，只需装入一部分程序，分工明确。缺点是容量较小时，也需配置全部处理机。

在大型程控交换机中，通常是将容量分担与功能分担结合使用。还应注意的是：不论是容量分担还是功能分担，为了保证系统安全可靠，每台处理机一般均有其备用机，按主/备用方式工作，也可采用 N+1 备用方式。对于控制容量很小的处理机，也可以不设备用机。

2) 多级处理机系统

在交换处理中，有一些工作执行频繁而处理简单，如用户扫描等；另一些工作处理较复杂，但执行次数要少一些，如数字接收与数字分析。至于故障诊断等维护管理工作则执行次数更少而处理更复杂。可见，在交换处理中处理复杂性与执行次数成反比。

多级系统可以很好地适应以上特点。用预处理机处理执行频繁而简单的功能，可以减少中央处理机的负荷；用中央处理机执行分析处理等较复杂的功能，也就是与硬件无直接关系的较高层的呼叫处理功能；用维护管理处理机专门执行维护管理的各种功能。这样，就形成了多级系统。

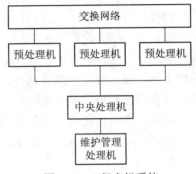

图 3.10 三级多机系统

在图 3.10 所示的三级系统中，实际上采用了功能分担与容量分担相结合的方式：三级之间体现了功能分担，而在预处理机这一级采用容量分担，即每个预处理机控制一定容量的用户线或中继线。中央处理机也可以采用容量分担，而维护管理处理机一般只用一台。

预处理机又称为外围处理机或区域处理机，通常使用微机。中央处理机和维护管理处理机可使用小型机或功能强的高速微机。

3. 分布式控制

随着微处理机技术的迅速发展，分散控制的程度越来越高，产生了全微机控制的分布式控制方式。例如每个电路板上均配有单片机的系统，就是一种分布式控制系统。

这种分布式控制结构有以下优点：

(1) 在集中控制和分级控制的程控交换机中，当增加待定的新性能(如增开数据通信)时，其软件的改动较大。并且由于新业务的处理，将产生对控制部分的争夺，影响交换机的处理能力。而在分布式控制方式中，增加新性能或新业务时可引入新的组件(如增加数据通信业务时可增加数据业务组件)，新组件中带有相应的控制设备，从而对原设备影响不大，甚至没有影响。

(2) 能方便地引入新技术和新元件，且不必重新设计交换机的整体结构，也不用修改原来的硬件。

(3) 可靠性高，发生故障时影响面较小，如只影响某一群用户(或中继)或只影响某种性能。

但是，分布式控制方式目前也存在一些问题。例如：

(1) 采用分布式控制时微处理机的数量相对增多，微处理机之间的通信也增加，如果设计不完善，会影响交换机的处理能力，使各处理机真正用于呼叫处理的效率降低，同时也增加了软件编程的复杂性。

(2) 随着微处理机数量的增加，存储器的总容量也会增加。

4. 双机冗余配置

为了确保控制系统安全可靠，程控交换机的控制系统通常采用双机冗余配置，配置方式有微同步、负荷分担和主备用方式。

1) 微同步

微同步(micro-synchronization)方式的基本结构如图 3.11 所示。它具有两台相同的处理机，其间有一个比较器。两台处理机各自具有专用的存储器，其内容完全相同。

在正常工作时，两台处理机同时接收来自话路设备的各种输入信息，执行相同的程序，进行同样的分析处理，但是只有一台处理机输出控制信息，控制话路设备的工作。所谓微同

图 3.11 微同步方式的基本结构

步，就是要将两台处理机的执行结果通过比较器不断地进行检查比较。如果结果完全一样，说明工作正常，程序可继续执行；如果结果不一致，表示其中有一台处理机发生故障，应立即告警并进行测试和必要的故障处理。

微同步方式的优点是较易发现硬件故障，且一般不影响呼叫处理。微同步方式的缺点是对软件故障的防卫较差，此外，由于要不断地进行同步复核，因此效率也不高。

2) 负荷分担

负荷分担(Load sharing)方式的基本结构如图 3.12 所示。

负荷分担也叫话务分担。其特点是两台处理机独立进行工作，在正常情况下各承担一半话务负荷。当一台处理机产生故障时，可由另一台承担全部负荷。为了能接替故障处理机的工作，两台处理机必须互相了解呼叫处理的情况，故双机应具有互通信息的链路。

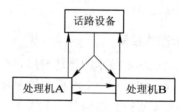

图 3.12 负荷分担方式

负荷分担的主要优点如下：

(1) 过负荷能力强。由于每台处理机都能单独处理整个交换系统的正常话务负荷，故在双机负荷分担时，可具有较高的过负荷能力，能适应较大的话务波动。

(2) 可以防止由软件差错引起的系统阻断。由于程控交换软件系统的复杂性，不可能没有残留差错。这种程序差错往往要在特定的动态环境中才显示出来。由于双机独立工作，故程序差错不会在双机上同时出现，加强了软件故障的防护性。

(3) 在扩充新设备、调试新程序时，可使一台处理机承担全部话务，另一台进行脱机测试，从而提供了有力的测试工具。

负荷分担方式由于是双机独立工作方式，因此在程序设计中要避免双机同抢资源的现象，双机互通信息也较频繁，这都使得软件比较复杂，且负荷分担方式不如微同步方式那样较易发现处理机硬件故障。

3) 主/备用

主/备用(Active-standby)方式如图 3.13 所示,一台处理机联机运行,另一台处理机与话路设备完全分离或为备用。当主用机发生故障时,进行主/备用机倒换。

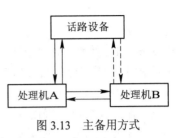

图 3.13 主备用方式

主/备用方式分为冷备用与热备用两种方式。冷备用时,备用机不保存呼叫数据,接替主用机时从头开始工作。热备用时,备用机根据原主用机故障前保存在存储器中的数据进行工作,也可以进行数据初始化,重新启动系统。

3.2.3 处理机间通信

在多处理机系统中,不同处理机之间要相互沟通(通信)、共同配合,以控制呼叫接续。由于数字交换机设有远端用户模块,因此,处理机间通信有时也要考虑较远距离的通信。

处理机间的通信方式和交换机控制系统的结构有紧密联系。目前所采用的通信方式很多,这里仅介绍几种常见方式。

1. 通过 PCM 信道进行通信

利用交换机内的 PCM 信道进行通信,有两种不同的方法:

(1) 利用时隙 16 进行通信。在数字通信网中,时隙 16 用来传输数字交换局间的信令,传输线上的信息在到达交换局以后,中继接口提取时隙 16 的信令,进行处理。交换机内部的 16 时隙是空闲的,可以用作处理机间的通信信道。在本章后面要介绍的 F-150 型数字交换机就是采用这种方法通信的。具体方法我们在后面介绍。

这种通信方式不需要增加额外的硬件,软件的费用也小,但通信的信息量小,速度慢。

(2) 通过数字交换网络的 PCM 信道直接传送。在 S-1240 交换机中,处理机之间的通信信息和话音、数据信息一样,可以通过 PCM 信道传送(任一时隙),并且也能由数字交换网络进行交换。为了区分信道中信息的类型,不同的信息需要加不同的标志,以便识别。用这种方式能进行远距离通信,但缺点是占用了通信信道,并且费用较大。关于这种通信方式的详细情况也放在后面介绍。

2. 采用计算机网常用的通信结构

计算机通信网有不同的结构方式,我们在这里只介绍部分在程控交换机中常见的方式。

1) 多总线结构

多总线结构是多处理机系统的一种总线结构。多处理机之间通过共享资源实现各处理机之间的通信。在这种结构中,多处理机组成一个总线型网络。多总线结构有两种基本方式:

紧耦合系统:在这个系统中,多个处理机之间是通过一个共享存储器传送信息进行通信的。

松耦合系统:在这个系统中,多个处理机之间是通过输入/输出接口传送信息进行通信的。

这两种方式都要共享一组总线,因此必须有决定总线控制权的判优电路,处理机在占用总线前必须判别总线是否可用。使用这种系统要注意通信的效率问题,否则处理机的处理能力就会受到制约。

(1) 共享存储器方式。这是一种由若干处理机与若干存储器互连的方式。最简单的结构是图 3.14 所示的分时总线互连结构。在这种结构中，所有处理机和所有存储器都连在一条公共总线上，处理机将通信信息写入存储器，在接收端可以直接从存储器读取信息。

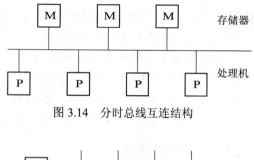

图 3.14　分时总线互连结构

在大型系统中，如果处理机数量较多，那么总线的通信效率可能会制约处理机的效率，形成一个"瓶颈"，因此需要想办法提高总线的效率。多组总线互连结构可以解决该瓶颈问题，如图 3.15 所示。图中，每一台处理机、每一个存储器均连接一条独立总线。只要不冲突，连接在多条总线上的处理机和存储器可同时通信。但当处理机和存储器数量增加时，矩阵容量就会以平方数增长。

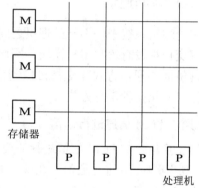

图 3.15　多组总线互连结构

还有一种方法是将存储器的多个通道分别接不同的处理机。最常见的是利用双向存储器或者存储器双向端口控制器供两台处理机从不同总线输入或输出信息。当然这里也有一个判优问题，但总线分开以后问题就会简单一些。

共享存储器的方法能提供较高的速度和通信信息量，但处理机间的物理距离不能很远。

(2) 通过共享输入/输出接口进行通信。在这种方式下，一台处理机把对方处理机看作一般的输入/输出端口。这些端口可以是并行口，也可以是串行口，它适用于通信信息量和速率都不十分高的场合。

2) 环形结构

在大型系统中，尤其是在分散控制的系统中，处理机的数量很多，而它们之间往往是平级关系，这时常采用环形通信结构。环形结构和计算机的环形网相似，每台处理机相当于环内的一个节点，节点和环通过环接口连接。令牌环是用得较多的一种环形网。

3.3　数字交换网络的结构

上一节我们已经介绍了数字交换网络的作用是完成数字话音信号的时隙交换。在介绍数字交换网络之前，我们先来学习复用器和分路器的有关知识，它们是连接交换网络的接口。

信息以串行格式送入交换网络的入线并从出线送出。入线和出线上一帧的时隙数定义为复用度。在交换网络中，为了提高交换速度，信息以并行方式交换，因此在交换网络接口处，要进行串/并和并/串变换。复用器和分路器的作用就是完成这种变换。

复用器的组成见图 3.16。

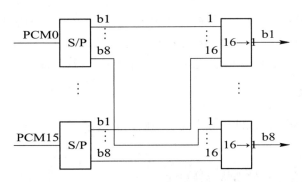

图 3.16 复用器的组成

复用器包括串/并变换和合路复用功能。假设图 3.16 中有 16 条 PCM 分别经串/并变换后进入 "16 选 1" 的多路选择器进行合路。8 个 16 选 1 的选择器中的每一个选择器接 16 个串/并变换器输出的同名比特位。

图 3.17 说明 16 套 PCM 系统进行串/并变换后在 8 条并行线上的时隙进行合路的过程。在 3.9 μs 中，原来每一时隙的 8 位串行码，现在变为并行码排列在 b1~b8 8 条线的同一码位，成为变换后的一个时隙。16 套并行 PCM 合路后，原来一个串行时隙的时间间隔内排有 16 个不同时隙的 16 位码。变换前后时隙的对应关系为：

变换后的并行时隙号 = 变换前的时隙号×复用器串行输入线数量 + 变换前串行输入线号

例如，变换前位于输入线 5、时隙 10 的语音，变换后的并行时隙是 165(10×16+5=165)。

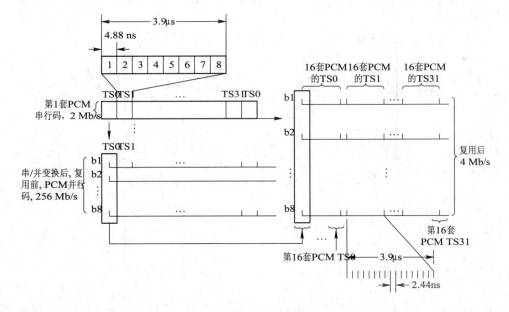

图 3.17 复用器的复用过程

每套 PCM 系统串行码的传输速率为 2 Mb/s，复用度为 32，串/并变换后速率只有原来的 1/8，变成 256 kb/s，复用度不变。16 套 PCM 合路复用后，速率增加 15 倍，变成 4 Mb/s，复用度增加 15 倍，变成 16×32＝512。这样交换网络以 4 Mb/s 的速度工作就可以满足 512 时隙的交换要求。

如果不进行上述变换，每个时隙的 8 位编码仍按串行码传送和交换，那么速率将提高 16 倍，达到 32 Mb/s 以上，这样高的速率在早期是难以实现的。

分路器的功能和复用器的相反，它完成分路和并/串变换功能。

3.3.1 基本交换单元

电路交换是同步交换，因此构成电路交换网络的基本交换单元也必须是同步交换的。

1. 时分接线器

时分接线器属于共享存储器型交换单元。

1) 时分接线器的组成

时分接线器(Time Switch)简称 T 接线器，用来完成时隙交换功能。时分接线器采用缓冲存储、控制读出或写入的方式来进行时隙交换，主要由话音存储器 SM(Speech Memory)和控制存储器 CM(Control Memory)组成，如图 3.18 所示。

SM 用来暂存编码的话音信息。每个时隙有 8 位编码，考虑到要进行奇偶校验等，所以 SM 的每个单元(即每个字)应具有 8 位以上字长。SM 的容量，即所包含的字数应等于输入复用线(母线)上的复用度。例如，有 512 个时隙，SM 就要有 512 个单元。

时分接线器的工作方式有两种。第一种是顺序写入，控制读出，简称输出控制，如图 3.18(a)所示。第二种是控制写入，顺序读出，简称输入控制，如图 3.18(b)所示。用这两种方式进行时隙交换的原理是相同的。顺序写入或读出是由时钟控制的，控制读出或写入则由 CM 完成。

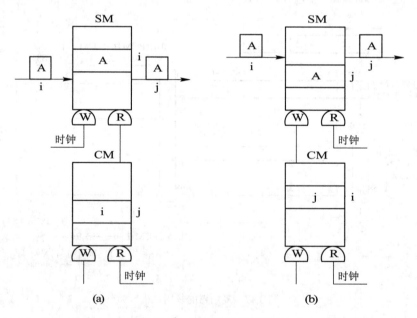

图 3.18 T 接线器的工作原理

(a) 输出控制；(b) 输入控制

CM 的作用是控制同步交换，其容量一般等于话音存储器的容量，它的每个单元所存的内容是由处理机控制写入的，用来控制 SM 读出或写入的地址。因此，CM 中每个字的位数决定于 SM 的地址码的位数。如果 SM 有 512 个单元，需要用 9 位地址码选择，则 CM 的每个单元应有 9 位。

2) 时分接线器的交换原理

现在来看看以顺序写入、控制读出方式进行时隙交换的原理。输入时隙的信息在时钟控制下，依次写入 SM。显然，写时钟必须与输入时隙同步。如果读出也是顺序方式，则仅起缓冲作用，不能进行时隙交换。故在读出时，必须依照控制存储器中所存入的读出地址进行。

图 3.18(a)中表示了话音 A 按顺序存入 SM 的第 i 单元，当第 j 时隙到来时，以 CM 第 j 单元的内容 i 为地址，读出 SM 第 i 单元的内容 A。这样，第 i 时隙输入的话音编码信息 A 就在第 j 时隙送出去，实现了时隙交换的功能。

在整个交换过程中，CM 就是控制信息交换的转发表。转发表由处理机构造。处理机为输入时隙选定一个输出时隙后，控制信息就写入控制存储器。只要没有新的信息写入，控制存储器的内容就不变。于是，每一帧都重复以上的读写过程，输入第 i 时隙的话音信息，在每一帧中都被交换到第 j 输出时隙中去。

控制写入、顺序读出的原理是相似的，不同的是：控制存储器内写入的是话音存储器的写入地址，以此来控制话音存储器的写入，即话音存储器第 j 单元写入的是第 i 输入时隙的话音信息，如图 3.18(b)所示。由于是顺序读出，故在第 j 时隙读出话音存储器第 j 单元的内容，同样完成了第 i 个输入时隙与第 j 个输出时隙的交换。

不论是顺序写入还是控制写入，每个输入时隙都对应着话音存储器的一个存储单元，所以，时分接线器实际上具有空分的性质，是按空分的原理工作的。

时分接线器中的话音存储器和控制存储器可以是高速的随机存取存储器(RAM)。

2. 空分接线器

空分接线器属于空分阵列交换单元。

1) 空分接线器组成

空分接线器(Space Switch)简称 S 接线器，它由交叉点矩阵和控制存储器 CM 组成，如图 3.19 所示。N×N 的电子交叉点矩阵有 N 条输入复用线和 N 条输出复用线，每条复用线上有若干个时隙。每条输入复用线可以选择到 N 条输出复用线中的任一条，但这种选择是建立在一定的时隙基础上的。以第 1 条输入复用线为例，其第 1 个时隙可能选通第 2 条输出复用线的第 1 个时隙，其第 2 个时隙可能选通第 3 条输出复用线的第 2 个时隙，其第 3 个时隙可能选通第 1 条输出复用线的第 3 个时隙，等等。因此，对应于一定出入线的交叉点是按一定时隙做高速启闭的。从这个角度看，空分接线器是以时分方式工作的。各个交叉点在哪些时隙应闭合，在哪些时隙应断开，是由 CM 控制的，CM 起同步作用。

显然，对于点到点的通信，同一条输入(输出)复用线上的某一时隙，不能同时选通几条输出(输入)复用线。对于图 3.19 来说，就是位于同一输入线或同一输出线上的任何两个交叉点，不能在同一时隙闭合。当然，任一输入复用线的不同时隙，是可以选通到同一条输出复用线的。

交叉矩阵可由选择器组成。例如，16 选 1 选择器可用来使 16 条入线选通 1 条出线，16×16 的交叉矩阵可由 16 个 16×1 的选择器以一定的复接方式组成。

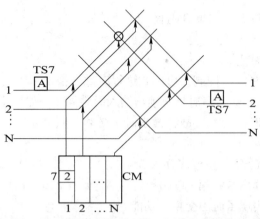

图 3.19　控制存储器按入线配置的空分接线器

2) 空分接线器的工作原理

如图 3.19 所示，对应于每条入线都配有一个控制存储器。由于它要控制入线上每个时隙接通到哪一条出线上，所以控制存储器的容量等于每条复用线上的时隙数，而每个单元的位数则决定于选择输出线的地址码位数。例如，每条复用线上有 512 个时隙，交叉点矩阵是 32×32，则要配有 32 个控制存储器，每个控制存储器有 512 个单元，每个单元有 5 位，可选择 32 条出线。

图 3.19 中，第 1 个控制存储器的第 7 个单元中由处理机控制写入了 2，表示第 1 条输入复用线与第 2 条输出复用线的交叉点在第 7 时隙接通。在每一帧期间，处理机依次读出控制存储器各单元的内容，控制矩阵中对应交叉点的启闭。这里的控制存储器就是控制接续的转发表。

控制存储器也可以按输出线设置，即每一条输出复用线用一个控制存储器控制该输出复用线上各个时隙依次与哪些输入复用线接通，如图 3.20 所示。显然，在第 2 套控制存储器中，写入的内容是输入复用线的号码。

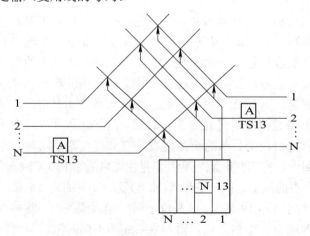

图 3.20　控制存储器按出线配置的空分接线器

3. 时空一体的数字交换单元

还有一种交换部件，可以实现时空交换功能，如 S-1240 交换机中使用的数字交换单元

DSE(Digital Switching Element)，它属于总线型交换单元。

每个 DSE 是具有 8 片"双交换端口"的超大规模集成电路，每片"双交换端口"上有两个交换端口，即每个 DSE 由 16 个双向交换端口组成，分别连接到 16 条 4 Mb/s 双向 PCM 串行链路上，见图 3.21。

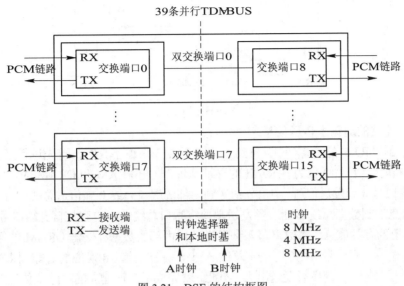

图 3.21　DSE 的结构框图

图 3.21 中，每个端口连接一条 32 信道(时隙)、每信道 16 比特的双向 PCM 链路，双向 PCM 链路分别连接交换端口的发送(TX)和接收(RX)部分。16 个端口通过内部的一组并行时分复用总线(TDM-BUS)相连。通过控制可以完成接收端口的 512(16×32)个信道和发送端口的 512 个信道之间的交换，其中既有空间—端口间的交换，又有时间—信道间的交换，所以说，DSE 具有实现时空交换的能力。

DSE 内部完成用户信息交换的过程包括两个阶段：首先是按照外围模块送来的通路选择命令字，在 DSE 内部建立起一条通路；然后在已经建立起来的通路上传送用户的话音、数据信息。

1) DSE 中通路的选择和建立

DSE 中通路的选择和建立是在 DSE 收到规定格式的选择命令字后进行的。根据命令字的要求，通过 DSE 中的 TDM-BUS 完成收、发端口上的任意信道之间的连接。为简单起见，我们来举例分析一条指定选择命令字对应的通路选择和建立过程。

如图 3.22 所示，设在接收端口 RX5 上的信道 CH12 收到了指定选择命令字，要求选择通路到发送端口 TX8 的信道 CH18 上。RX5 将所选发送端口号 8 送到端口总线 P 上，将所选发送信道号 18 送到信道总线 C 上。各发送端口将自动比较自身端口号和 P 总线上的内容。若相同，则收下其它相关总线上的内容，占用相应信道。如果成功，则向证实 A 总线回送证实信息 ACK。接收端口 RX5 收到 ACK 信息后登记相关信息，将发送端口号 8 写入到 RX5 内部的端口存储器 PRAM 的第 12 号单元上，将发送信道号写入到 RX5 内部的信道存储器 CRAM 的第 12 号单元中，将 RX5 内部的状态 RAM 的 12 号单元状态由空闲修改为占用。至此，已作好传送信息的通路准备。上述过程就是转发表的建立过程。

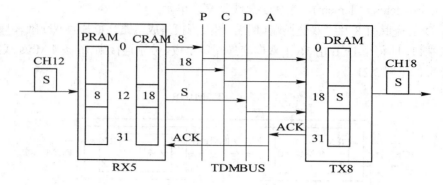

图 3.22　DSE 的工作原理

2) 在已建立的通路上传送信息

当接收端口 RX5 在信道 CH12 收到"话音/数据"信道字 S 时，首先进行必要的串/并变换，然后以当前信道号 12 作为各 RAM 的寻址地址，取出 PRAM 和 CRAM 的 12 号单元中的内容(发送端口号 8 和发送信道号 18)分别送到内部的端口总线 P 和信道总线 C 上，并将"话音/数据"信息送到数据总线 D 上。各发送端口将端口总线 P 上内容与自身端口号比较，相同者接收总线上的有关信息，将数据写入到发送端口内部的数据存储器 DRAM 的第 18 号单元内，TX8 回送一证实信号 ACK 至证实总线 A 上，并在信道 18 对应的时隙到来时将 DRAM 中的内容取出，经并/串变换后发送出去。至此，就完成了在已建立的通路上传送信息的过程。

3.3.2　交换网络

1．由 T 接线器与复用器结合构成的交换网络

对容量不大的数字交换机，在交换网络接收侧加入复用器，在发送侧加入分路器，就可以只用时分接线器构成单 T 级的数字交换网络，来完成多套 32 路 PCM 之间的时隙交换。

图 3.23 中有 8 条输入/输出时分复用线，每条线的复用度为 32。假定输入 HW1 TS3 的语音 A 要交换到输出 HW7 TS17 去，交换过程是：按照前面讲的复用原理，输入 HW1 TS3 的语音 A 复用后的时隙是 TS25，经 T 接线器交换到 TS143，分路后就送到输出 HW7 TS17 上。

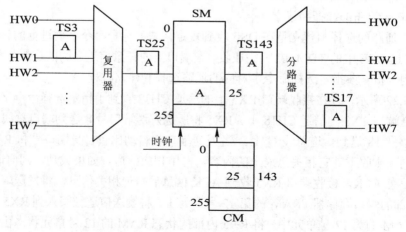

图 3.23　T 接线器与复用器结合构成的交换网络

2．由 TS 组合构成的交换网络

小容量的数字交换网络可以用上述方法构成。但当容量很大时，不能无限地增加在一条复用线上的时隙数，这时可采用空分接线器来完成时隙的空间交换功能。

TS 组合在一起可以构成各种形式的多级网络。下面以 TST 交换网络为例进行介绍。

TST 是三级交换网络，它的两侧为时分接线器，中间一级为空分接线器，如图 3.24 所示。

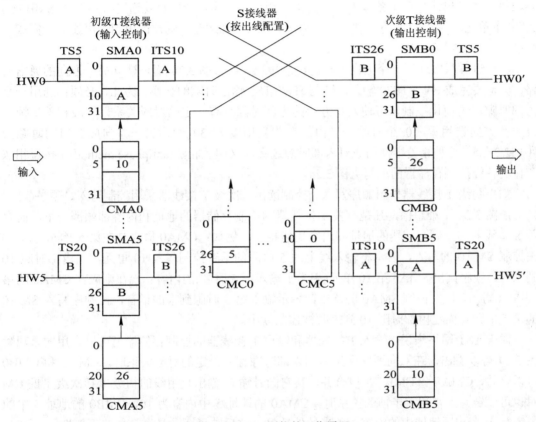

图 3.24 TST 网络的工作原理

T 接线器每侧有 6 个，每个 T 接线器可容纳 1 套 PCM 系统，可完成 32 个输入时隙与 32 个输出时隙间的交换。初级话音存储器用 SMA0～SMA5 表示，次级话音存储器用 SMB0～SMB5 表示。初级控制存储器用 CMA0～CMA5 表示，次级控制存储器用 CMB1～CMB5 表示。空分接线器为 6×6 的矩阵，控制存储器有 6 个，对应于 6 条输出复用线，用 CMC0～CMC5 表示。初级 T 接线器与 S 级间的链路称为网络的第一级内部链路，S 级与次级 T 接线器间的链路称为网络的第二级内部链路。每条内部链路都是时分复用的，复用度是 32。

TST 交换网络中的 T 接线器有 4 种安排方式。常用的组合方式有两种。一种是初级 T 接线器采用控制写入、顺序读出方式，次级 T 接线器采用顺序写入、控制读出方式。另一种是初级 T 接线器采用顺序写入、控制读出方式，次级 T 接线器采用控制写入、顺序读出方式。如果采用前一种，假设要完成 HW0 TS5 输入时隙与 HW5 TS20 输出时隙的交换，那么如何构造转发表呢？

　　首先由处理机在 32 个内部时隙中寻找一个空闲时隙,这必须是在 SMA0 侧和 SMB5 侧都空闲的同一个时隙。设找到第 10 时隙,就在 CMA0 的第 5 单元(对应于第 5 个内部时隙)中写 10,在 CMB5 的第 20 单元中写 10,在 CMC5 的第 10 单元中写入 1,这样转发表就构造完成了。

　　以后每一帧的第 5 输入时隙的话音信息都写入 SMA1 的第 10 单元中,在 CMA0 的控制下,于第 10 内部时隙读出。在 CMC5 的第 10 单元中写入 1,表示在第 10 内部时隙到来时,第 6 条输出线与第 1 条输入线的交叉点闭合,上述话音信息就通过 S 级写入 SMB5 的第 10 个单元。在 CMB5 的控制下,当输出时隙 20 到达时,就被读出到输出线上,完成了交换。

　　上述过程只实现了一个方向的话音信息传送。结合图 3.24 看,建立另一方向的通信通路,就是要完成 HW5 TS20 输入时隙与 HW0 TS5 输出时隙的交换。为此,必须再选用一个内部时隙。为简化控制,可使两个方向的内部时隙具有一定的对应关系,一般相差半帧。设一个方向选用第 10 个时隙,当内部链路复用度为 32 时,另一方向应选用的时隙为 10+32/2=26。这种相差半帧的成对内部时隙选择法又叫反相法(antiphase method)。按反相法工作的各级控制存储器的填写见图 3.24。

　　如果初级 T 接线器采用顺序写入、控制读出,次级 T 接线器采用控制写入、顺序读出,则对照图 3.24 不难想像,凡是有关 T 接线器的控制存储器的地址和内容都颠倒一下,而有关 S 接线器的控制存储器的地址和内容仍然相同。例如:CMA0 原来是在第 5 单元写入 10 去控制 SMA0 的写入,表示将输入线上的 5 时隙的话音控制写入 10 单元,当内部时隙 10 到来时,顺序读出 SMA0 第 10 单元(相当于输入第 5 时隙)的内容;现在则应在 CMA0 的第 10 单元写入 5,去控制 SMA0 的读出,表示输入第 5 时隙到来的话音,按顺序写入 SMA0 的第 5 单元,而在内部时隙 10 到来时被控制读出。

　　对于 TST 网络来说,输入 T 接线器和输出 T 接线器的控制存储器是可以合用的。观察图 3.24 可以看出,在双向通路所选用的内部时隙存在一定的对应关系时,CMA0 和 CMB0 可以合并,CMA5 和 CMB5 可以合并,其它同号输入/输出复用线的初级 T 和次级 T 的 CM 对也可以合并。在相差半帧的关系时,CMA0 的地址 5 中内容为 10,CMB0 的地址 5 中的内容是 26,相同地址中的内容相差半帧的数量,这反映了两者具有合并的可能性。

　　在出入两侧 T 接线器的控制存储器合并后,如何用同一个控制存储器既控制输入 SM 的写入又控制输出 SM 的读出呢?可以这样做,在输入 5 时隙到来时,用 5 地址的内容控制 SMA0 的写入,同时将内容 10 变换为 26 去控制 SMB0 的读出,就可以实现控制存储器的合并;另一种相反工作方式的控制存储器的合并方法请读者自己考虑。

　　根据实际需要,也可以用多个 DSE 构成不同容量的交换网络。其组成方法及工作原理见 S-1240 交换机中的交换网络。

3.4　电路交换机的控制软件

　　使用电路交换技术的程控交换机有两类用户:电话用户和交换局操作维护管理用户。控制系统控制电话用户的呼叫和系统的操作维护管理。控制软件应该满足上述两类用户的需求。

3.4.1　程控交换软件

1．程控交换软件的特点

程控交换软件最突出的特点是规模大，实时性和可靠性要求高，所以对交换软件通常有以下要求：

(1) 实时性。交换系统需要同时，或者说，在一个很短的时间间隔内处理成千上万个并发任务，因此它对每个交换机都有一定的业务处理能力和服务质量要求。不能因为软件的处理能力不足而使用户等待时间过长。如摘机后至听到拨号音的等待时间，拨完号后至听到回铃音的等待时间，尤其是拨号号码的接收时间都不能过长。拨号是由用户控制的，处理机不能及时接收拨号号码意味着错号，即呼叫失败。因此程控交换机的控制软件设计要满足实时性。

(2) 多道程序运行。一个大型交换系统中可以容纳几万门或更多的电话，程控交换机要及时处理各种呼叫必须以多道程序运行方式工作，也就是说要同时执行许多任务。例如一个一万门的交换机，忙时平均同时可能有 1200～2000 个用户正在通话，再加上通话前、后的呼叫建立和释放用户数，就可能有 2000 多项处理任务。软件系统必须能及时记录这些呼叫建立中和呼叫进行中的用户状态，并将有关的数据都保存起来，以便呼叫处理往下进行。除此之外，还要同时处理维护、测试和管理任务。

(3) 不间断性。程控交换机一经开通，其运行就不能间断，即使在硬件或软件系统本身有故障的情况下，系统仍应能保证可靠运行，并能在不中断系统运行的前提下，从硬件或软件故障中恢复正常。对于程控交换机来说，出现万分之一或十万分之一的错误一般还是可以容许的，但整个系统中断则会带来灾难性的损失。因此，许多交换机的可靠性指标是 99.98％的正确呼叫处理及 40 年内系统中断运行时间不超过 2 小时。

2．交换软件的组成

交换软件由两部分组成，即运行软件系统和支援软件系统，如图 3.25 所示。

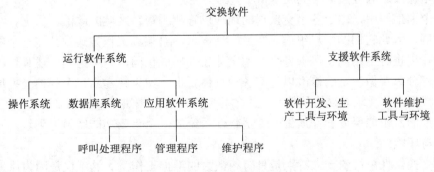

图 3.25　交换软件系统的结构

1) 运行软件系统

运行软件又称联机软件，是指存放在交换机处理系统中，对交换机的各种业务进行处理的软件，其中的大部分软件具有比较强的实时性。根据功能的不同，运行软件系统又可分为操作系统、数据库系统和应用软件系统三个子系统。

　　程控交换机应配置实时操作系统，以便有效地管理资源和支持应用软件的执行。操作系统的主要功能是任务调度、通信控制、存储器管理、时间管理、系统安全和恢复。此外，还有外设处理、文件管理、装入引导等功能。

　　数据库系统对软件系统中的大量数据进行集中管理，实现各部分软件对数据的共享访问功能，并提供数据保护等功能。

　　应用软件系统通常包括呼叫处理程序、管理程序和维护程序三部分。

　　呼叫处理程序主要用来完成交换机的呼叫处理功能。普通的呼叫处理过程从一方用户摘机开始，然后接收用户拨号数字，经过对数字进行分析后接通通话双方，一直到双方用户全部挂机为止。

　　管理程序的主要作用包括三个方面：一是协助实现交换机软、硬件系统的更新；二是进行计费管理；三是监督交换机的工作情况，确保交换机的服务质量。

　　维护程序实现交换机故障检测、诊断和恢复功能，以保证交换机可靠地工作。

　　运行软件系统的结构如图 3.26 所示。

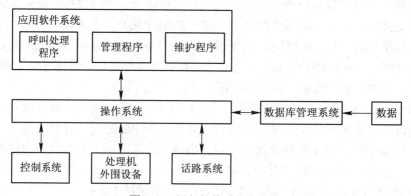

图 3.26　运行软件系统的结构

2) 支援软件系统

　　程控交换机的成本和质量在很大程度上取决于软件系统，因此，软件的开发和生产效率及质量是直接影响程控交换机成本和质量的关键。

　　在一个通信网中，由于各个交换局的地理位置和所管辖区域的政治、历史、经济等情况各不相同，因此它们的用户组成、容量、话务量、对端局工作方式及其在整个网中所处的地位与作用也各不相同。尽管各个局的主体软件构成相同，但考虑到上述具体因素，软件的有关部分需要做一定的修改以适应各种具体要求。如果每建立一个程控交换局都要用人工方法根据具体要求对交换软件系统中的相应程序和数据进行修改，那么不但工作量大，而且更重要的是不能保证软件质量。支援软件系统的一个重要功能就是提供软件开发和生产的工具与环境。

　　程控交换软件系统的一大特点是具有相当大的维护工作量。这不仅是因为原来设计和实现的软件系统不完善而需要加以修改，而且更重要的原因是随着技术的发展，需要不断引入新的功能和业务，对原有功能要加以改进和扩充。另外，交换局的业务发展会引起用户组成、话务量等的变化，整个通信网的发展可能会对各交换局提出新的要求。可以预料，程控交换软件的维护工作量比一般软件系统更大。维护工作从系统投入运行开始，一直延续到交换机退出服役为止，一般软件总成本中有 50%～60% 是用在维护上的，所以，提高程控软件的维护水平(包括效率和质量)对提高程控交换系统的质量和降低成本具有十分重要的作用。支援软件系统的另一个重要功能就是提供先进的软件维护工具和环境。

在交换机软件中，呼叫处理程序是实现交换机基本功能的主要组成部分，但在整个系统的运行软件中，它只占一小部分，一般不超过三分之一，而系统防御和维护管理程序大约占整个运行软件的三分之二左右。

3) 程控交换机使用的数据

在程控交换机中，所有有关交换机的信息都是通过数据来描述的，如交换机的硬件配置、使用环境、编号方案、用户当前状态、资源(如中继、路由等)的当前状态、接续路由地址等。

根据信息存在的时间特性，数据可分为半固定数据和暂时性数据两类。

半固定数据用来描述静态信息，它基本上有两种类型：一种是与用户有关的数据，称为用户数据，包括用户号码、设备号码、话机类型、用户呼叫权限、用户业务类型等；另一种是与整个交换局有关的数据，称为局数据，包括局间中继设备码、中继类型、中继方式、信令方式、计费方案、编号方案等。用户数据和局数据一旦输入，一般较少改动，因此也叫做半固定数据。半固定数据可由操作人员输入一定格式的命令加以修改。

暂时性数据用来描述交换机的动态信息，这类数据随着每次呼叫的建立过程不断产生变化，呼叫接续完成后也就没有保存的必要了。

呼叫处理过程中有许多数据在不断变化，需要暂存。为方便处理和使用，这类数据按照其性质被组织成紧凑的表格结构。从总体上讲包括以下几种表格：

(1) 忙闲信息表：描述了资源的当前状态，如用户的忙闲表、收号器的忙闲表、中继线的忙闲表、交换网络内部链路的忙闲表等。这类数据是交换机处理的主要依据之一。

(2) 事件登记表：在呼叫处理过程中，各种事件，如用户呼出、应答、摘、挂机等均可能出现，交换机一旦识别出这些事件，立刻予以登记并按顺序排队，等待交换机的进一步处理。

(3) 各种监视表：主要用于暂存交换机采集到的有关信息。例如，收号器监视表用来暂存脉冲扫描和位间隔扫描的上次扫描结果以及脉冲计数等。

(4) 输出登记表：作为输出缓冲区，暂存主机准备向驱动器或其它外围设备发送的信息，如驱动输出登记表、话单打印表等。

(5) 新业务登记表：程控交换系统可开放多种新业务，为配合新业务的处理，可建立一定格式的新业务登记表，如缩位拨号登记表、转移呼叫登记表、热线服务登记表等。

3.4.2　呼叫处理程序

1．呼叫处理程序的组成

呼叫处理程序用来控制呼叫，它包括用户扫描、信令扫描、数字分析、路由选择、通路选择、输出驱动等功能块。

1) 用户扫描

用户扫描用来检测用户环路的状态变化。用户摘机，环路接通，用户挂机，环路断开，即从用户环路的当前状态和用户原有的呼叫状态可以判断事件是摘机还是挂机。例如，环路接通可能是主叫呼出，也可能是被叫应答。用户扫描程序应按一定的扫描周期执行。

2) 信令扫描

信令扫描泛指对用户线进行的收号扫描和对中继线或信令设备进行的扫描。前者包括脉冲收号或 DTMF 收号扫描，后者主要是指在随路信令方式时，对各种类型的中继线和多频接收器所做的线路信令和记发器信令的扫描。

3) 数字分析

数字分析的主要任务是根据所收到的地址信令或其前几位号码判定接续的性质，例如判别本局呼叫、出局呼叫、汇接呼叫、长途呼叫、特种业务呼叫等。对于非本局呼叫，通过数字分析和翻译功能，可以获得用于选路的有关数据。

4) 路由选择

路由选择的任务是根据路由表，确定对应于呼叫去向的中继线群，从中选择一条空闲的出中继线。如果线群全忙，还可以依次确定各个迂回路由并选择空闲中继线。路由表是交换局开局时由维护人员人工输入的，一般不再改变，只有在局间中继线调整时才会发生变化。

5) 通路选择

通路选择在数字分析和路由选择后执行，其任务是在交换网络指定的入端与出端之间选择一条空闲的通路。软件进行通路选择的依据是存储器中链路忙闲状态的映射表。

6) 输出驱动

输出驱动程序是软件与话路子系统中各种硬件的接口，用来驱动硬件电路的动作。例如驱动数字交换网络的通路连接或释放，驱动用户电路中振铃继电器的动作等。

2．呼叫处理程序的结构

为呼叫建立而执行的处理任务可分为 3 种类型：输入处理、内部处理和输出处理，见图 3.27。

1) 输入处理

收集话路设备的状态变化和有关的信令信息称为输入处理。各种扫描程序都属于输入处理。输入处理通常是在时钟中断控制下按一定周期执行，主要任务是发现事件而不是处理事件。输入处理是靠近硬件的低层软件，实时性要求较高。

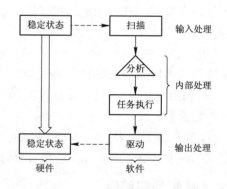

图 3.27　呼叫处理程序的结构

2) 内部处理

内部处理是呼叫处理的高层软件，与硬件无直接关系。例如数字分析、路由选择、通路选择等。呼叫建立过程的主要处理任务都在内部分析、处理中完成。

内部处理程序的一个共同特点是要通过查表进行一系列的分析、译码和判断。内部处理程序的结果可以是启动另一个内部处理程序或者启动输出处理。

3) 输出处理

输出驱动属于输出处理，也是与硬件直接有关的低层软件。输出处理与输入处理都要针对一定的硬设备，可以合称为设备处理。扫描是处理机输入信息，驱动是处理机输出信息，它们是处理机在呼叫处理过程中与硬件联系的两种基本方式。

呼叫处理过程可以看成是输入处理、内部处理和输出处理的不断循环。例如，从用户摘机到听到拨号音，输入处理是用户状态扫描，内部处理是查找主叫用户的服务类别，选择空闲的双音频接收器和相应的连接通路，输出处理是驱动通路接通并送出拨号音。又如本局呼叫从用户拨号到用户听到回铃音，输入处理是收号扫描，内部处理是数字分析和通路选择，输出处理是驱动向被叫侧的振铃和向主叫送出回铃音。输入处理发现呼叫要求，通过内部处理的分析判断由输出处理完成对要求的响应。响应应尽可能迅速，以满足实时处理的要求。

硬件执行了输出处理的驱动命令后，改变了硬件的状态，使得硬件设备从原有的稳定状态转移到另一个稳定状态，硬件设备在软件中的映射状态也随之而变，以始终保持一致。因此，呼叫处理过程反映的是用户状态不断转移的过程，如图 3.27 所示。按照系统的处理过程，刻画出不同的状态和状态转移条件，是设计呼叫处理程序的重要依据和有效方法。

3. 呼叫处理技术实现

1) 用户摘挂机识别

用户挂机时，用户线为断开状态，假定扫描点输出为 "1"。摘机时，用户线为闭合状态，扫描点输出为 "0"。用户线状态从挂机到摘机的转折，表示用户摘机，反之表示用户挂机。

处理机每隔大约 200 ms 对每一个用户扫描一次，读出用户线的状态并存入 "这次扫描结果 SCN"，然后从存储区中调出 "前次扫描结果 LM"，将 $\overline{SCN} \wedge LM$，结果为 1，就识别到用户摘机。如果 $SCN \wedge \overline{LM}$ 为 1，则识别的是用户挂机。上述识别过程见图 3.28。

在大型交换机中常采用 "群处理" 的方法，即每次对一组用户的状态进行检测，从而达到节省机时、提高扫描速度的目的。

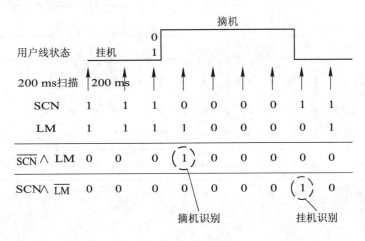

图 3.28 用户摘挂机识别

2) DTMF 收号识别

双音多频话机送出的拨号号码由两个音频组成。这两个音频分别属于高频组和低频组，每组各有 4 个频率。每拨一个号码就从高频组和低频组中各取一个频率(4 中取 1)。具体话机的按键和相应频率的关系如图 3.29 所示。DTMF 收号器的基本结构如图 3.30 所示。

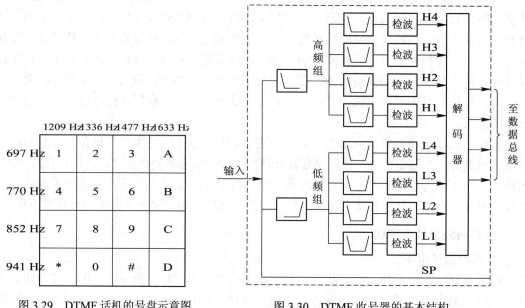

	1209 Hz	1336 Hz	1477 Hz	1633 Hz
697 Hz	1	2	3	A
770 Hz	4	5	6	B
852 Hz	7	8	9	C
941 Hz	*	0	#	D

图 3.29　DTMF 话机的号盘示意图　　　　　图 3.30　DTMF 收号器的基本结构

CPU 从 DTMF 收号器读取号码信息时采用查询方式,即首先读状态信息 SP。若 SP=0,表明有信息送来,可以读取号码信息。若 SP=1,则不能读取。读 SP 后也要进行逻辑运算,识别 SP 脉冲的前沿,然后读出数据。这个方法和前面识别摘挂机的方法一样,这里不再重复。DTMF 收号原理如图 3.31 所示。一般 DTMF 信号传送时间大于 40 ms,因此用 16 ms 扫描周期就可以识别。

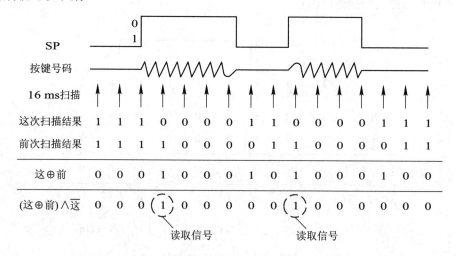

图 3.31　DTMF 收号原理

3) 数字分析

数字分析的任务是对被叫号码进行翻译,以确定接续方向是本局还是出局。对于出局呼叫应找出相应的中继线群。

　　数字分析是通过查表实现的，见图 3.32。图中假定 29 局共有 19 条中继线，分成 3 群，1 号群的 5 条中继线接长途交换机，2 号群的 10 条中继线接 32 局，3 号群的 4 条中继线接 112 测量台。查表分析依据接收到的被叫用户号码进行。第一级表按第 1 位号码查找，第二级表按第 2 位号码查找，直到查出需要的数据为止。

　　表中各单元的第一个比特是继续/停止查表位，"1"表示继续查表，后面给出下一张表首地址；"0"表示停止查表，后面给出本次呼叫的中继群号。

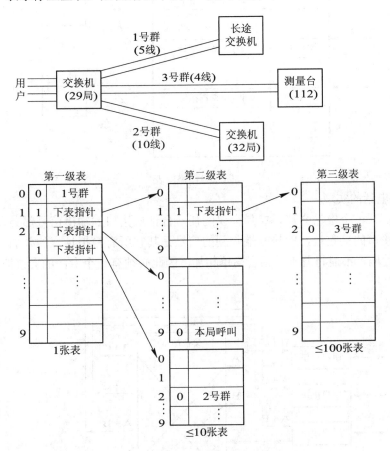

图 3.32　号码翻译表和数字分析举例

　　4) 路由选择

　　数字分析结果如果是出局接续，那么可以得到一个中继群号，根据群号查路由表，可以找到相应中继群中的空闲中继线。如果这次没找到空闲中继线，可以按次选群继续查找，直到标志为"0"时停止，见图 3.33。

　　5) 通路选择

　　以 TST 三级交换网络为例。图 3.24 中任何一对入、出线之间都存在 32 条内部链路，为了实现交换，这 32 条链路中至少应有一条空闲，即组成该链路的 1-2 级间链路和 2-3 级间链路必须同时空闲。控制系统在通路选择时，首先调出对应入线的第一级链路的忙闲状态，再调出对应出线的第二级链路的忙闲状态，通过运算找出可以使用的空闲内部链路。运算过程如下，其中"0"表示链路忙，"1"表示链路闲。

第一级链路的忙闲状态：　11010011101001001101101111000010
第二级链路的忙闲状态：　01010101000111100000011111001000
与运算结果：　　　　　　01010001000001000000001111000000

运算结果表明有 8 条内部链路空闲，可以从中选择任意一条空闲的使用。

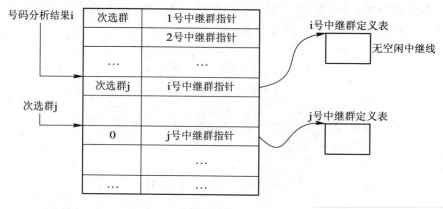

图 3.33　路由表

6) 会议电话的实现

如果要召开一个电话会议，参加会议的任一台话机接口的输出信号都必须同时送到其它所有话机接口的接收端，即接收端收到的信号是其它所有模拟话音的叠加。由于语音编码后是非线性码，不能将若干路话音简单相加，因此必须有一个专门的会议信号合成电路，见图 3.34。

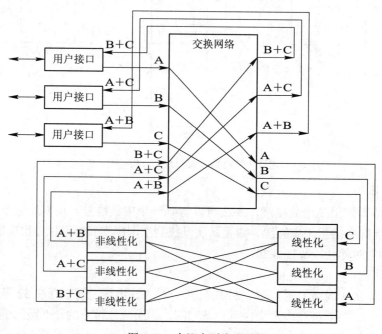

图 3.34　会议电话合成网络

3.4.3　程序的执行管理

交换处理程序包括输入处理、内部处理和输出处理程序。它由多种执行一定功能的程序组成，以满足各种处理要求。这些处理要求有些实时性强，不能延迟，交换机必须立即响应；有些处理要求可以稍加延迟，时间要求不是很严格。因此，必须预先安排好各种程序的执行计划，在一定的时刻，选择执行最合适的处理任务。这种按照计划依次执行各种程序以满足不同实时性要求的功能，就是程序的执行管理，它属于操作系统(OS)的功能。

1. 程序的执行级别和原则

依照实时性要求的严格程度，交换处理程序划分为若干级别。时间要求愈严，级别愈高，执行时优先度就越高。一般可分为中断级、时钟级和基本级。在时钟级和基本级中，还可以根据需要再分为若干级。

中断级程序实时性要求最高，一旦出现必须立即得到处理。这类程序包括硬件故障和电源报警等零散随机事件。

时钟级程序的执行有一定的周期性，故时钟级也可称为周期级。各种扫描程序都具有一定的周期性，均属于时钟级程序。此外，时钟级程序还可包含时限处理等程序。

为了确保时钟级程序的周期性执行，中央控制设备具有时钟中断的性能。例如，每隔 4 ms 或 8 ms 就向 CPU 发出中断请求。CPU 接受时钟中断后，就进入中断处理，执行时钟级程序。

基本级程序有些没有周期性，有任务就执行。有些虽有周期性，但一般来说周期较长。总之，基本级程序执行时间的要求没有时钟级严格。内部处理程序一般属于基本级。

基本级程序级别低于时钟级程序。在执行基本级程序时，如果有时钟中断到来，就暂停执行基本级程序，而转去执行时钟级程序。等到时钟级程序执行完毕，返回中断点，再恢复基本级程序的执行。

正常情况下，每次时钟中断到来后，先依次执行时钟级任务，如 A、C、D，然后执行基本级任务 J，如此循环下去；故障情况下，首先执行中断级程序，然后是时钟级程序，最后是基本级程序，如图 3.35 所示。

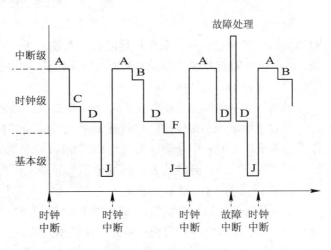

图 3.35　程序的执行顺序

2. 时钟级程序的调度

按照预定的计划，有条不紊地执行各种程序，可以满足各种程序不同执行周期的要求。采用时间表，是一种简便而有效的方法。

1) 时间表的结构

图 3.36 为时间表的结构。它由四部分组成：时间计数器(HTMR)、有效指示器(HACT)、时间表(HTBL)和转移表(HJUMP)。

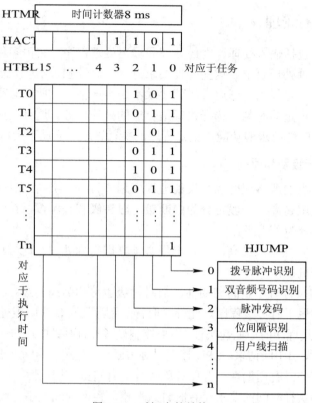

图 3.36　时间表的结构

时间表纵向对应时间，每往下一行代表增加一个时间单位，实际上相当于一个时钟中断的周期。时间表横向代表所管理的程序类别，每一位代表一种程序，总位数即计算机字长，故一张时间表可容纳的程序类别数等于字长。当时间表某行某位填入1时，表示执行程序；填入 0 表示不执行程序。

时间计数器的任务是软件计数，按计数值取时间表的相应单元。

有效指示器表示对应比特位程序的有效性，为"1"表示有效，为"0"表示无效。其作用是便于对时间表中某些任务进行暂时删除(抑制执行)和恢复。

转移表亦称为任务地址表，其每个单元分别记载着对应任务(程序)的入口地址。

2) 时间表的工作过程

首先从时间计数器中取值，每次时钟中断到来时，时间计数器加 1。以时间计数器的值为指针，依次读取时间表的相应单元，将该单元的内容与 HACT 的内容相"与"，再进行寻"1"操作。寻到 1，则转向该位对应的程序的入口地址，执行该程序，执行完毕返回时间表，再执行其它为"1"的相应程序。如不为"1"，则不执行。当所有单元寻 1 完毕，则转向低一级的程序。在最后一个单元的最后一位上，将时间计数器清 0，以便在下一周期重新开始。

在调用过程中，后面程序的执行时刻取决于前面的程序是否被启动执行，因此，对运行间隔有严格要求的程序应排在比特表的最前边，而无严格要求的可相应排在后边(与是左寻 1 还是右寻 1 有关)。时间间隔应小于所有程序的最小执行间隔要求，而总的行数等于各程序执行周期与最短程序周期之比的最小公倍数。最后，为使 CPU 在各时隙期间的负荷均匀，应使每行中所含程序数大致相同。

由于各种程序的执行周期长短差异可能很大，而且对时间精确度的要求不同，故实际应用时可根据情况分设几种时间表。

3．基本级程序的调度

基本级中一部分程序具有周期性，可用时间表控制执行。而基本级中大部分处理任务没有周期性，可采用队列处理。同一级的处理要求可按到达的先后次序排成队列，采用先到来先处理的原则处理。

基本级中的队列就是各种事件登记表的队列。事件登记表是在发现处理要求的程序中登记的。例如用户扫描发现用户呼出，就登记呼出事件登记表，包括应启动的程序地址、要求处理的内容和处理中必需的一些数据等。按照先进先处理的原则，依次取出每一张表进行处理。

3.4.4　故障处理

程控交换机在长期的运转中，总是会发生故障的，为了保证程控交换机能可靠工作，就要求能迅速地对故障进行处理，缩小故障所造成的影响。这就是故障处理程序要完成的任务。它是维护操作管理程序的组成部分。

1．故障处理的一般过程

1) 故障的识别

各种设备中都配有检验电路，以核对每次动作的结果。如果识别到不正常情况，一般可通过故障中断报告 CPU，通过故障处理程序中的故障识别和分析程序，可以大致分析发生了什么性质的故障和哪一个设备发生了故障。

2) 系统再组成

当故障识别程序找到有故障的设备后，就将有故障的设备切换掉，换上备用设备，以保证正常交换处理的进行。这种可重新组成能够正常工作的设备系列，称为系统再组成，它是由系统再组成程序执行的。

3) 恢复处理

故障发生后，进行故障处理并暂停呼叫处理工作。在系统再组成后应恢复正常的呼叫处理，由恢复处理程序来进行恢复处理。对于一般的故障中断，切断了故障设备并换上备用设备后，可以从呼叫处理程序的中断点恢复。

4) 故障告警和打印

交换机恢复正常工作后，应将故障状况通知维护人员，进行故障告警和故障打印。故障告警可使某告警灯亮，也可使告警铃响。故障打印是将故障有关情况较详细地由打印机打印出来。打印机的打印速度较慢，应在呼叫处理恢复后，在执行呼叫处理的同时，利用空隙时间打印。

5) 诊断测试

虽然故障设备已被备用设备替换，但还应尽早修复故障设备，以免在故障设备修复前又发生同类设备故障，因没有可替换的设备而造成交换接续的阻断。为了使这种可能性减到最小程度，就需要尽可能缩短修复时间。

维护人员可根据打印机所输出的故障状况，用键盘发出诊断指令。CPU 接收诊断指令后，启动故障诊断程序对故障设备进行诊断测试，诊断结果再由打印机输出。

诊断测试也可由软件自动调度执行。

6) 故障的修理

打印出的诊断结果表示了各测试阶段的良好与否，维护人员据此查找故障字典可以找出故障插件或可疑插件的范围，从而进一步减少了维护人员的工作量。

7) 修复设备返回整机系统

故障设备修复后，可由维护人员输入指令，以便将修复设备变为可用状态，返回交换机的工作系统中去。

2．故障的检测和识别

要进行故障处理，首先必须能发现故障。可由硬件或软件发现故障。此外，还可以进行用户线和中继线的自动测试。

1) 由硬件发现故障

硬件故障可通过奇偶校验、动作顺序校验、工作状态校验、非法命令检测等手段发现。一般在硬件设备中加入一些校验电路，用来监视工作情况。如发现异常，可以通过中断启动相关软件。

(1) 中央处理机故障：用微同步方式较易发现处理机硬件故障。如果比较电路发现双机运算结果不一致，就表示处理机发生故障，产生故障中断。

进入故障中断后，要首先确定是真正的故障还是偶发差错。如果是偶发差错，则进行恢复处理。如果是真正的故障，则要通过初测程序判断是哪一台处理机不良，然后进行系统再组成和恢复处理。如果不能恢复，就启动紧急动作电路。

(2) 存储器故障：主要是接收处理机的指令而不回报或读出信息有错误这类故障。对于接收指令不回报的情况，可用定时器监视；对于信息的错误，一般可用奇偶校验，要求高的也可用汉明校验。

(3) 话路控制设备故障：主要包括扫描器和驱动器故障，可加入一些检验电路，例如检验是否符合 n 中取 1 的译码组合等，以发现故障。

(4) 偶发性差错：硬件设备由于偶然性杂音、干扰等影响发生瞬间故障或间歇性失常，在这种情况下不需要立即进行故障处理。为了区分这些暂时故障(差错)和固定故障，可对各种硬件设备设置软件计数器，每次发生故障中断时，差错计数器进行累加，超过一定值就当作固定故障，执行设备倒换等故障处理。

当设备元件劣化，间歇性障碍增多时，差错计数器的值就会急剧上升，应作为固定故障进行处理。

2) 由软件发现故障

(1) 控制混乱识别：程序陷入无限循环状态，即属于控制混乱。此外，还有逻辑上混乱，例如查找表格时所用的地址超出范围等。

要监视程序是否出现无限循环，可根据该程序的正常执行时长进行时间监视，如超出时长就认为是控制混乱。低级别程序可由高级别程序监视，最高级别的程序可由硬件监视。

(2) 数据检验：软件中有一些核查程序可自动定时启动，核查中继器和链路长期占用情况，核对忙闲表和硬件状态是否一致，并监视公用存储区长期占用等不正常情况。如发现异常，可自动打印出故障信息。

3.4.5　呼叫处理过程

下面以用户的一次成功呼叫来说明呼叫处理过程。

初始时，主叫用户和被叫用户都处于空闲状态，交换机进行扫描，监视用户线状态。

1. 主叫用户 A 摘机呼叫

(1) 交换机检测到主叫用户 A 摘机；

(2) 交换机调查用户 A 的类别，以区分是同线电话、一般电话、投币电话机还是小交换机用户等。

(3) 调查话机类别，弄清是按键话机还是号盘话机，以便接相应收号器。

2. 送拨号音，准备收号

(1) 交换机寻找一个空闲收号器以及它和主叫用户间的空闲路由；

(2) 寻找主叫用户和信号音发生器间的一个空闲路由，向主叫用户送拨号音；

(3) 监视收号器的输入信号，准备收号。

3. 收号

(1) 由收号器接收用户所拨号码；

(2) 收到第一位号后，停拨号音；

(3) 对收到的号码按位存储；

(4) 对"应收位"、"已收位"进行计数；

(5) 将号首送向数字分析程序进行初步分析。

4. 号码分析

(1) 初始分析号首，以决定呼叫类别(本局、出局、长途、特服等)，并决定该收几位号。初始分析后如果是本局呼叫，则执行(2)；如果是出局、长途、特服呼叫，则交换机根据事先确定的路由表，选择通达目的地的中继线，并用信令通知对端局，对端局执行(2)；

(2) 检查这个呼叫是否允许接通(是否为限制用户等)；

(3) 检查被叫用户是否空闲，若空闲，则改成忙。

5. 接至被叫用户

测试并预占空闲路由，包括：

(1) 向主叫用户送回铃音路由(这一条可能已经占用，尚未复原)；

(2) 控制向被叫用户电路振铃；

(3) 预占主、被叫用户通话路由。

6. 向被叫用户振铃

(1) 向用户 B 送铃流；

(2) 向用户 A 送回铃音；

(3) 监视主、被叫用户状态。

7. 被叫应答通话

(1) 被叫摘机应答，交换机检测到以后，停振铃和回铃音。

(2) 建立 A、B 用户间通话路由，开始通话；

(3) 启动计费设备，开始计费；

(4) 监视主、被叫用户状态。

8．话终(主叫先挂机)

(1) 主叫先挂机，交换机检测到以后，路由复原；

(2) 停止计费；

(3) 向被叫用户送忙音。

9．话终(被叫先挂机)

(1) 被叫挂机，交换机检测到以后，路由复原；

(2) 停止计费；

(3) 向主叫用户送忙音。

3.5　电路交换机的指标体系

3.5.1　性能指标

性能指标是评价电路交换机处理能力和交换能力的指标，可以反映电路交换机所具备的技术水平。

性能指标主要包括电路交换机能够承受的话务量、呼叫处理能力和交换机能够接入的用户线和中继线的最大数量等。

1．话务负荷能力

话务负荷能力是指在一定的呼损率下，交换系统在忙时可以承担的话务量。话务量又称电话负载，常用"小时呼"或"分钟呼"来表示，即用呼叫次数和每次呼叫占用的时间的乘积来计量。我们更关心的是在单位时间内发生的话务量，即话务量强度。其大小通常用单位时间(每小时或每分钟)内系统中通过的话务量来表示，计量单位用爱尔兰(Erlang)表示，简记为 Erl，以此来纪念话务理论的创始人 A.K.Erlang。

电路交换机能够承受的话务量直接由交换网络可以同时连接的话路数量决定。现代的局用电路交换机的话务量指标通常可达到数万爱尔兰以上。

2．控制系统的呼叫处理能力

话务量所衡量的是交换机话路系统能够同时提供的话路数目。交换机的话务能力往往受到控制设备的呼叫处理能力的限制。控制系统的呼叫处理能力用最大忙时试呼次数 BHCA(Busy Hour Call Attempts)来衡量，这是一个评价交换系统的设计水平和服务能力的重要指标。

显然，交换机的 BHCA 数值越大，说明系统能够同时处理的呼叫数目就越大。影响这个数值的相关因素有很多，包括交换系统容量、控制系统结构、处理机能力、软件结构、算法等。甚至编程时选用的语言，都与之相关。

(1) 交换系统容量的影响。交换系统的用户容量越大，要求处理机付出的固定开销也就越大，这些开销主要是各种扫描程序的开销。这些扫描任务通常以时钟级程序的形式运行，需要占用系统的时钟中断，因此用户容量越大，在单位时间内能够进行呼叫处理的比例就会越小，处理呼叫的数目也就相应地减少了。

(2) 控制系统结构的影响。现代的电路交换机普遍采用多处理机结构的控制系统。处理机间的通信方式、不同处理机间的负荷或功能的分配方式以及多台处理机的组成方式都会影响到呼叫处理能力。因此在电路交换机的控制系统的设计过程中，就必须考虑这些问题，选择合理和高效的多处理机间通信方式、负荷或功能分配方式，都可以提高控制系统的呼叫处理能力。

(3) 处理机性能的影响。处理机是一个计算机系统，因此它的指令功能、工作频率、存储器寻址范围和 I/O 端口数量是影响处理机性能的重要指标。在成本允许的情况下，应尽量选用高性能的计算机系统。处理机性能的提升能够直接提高控制系统的处理能力。

(4) 软件的设计水平。这是一个影响控制系统处理能力的重要因素。操作系统软件和应用程序的水平会在很大程度上影响系统的性能。由于程控交换系统的软件是一个实时系统，很多的任务都有严格的时间要求，因此，选择高效的算法和数据结构，采用高效的编程语言都是非常重要的。设计水平高的程控软件，不仅能够提高控制系统的处理能力，同时也可以提高系统的可靠性和可维护性。

3．交换机连接用户线和中继线的最大数量

电路交换机能够提供的用户线和中继线的最大数量，是电路交换机的一个重要指标。现代的电路交换机中，数字交换网络一般能够同时提供数万条话路，这些话路可以用来连接到用户线和中继线上。由于用户线的平均话音业务量较小，一般只有 0.2 Erl 左右，即同时进行呼叫和通话的用户只占全部用户的 20%，因此电路交换机的用户模块都具有话务集中(扩散)的能力，这样就可以使交换机的话路系统连接更多的用户线。很多的局用电路交换机能够连接的用户线达十万线以上，而中继线也可以达到数万线。

3.5.2　服务质量指标

服务质量指标是从用户的角度评价电路交换机服务好坏的一套指标。

电路交换系统的服务质量标准可以用下面的几个指标来衡量。

1．呼损指标

呼损率是交换设备未能完成的电话呼叫数量和用户发出的电话呼叫数量的比值，简称呼损。这个比率越小，交换机为用户提供的服务质量就越高。

实际考察呼损的时候，要考虑到在用户满意服务质量的前提下，使交换系统有较高的使用率，这是相互矛盾的两个因素。因为若让用户满意，呼损就不能太大；而呼损小了，设备的利用率就要降低。因此要进行权衡，从而将呼损确定在一个合理的范围内。一般认为，在本地电话网中，总呼损在 2%～5% 范围内是比较合适的。

2．接续时延

接续时延包括用户摘机后听到拨号音的时延和用户拨号完毕听到回铃音的时延。

前一个时延反映了交换系统对于用户线路的状态变化的反应速度以及进行必要的去话分析所需要的时间。当该时延不超过 400 ms 时，用户不会有明显的等待感觉。

后一个时延反映了交换系统进行数字分析、通路选择、局间信令配合以及对被叫发送铃流所需要的时间，一般规定平均时延应小于 650 ms。

3.5.3　可靠性指标

可靠性指标是衡量电路交换机维持良好服务质量的持久能力的指标。

程控交换系统的可靠性通常用可用度和不可用度来衡量。为了表示系统的可用度和不可用度，定义了两个时间参数：平均故障间隔时间 MTBF(Mean Time Between Failure)和平均故障修复时间 MTTR(Mean Time To Repair)。前者是系统的正常运行时间，后者是系统因故障而停止运行的时间。因此，可用度 A 可表示为

$$A=MTBF/(MTBF+MTTR)$$

而不可用度 U 则表示为

$$U=1-A=MTTR/(MTBF+MTTR)$$

对于有冗余的双处理机系统，其平均故障间隔时间 $MTBF_D$ 可近似表示为

$$MTBF_D = MTBF^2/(2\,MTTR)$$

相应地，双机系统的可用度可近似表示为

$$A_D =MTBF^2/(MTBF^2+2\,MTTR^2)$$

一般要求局用电路交换机的系统中断时间在 40 年中不超过 2 小时，相当于可用度 A 不小于 99.9994％。要提高可靠性，就要提高 MTBF 或降低 MTTR，这样就对硬件系统的可靠性和软件的可维护性提出了很高的要求。

3.5.4　运行维护性指标

程控交换系统的运行维护性可以通过下列指标来描述。

1. 故障定位准确度

显然，在发生故障后，故障诊断程序对于故障的定位越准确越有利于尽快地排除故障。电路交换机具有较高的自动化和智能化程度，一般可以将故障可能发生的位置按照概率大小依次输出，有些简单的故障可以准确地定位到电路板甚至芯片级。

2. 再启动次数

再启动是指当系统运行异常时，程序和数据恢复到某个起始点重新开始运行。再启动对于软件的恢复是一种有效的措施。再启动会影响交换系统的稳定运行。按照对系统的影响程度的不同可以将再启动分成若干级别，影响最小的再启动可能使系统只中断运行数百毫秒，对呼叫处理基本没有什么影响，而较高级别的再启动会将所有的呼叫全部损失掉，所有的数据恢复初始值，全部硬件设备恢复为初始状态。

再启动次数是衡量电路交换机工作质量的一个重要指标。一般要求每月再启动次数在 10 次以下。尤其是高级别的再启动，由于其破坏性大，所以其次数应越少越好。

3.6　电路交换典型机

3.6.1　FETEX-150 数字交换机

FETEX-150 数字交换机是日本富士通公司研制的全数字时分程控交换机，简称 F-150 交换机。它采用分级分散控制结构，可作为市话局也可作为长途局使用，话务量最大可达

24000 爱尔兰，呼叫处理能力最大可达 70 万 BHCA。

1．系统概况

1) 系统硬件

F-150 交换机硬件采用模块化设计，包括两个功能子系统，如图 3.37 所示。

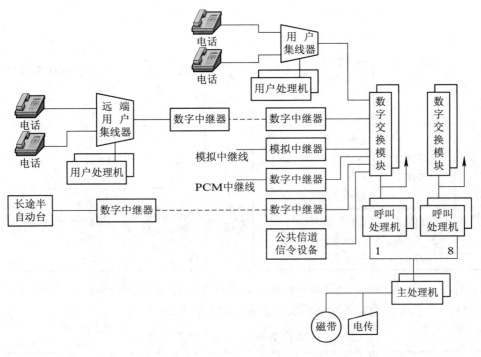

图 3.37　F-150 系统的结构

(1) 话路子系统：话路子系统的任务是在中央处理子系统的控制下，完成电话呼叫接续。它由用户集线器、各类中继器和数字交换模块 DSM(又称选组级)等构成。

用户通过用户集线器或远端用户集线器接入交换机。模拟中继线和 PCM 中继线分别接模拟中继器和数字中继器。当交换机作为长途局或国际局使用时，如需要半自动话务员辅助功能，可接长途话务员座席。

(2) 控制子系统：控制子系统分为三级，第一级为用户处理机(LPR)，第二级为呼叫处理机(CPR)，第三级为主处理机(MPR)。对于低话务量的交换局，可以将二、三级合并成一个主处理机。

呼叫处理机控制数字交换网络，执行呼叫处理功能，全局最大容量时配备 8 个(不包括备用)。主处理机执行整个系统的资源管理和维护操作功能，包括人机通信，全局只配备 1 个(不包括备用)。

2) 系统软件

软件设计采用积木式结构，共分五级:系统程序、子系统程序、模块、组件和单元。

按存放位置来分，F-150 交换机的软件分为用户处理机软件、主处理机和呼叫处理机软件。每个处理机中的软件又可细化为操作系统(OS)和应用系统(APL)两类。

(1) 主处理机和呼叫处理机软件。主处理机和呼叫处理机软件有六个模块，其中四个模块属于操作系统，两个模块属于应用系统。每个功能模块由若干组件组成，各功能模块用统一的接口条件互相连接。表 3.1 中列出了各功能模块的主要功能。

表 3.1　主处理机和呼叫处理机软件的主要功能

功能模块		主要功能	功能模块		主要功能
操作子系统 OS	执行控制 EXC	任务调度 存储管理 输入/输出控制 处理机间通信	操作子系统 OS	诊断执行控制 DEC	中央处理(CP)、输入/输出(I/O)和话路(SP)子系统诊断
	系统控制 SYC	故障检测 重新组合 校核 时钟管理	应用子系统 APL	交换业务处理 SSP	呼叫处理 分析处理 中继器监视
	人机联系控制 MMC	命令的处理 显示控制 公用控制		维护操作处理 MOP	话务测量 业务命令 电路测量 负荷控制

(2) 用户处理机软件。用户处理机软件有四个功能模块，其中两个模块属于操作子系统，两个模块属于应用子系统。各功能模块的主要功能在表 3.2 中列出。

表 3.2　用户处理机软件的主要功能

功能模块		主要功能	功能模块		主要功能
操作子系统 OS	执行控制 LEX	任务调度 处理机间通信 存储管理	应用子系统 APL	维护操作处理 LMP	诊断
	系统控制 LSY	系统监视 重新组合(重整)		交换业务处理 LSS	用户监视 号盘脉冲接收 接续话路控制 负荷控制

2. 用户集线器和用户处理机

1) 用户电路及时隙分配

用户电路是模拟用户环路和数字交换网络的接口电路，具有 BORSCHT 功能。F-150 的用户电路见图 3.38。它是由用户专用部分和用户公用控制部分组成的。公用控制部分的信息有两类。一类是从信号分配存储器 SDM 送来的驱动信息。根据不同的应用场合，每个用户有 2～4 个控制信号分配点，它们是：振铃、测试、换极、送投币收集信号。另一类是送给用户处理机的用户回路断、续信息，每个用户状态占 1 bit，处理机用这 1 bit 信息可以对用户的呼叫、拨号、话终进行监视。由图可见：如果是主叫用户，则 1 bit 信息是通过馈电支路串接的小电阻获得的；如果是被叫用户，则 1 bit 信息是通过振铃电路输出获得的。

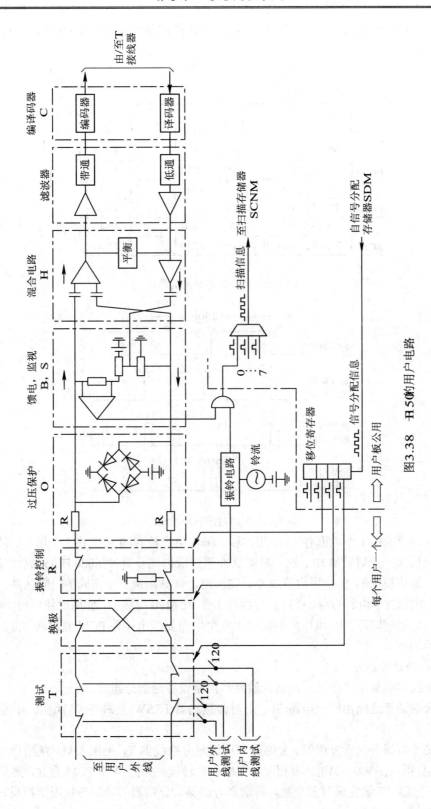

图 3.38 H5的用户电路

F-150 用户电路的时隙分配采用固定方式。时隙分配的原理和同步时隙脉冲的波形见图 3.39 和图 3.40。

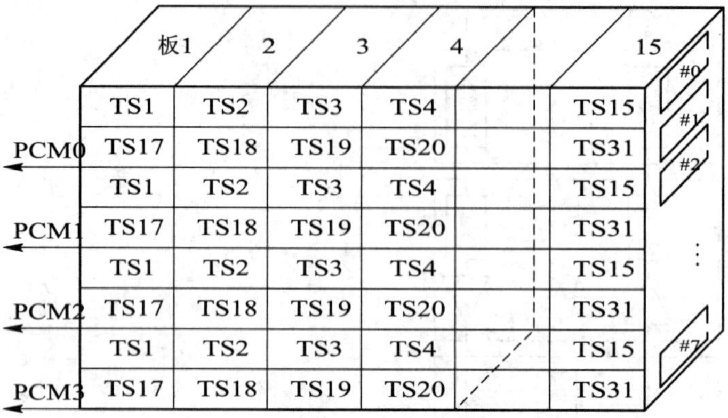

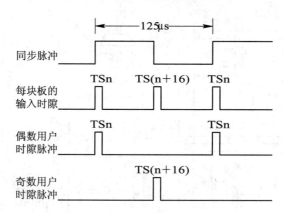

图 3.39　用户时隙分配的原理

图 3.40　同步时隙脉冲的波形

从图 3.39 可知，1 个机框有 15 块用户板，每块用户板有#0～#7 共 8 个用户。从图 3.40 可知，每块板接一个时隙脉冲，这一时隙脉冲通过板内同步脉冲(8000 Hz)分成相差半帧的两个时隙。每块板中的 8 个用户分成奇、偶两组，奇数组用一个相同的时隙脉冲，偶数组用另一个时隙脉冲。相邻的奇、偶用户复接在 1 条 PCM 复用线上，偶用户使用前半帧时隙，奇用户使用后半帧时隙。15 块用户电路板 120 个用户复接出 4 条 PCM 复用线，再与用户级时分接线器相连。

2) 用户级话音通路

用户集线器简称用户级，它由话音通路和控制设备两部分组成。

用户级的话音通路由用户电路(SLC)、时分接线器(LTSW)及网络接口组成，其框图如图 3.41 所示。

时分接线器部分包含复用器、分路器和单级时分接线器 T，见图 3.42。从用户电路来的四条 PCM 复用线(HW0～3)进入复用器，完成串并转换，并把 4 路 PCM 合并，然后输出至 T 级话音存储器。T 级完成时隙交换，再送至分路器。分路器的功能与复用器相反，它的输出接选组级。

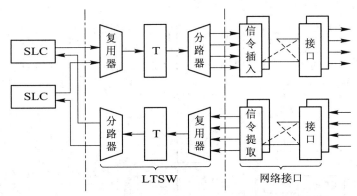

图 3.41 话音通路的组成框图

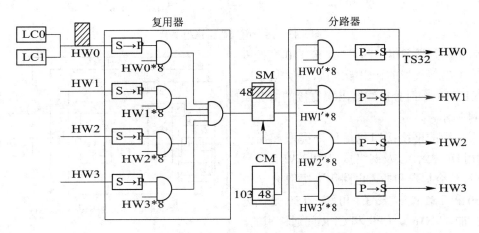

图 3.42 用户级时分接线器

4 条复用线共有 32×4＝128 个时隙,其中 120 个时隙是话路,其余 8 个时隙作为用户处理机 LPR 与呼叫处理机 CPR 的通信和固定分配给某些信号音及测试用的信道。其时隙安排情况见表 3.3。

表 3.3 时 隙 安 排

复用线号	TS0	TS1~15 TS17~31	TS16
HW0	每条复用线的 F0、F15 作为环路测试,F1 作为网络接口故障通知	话路	LPR 与 CPR 通信用(主用)
HW1		话路	LPR 与 CPR 通信用(备用)
HW2		话路	话路
HW3		话路	话路

表 3.3 中,有 122 个时隙用作话路,实际上可指定其中的任何两个时隙传送某些信号音(例如忙音)。

时分接线器又分成上行通路(用户到网络方向)和下行通路(网络到用户方向)。上行通路中 T 接线器采用顺序写入、控制读出方式;下行通路中 T 接线器采用控制写入、顺序读出方式。图 3.43 为 A、B 两个用户间通话路由举例。实际中,控存中的内容除了时隙号外,还有机框号。

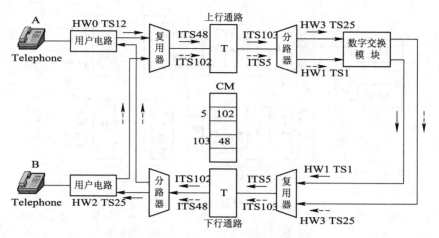

图 3.43 两个用户通话路由举例

为了达到话务集中的目的，F-150 交换机将若干个 T 接线器的输出端复接，最大集中比为 16:1。16 个时分接线器出端复接的情况如图 3.44 所示。

用户级的网络接口包括信令提取和插入电路(用 D/I 表示)以及网络接口(用 NWIF 表示)两部分。信令提取和插入电路用来提取 HW 中的 TS0 和 TS16。从表 3.3 可知，TS0 是供测试维护的，TS16 是 LPR 和 CPR 间通信用的。

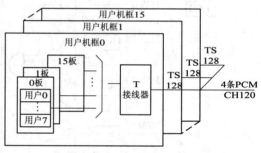

图 3.44 话务集中方式示意图

网络接口电路的作用是接收数字交换模块(DSM)来的 4 MHz 的时钟信号，由时钟发生器 TG(见图 3.45)产生用户级和 CPR 中使用的各种定时信号。此外，网路接口电路还提供用户级与 DSM 之间的连接控制，决定双套网络接口的哪一套接至主用网络。

3) 用户处理机

用户级的各项功能是在用户处理机(LPR)的控制下完成的。用户处理机是分布式的，每对 LPR 的处理能力为 6000BHCA。用户处理机的工作方式采用双机冷备用方式。用户处理机的组成框图如图 3.45 所示。

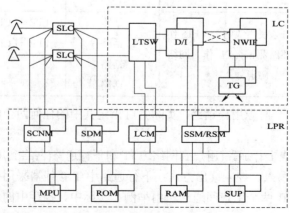

图 3.45 用户处理机的组成

其主要部件有:

微处理机: 由微处理器(MPU)、只读存储器(ROM)和随机读写存储器(RAM)构成,它是用户级的控制中心。

扫描存储器(SCNM): 暂时存放用户线回路的扫描结果。经微处理机处理后,状态变化信息经 SSM 送 CPR。

信号分配存储器(SDM): 由 CPR 送来的启动/释放用户电路的信息,先由 RSM(信号接收存储器)接收后,再转至本存储器(SDM) 。

用户级控制存储器(LCM): 是控制用户级话音存储器工作的转发表,它控制上行话音存储器的读出和下行话音存储器的写入。LCM 本身的写入信息来自 CPR。

信号发送存储器(SSM): 暂存送往 CPR 的信息。

信号接收存储器(RSM): 暂存由 CPR 送来的信息。

监视器(SUP): 监视 LPR 机框内每块板的故障情况。 若有故障,则完成主/备用机的倒换,并处理控制再启动。

用户处理机的功能是: 对用户线监视结果进行收集、分析和处理;接收用户拨号;控制用户级的接续;完成与 CPR 间的通信;过负荷控制及诊断。

3. 选组级

1) 话路系统

选组级的话路部分由数字交换模块组合而成,由呼叫处理机来控制。选组级话路系统的基本构成框图如图 3.46 所示。

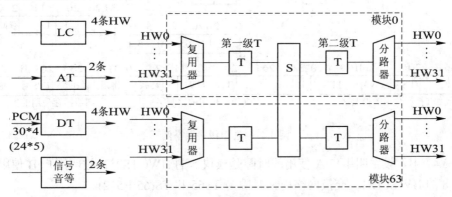

图 3.46　选组级话路系统的结构

一个数字交换模块由复用器、TST 交换网络及分路器组成。其输入/输出复用线(HW)最多可有 32 条,即一个模块可有 30×32＝960 个话路。F-150 机最多可接 64 个数字交换模块,即可接 32×64＝2048 条复用线(HW),也即有 30×2048=61 440 个话路。

每一个呼叫处理机可控制 8 个数字交换模块。 最大容量时可装 8 个呼叫处理机,控制 64 个数字交换模块。

数字交换模块终端所接的 HW,可来自用户集线器(LC)、远端用户集线器(RLC)、模拟中继器(AT)、数字中继器(DT)、多频信号(MFC)、信号音发生器(TNG)等。

数字交换模块中的 TST 交换网络阻塞概率很小。数字交换模块是以热备用方式双重配置的。

　　TST 交换网络的初级时分接线器为控制写入、顺序读出方式，次级时分接线器为顺序写入、控制读出方式。S 接线器为输出控制。TST 交换网络内部时隙采用反相法选择。

　　现以图 3.47 为例来说明选组级接续情况。

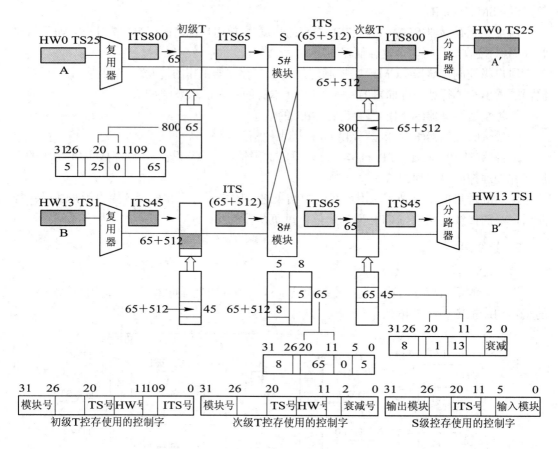

图 3.47　选组级接续举例

　　图 3.47 中，设主叫用户 A 使用的时隙是模块 5 的 HW0 TS25；被叫用户 B 使用的时隙为模块 8 的 HW13 TS1。交换网络内部时隙为 TS65 和 TS(65＋512)。

　　A 至 B 方向的传输途径是：A 用户位于模块 5 的 HW0 TS25，通过复用器变换为 TS800(因为每一模块的 32 条 HW 按时隙插入，可计算出 $32 \times 25+0 =800$)；再经选组级初级 T 交换到内部时隙 TS65，S 级把它从模块 8 输出，这时内部时隙不变，仍为 TS65；至次级 T 以后交换到 TS45(因为 B 用户在模块 8 的 HW13 TS1，可以算出 $32 \times 1+13=45$)；最后经分路器就变换为模块 8 的 HW13 TS1。

　　B 至 A 方向的传输途径为：HW13 TS1 通过复用器变换为 TS45；经初级 T 接线器交换到 TS577(采用反相法，所以为 65＋512=577)；再经 S 接线器交换后时隙仍为 TS577；至次级 T 级必须交换到 TS800，这样分路器的输出才是 HW0 TS25。

　　如果要画出本例中相关的用户级，则 A 和 B 之间的整个接续途径见图 3.48。

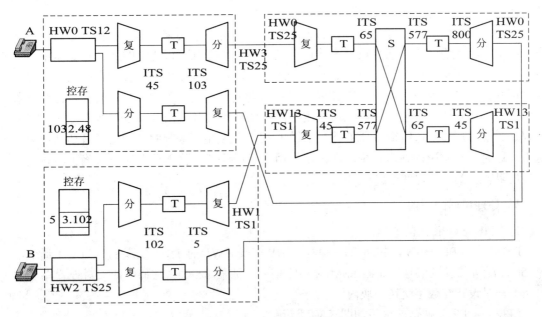

图 3.48 A、B 用户间的接续途径

2) 信号音的分配

F-150 的数字信号音通过 2 条上行信道(HW)送到数字交换模块中。其中一条 HW 传送 30 种双频信号,另一条传送 26 种信号音。这两条上行 HW 把上述的 56 种数字信号经过复用器、初级 T、S 级,最后存储在次级 T 的话音存储器中。当需要某种信号时,可直接从次级 T 读出,送至相应的用户电路或中继器。其连接路由见图 3.49。

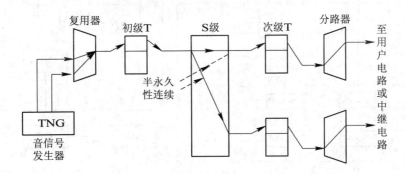

图 3.49 信号音分配

程控交换局开通前,在数字交换网络里预先指定好一些内部时隙,固定作为信号音存储到次级 T 话音存储器的通道,这种连接方法称为"链路半永久性"连接法。

音信号采用"链路半永久性"连接,不管有无用户听信号音的要求,在数字交换网络的次级 T 的话音存储器中,总是有数字信号音存在。一旦有用户需要听某种信号音,只要将这个信号音的 PCM 数码在该用户所在的时隙读出即可。这样可以有效地解决网络拥塞时无法向用户送信号音的问题。

　　一个 TST 模块内可能会有多个用户同时要听 1 种信号音，而次级 T 的话音存储器是随机存储器，读出时并不破坏其所存的内容，故可多次读出。

　　在表 3.3 中介绍过，用户级输出 HW 中有两个时隙固定用来传送两种信号音。利用这两个时隙，将选组级中的两种信号音传送至用户级，并写入下行通道的话音存储器中。如果有用户需要听这种信号音，就不必接至选组级，而可以直接从用户级话音存储器读出。采用这种方式的优点是：可以减轻 CPR 的负荷和避免每一用户听该信号音时都要占用一条通向选组级的通路。使用专用时隙送至用户级的两种信号音是忙音和备用音。定为忙音的原因是，若用户级至选组级的 120 条话路全忙时，又发生新的呼叫，如果忙音要从选组级送来，这时已没有空闲通道可用，现采用由用户级送忙音，就不存在这一缺陷了。备用音是局内阻塞时的一种通知音。

4．处理机间的通信

1）LPR 与 CPR 间的通信

　　F-150 的 LPR 与 CPR 的通信，是利用 HW0(或 HW1)的 TS16 实现的。为便于通信，F-150 还配置了发送信号存储器(SSM)和接收信号存储器(RSM)。它们中的一对设置在 LPR 内，另一对设置在数字交换模块内。

　　LPR 与 CPR 间通信的途径如图 3.50 所示。

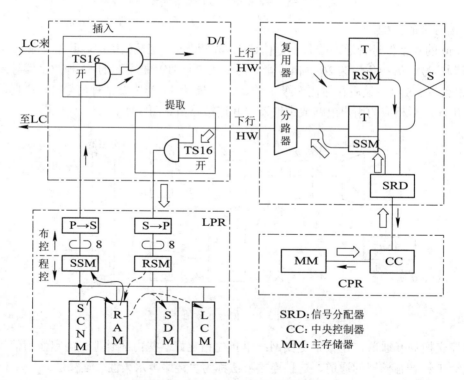

图 3.50　LRP 与 CPR 间通信的途径

　　从 LPR 向 CPR 传送数据(称上行数据)的过程是：在程序控制下，把存放在 SCNM 内的用户状态信息送至 RAM，再由 RAM 送至 SSM。在布线逻辑控制下，以 2 ms 时间为周期从 SSM 顺序读出数据，经并/串变换后送到信令插入电路。信令插入电路在 TS16 时隙到来时，把从 SSM 所读出的数据插入上行话路通道。它和其它时隙一样送到选组级初级 T，并在 TS16 时隙被提取，写入 RSM。然后，在 CPR 程序控制下，周期性地从选组级的 RSM 中读出数据，并通过信号接收分配器(SRD)送到 CPR 的主存储器(MM)中。

从 CPR 的 MM 向 LPR 的 RAM 传送数据(称下行数据)的过程，与上行数据的传送过程类似。所不同的是，在 LPR 的 RAM 收到 CPR 的信息后，一般是传送到 SDM 或 LCM。

2) CPR 之间及 CPR 与 MPR 之间的通信

F-150 的 CPR 之间及 CPR 与 MPR 之间的通信采用专用通道方式。这一方式中除了在处理机间有专用通道外，还配备有接口设备，这种接口设备在 F-150 中称为通道适配器(CCA)。CPR 与 MPR 间通信的途径，如图 3.51 所示。

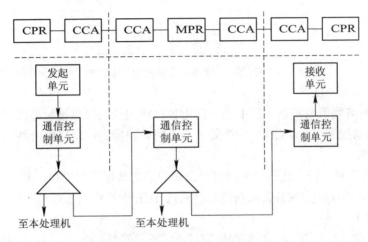

图 3.51　CPR 与 MPR 间通信的途径

CPR 与 MPR 间的通信受通信控制程序单元的控制。发起通信的单元向通信控制单元提供接收处理机号码、接收程序单元号码和具体数据等信息，并请求通信控制单元准予通信。通信控制单元分析接收处理机号，若属于它所管辖的处理机，则直接启动相应的接收单元；若不属于它所管辖的，则信息经过 CCA 送到 MPR 内的通信控制单元。MPR 收到信息后，其通信控制单元也进行分析，当找到对应的 CPR 时，信息就被再次传送出去，以启动相应CPR 中的接收单元。

3.6.2　S-1240 数字交换机

S-1240 数字交换机是由阿尔卡特—上海贝尔有限公司生产的一种全范围、全数字、全分布控制的程控交换机。该机可作为市内交换机、汇接交换机、长途交换机、长市合一交换机、国际交换机和远端用户模块使用，还可用于组建综合业务数字网。交换机的用户线从几百到十万线以上，中继线由几十到 6 万线，话务量最大为 25 000 爱尔兰，呼叫处理能力最大可达 750 000 BHCA。

1. 基本结构

S-1240 数字交换机的基本结构简单而有规律，如图 3.52 所示。它由各种不同终端模块和一个数字交换网络构成。

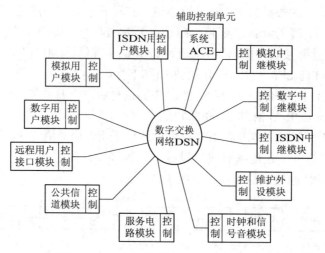

图 3.52　S-1240 数字交换机的基本结构

1) 数字交换网络 DSN

数字交换网络处于系统结构的中心，它为各种终端模块提供接续通路，也为终端控制单元(TCE)和辅助控制单元(ACE)中的微处理机之间传递控制信息提供通路。

2) 终端模块

终端模块有多种。每个终端模块都有自己相应的终端电路和终端控制单元(TCE)。各终端模块受其 TCE 控制，完成各自的功能，并通过 TCE 中的终端接口与 DSN 相连。

3) 系统 ACE

对 DSN 来说，ACE 也是一种终端模块，不过它没有终端电路。ACE 的硬件与 TCE 的硬件相同，只是它的功能多，软件庞大、复杂，所需存储器的容量大。

系统 ACE 的主要功能有：呼叫服务、资源管理和计费分析等。

(1) 呼叫服务：用以进行字冠分析和路由选择。其功能包括：根据用户所发出的前几位号码可以确定是本局呼叫还是出局呼叫，是市内呼叫还是长途呼叫等；当直达路由忙时，是否能选择迂回路由，选择哪种迂回路由；将用户所拨的电话簿号码转译为交换机内部的设备号码。

(2) 资源管理：用以对中继线、信号发送器、信号接收器等资源进行管理。如对一次呼叫指派一条中继线、一个多频发码器、一个多频收码器等。

(3) 计费分析：对市内、长途、国际等不同呼叫进行计费分析。系统 ACE 为不同的呼叫提供不同的费率，并为计费明细单提供必要的数据。计费分析所需要的数据是由数据库提供的。

由于系统 ACE 的功能多，软件复杂、庞大，故将众多的功能分布在一组(多个)ACE 中。在较大的交换局中需配备多组系统 ACE，并按负荷分担方式工作。又由于系统 ACE 具有十分重要的功能，为了确保安全可靠，采用热备用和冷备用双重保险的工作方式。

2. 终端模块

1) 一般构成原理

每个终端模块包含两个部分：终端电路和终端控制单元(TCE)，见图 3.53。终端电路(简称终端)的基本功能是用来适配相应的终端设备，实际上也就是接口电路。一群终端电路组合在一起，受终端控制单元的控制。终端控制单元中包含微处理机、存储器、终端接口和高、低速总线。

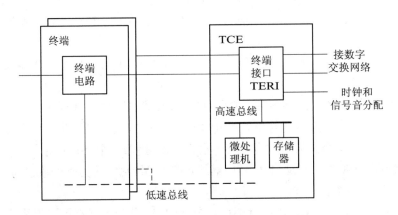

图 3.53 终端模块的结构

高速总线是微机与终端接口间的控制接口，也是微机与存储器间的存取接口。

低速总线是微机与终端电路的控制接口，用于传送扫描信息和驱动信息。

终端接口(TERI)内有五个端口。其中四个是双向的，两个接至终端电路，两个接 DSN，另一个端口是单向的，连接时钟和信号音分配。五个端口之间通过时分复用总线相连。TERI 是终端电路与 DSN 之间的接口，也是微机及其存储器与 DSN 的接口。TERI 的主要功能有：

(1) 控制 DSN 中通路的建立、保持和释放，即传递命令字。如图 3.54(a)所示。

(2) 实现微处理机间通信。如图 3.54(b)所示。

(3) 实现电话通信或数据通信。如图 3.54(c)所示。

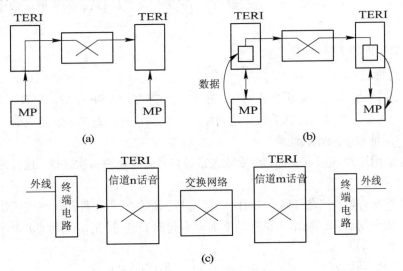

图 3.54 TERI 的主要功能

(a) 建立 TERI 间的单向通路；(b) 实现微处理间的通信；(c) 进行话音通信

2) 终端模块类型

S-1240 的标准终端模块有：

模拟用户模块(ASM)：每一个 ASM 可连接 128 个模拟用户。

数字用户模块(DSM)：每一个 DSM 可连接 30 或 60 个数字话机用户，并为数字用户终端电路提供控制功能。

模拟中继模块(ATM)：可接 36 条模拟中继线，可适应 2 线或 4 线中继线和多种信令方式。

数字中继模块(DTM)：为数字中继线提供接口和控制功能，可适应 32 路或 24 路 PCM 系统。

ISDN 用户模块(ISM)：连接各种 ISDN 用户终端，如计算机、传真机等。接口按 ISDN 基本速率接口设计，符合 ITU-T 标准，可同时提供两个 64 kb/s 通道传送语音和数据，一个 16 kb/s 通道用于传送信令和低速数据。每一模块最多可接 64 个 ISDN 用户。

ISDN 中继模块(ITM)：它通过 PCM 中继线可与 ISDN 网中的另一个数字局或具有 ISDN 性能的数字小交换机相连接。

远端用户单元接口模块(RIM)：远端用户单元(RSU)是一种远端用户集线器，其内部用户交换不需经过母局。RIM 为 RSU 提供接口和控制，在设计上类似于 DTM。它的终端电路通过 PCM 系统与 RSU 后可与远端用户相连接。

服务电路模块(SCM)：其作用是接收并识别按键话机发出的双音频信号和收发局间多频信号。每个 SCM 能提供 32 路信道，可分为两组：一组用于按键话机双频接收，另一组用于多频信号的发送。

公共信道模块(CCM)：提供 7 号信令系统中第 2 级和第 3 级的功能。

时钟和音信号模块(CTM)：向其它模块提供中央时钟和数字信号音。

维护和外设模块(MPM)：MPM 的功能是：将控制软件装入各个模块的控制单元中；对外设进行控制和管理；处理故障；恢复操作；其它维护功能(如系统的扩展、数据的收集和修改等)。

3. 数字交换网络 DSN

1) DSN 的特点

S-1240 交换网络采用单侧折叠式网络，由同一种类型的 DSE 组成，它有下列特点：

(1) DSE 本身具有通路选择的控制逻辑电路，它接收各个终端控制单元送来的选择命令，以建立、保持通路或释放通路。

(2) DSN 采用逐级选试方式，能承受较大话务量，而且允许多次选试，选择时首选时延最小的路由。

(3) DSN 扩充方便。扩充分两个方面：一是交换网络的级数随外接的终端模块数量逐步增加，最大可增至四级；二是由于话务量增加而引起的 DSN 扩充，可通过多个平面负荷分担实现。

(4) 各种终端模块以统一的方式与 DSN 连接，简化了控制。

2) 交换机内帧格式和选择命令

(1) 帧格式。S-1240 交换机内的 PCM 链路每帧有 32 个信道，每信道有 16 bit。32 个信道中，信道 0 用于维护(如维护命令、响应及告警等)，信道 1～15 和 17～31 用来传送话音或数据，也可用于处理机之间通信，信道 16 则稍有不同(见后述)。对话路 1～15、17～31 而言，16 bit 中的最高 2 位(F 和 E 位)有 4 种不同的编码格式，分别对应于 4 种命令格式。这 4 种格式如下：

FE＝00，表示置闲，在话路空闲时传送。对已占用的话路，如连续两次收到置闲信号，就表示要将当前话路置为空闲状态。

FE＝01，表示是选择命令。选择命令由端口号码、功能码、话路号码等组成。空闲的接收话路上收到选择命令，意味着要在当前 DSE 中建立接续。

FE＝11，表示在信道中传送的是话音或数据信息。对于 8 bit 的话音信息来说，只用到其中的 8 位(从 C～5 位)。

FE＝10，表示本信道字传送的是处理机之间的通信信息，称为"换码"，此时 D 位＝0；如果 D 位=1，则是查询某级、某端口、某话路的状态。

信道 16 主要用于传输以下信息：当选择和建立信道时，若所选信道成功，会沿一条证实线回送一个证实信号(ACK)；若选择失败，就会回送一个"不证实"信号(NACK)。NACK 信息是通过信道 16 向与之相连的前一级端口回送的，并逐级反向回送给发送信道字的 TCE。信道 16 的信道字也有与话音/数据信道字相同的格式，但含义不同。第 D 位表示本信道字是否包含 NACK 信息：为 0 时无 NACK 信息；为 1 时有 NACK 信息，最低五位就是发送 NACK 信息的信道号码。

(2) 选择命令。从一个控制单元 CE(TCE 或 ACE)到另一个 CE 的通路建立是由选择命令来控制的，每一条命令可完成一级 DSE 接续。选择命令有两大类型：

自由选择：选择某一级、某一 DSE 的任意输出端口，任意路由。

指定选择：选择指定端口上的任意空闲路由。

选择命令格式如表 3.4 所示。命令的具体应用在讲述通路建立时再说明。

表 3.4 选择命令格式

		F	E	D	C	B	A	9	8	7	6	5	4	3	2	1	0
1	置 闲	0	0	x	x	x	x	x	x	x	x	x	x	x	x	x	x
2	选择：任意端口，任意信道	0	1	x	x	x	x	x	0	1	0	0	x	x	x	x	x
	选择：高号端口，任意信道	0	1	x	x	x	x	x	0	0	0	1	x	x	x	x	x
	选择：低号端口，任意信道	0	1	x	x	x	x	x	1	1	0	1	x	x	x	x	x
	选择：端口 P，任意信道	0	1	x	P_0	P_1	P_2	P_3	0	1	1	1	x	x	x	x	x
	选择：端口 P，信道 Q	0	1	x	P_0	P_1	P_2	P_3	1	0	1	1	Q_0	Q_1	Q_2	Q_3	Q_4
	选择：端口 P 或 P+4，任意信道	0	1	x	P_0	P_1	P_2	P_3	x	0	0	1	0	x	x	x	x
	维护选择：端口 P，信道 Q(例测)	0	1	x	P_0	P_1	P_2	P_3	1	1	1	0	Q_0	Q_1	Q_2	Q_3	Q_4
3	换码	1	0	0	D_0	D_1	D_2	D_3	D_4	D_5	D_6	D_7	D_8	D_9	D_A	D_B	D_C
4	话音或数据：话音	1	1	x	S_0	S_1	S_2	S_3	S_4	S_5	S_6	S_7	0	0	0	0	PR
	数据	1	1	S_0	S_1	S_2	S_3	S_4	S_5	S_6	S_7	S_8	S_9	S_A	S_B	S_C	S_D

注：(1) 高号端口：端口 12～15；低号端口：端口 8～11。

(2) x 表示 0 或 1。

3) DSN 的结构

S-1240 的 DSN 由入口级和选组级两大部分组成，如图 3.55 所示。

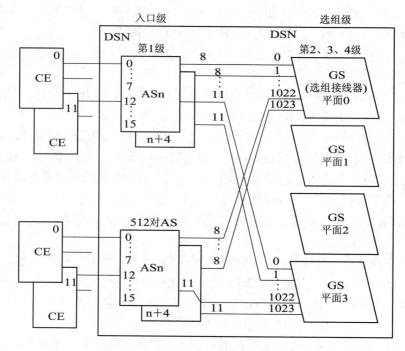

图 3.55　S-1240 交换网络的结构

(1) 入口级 AS(Access Switch)。入口级是 DSN 的第 1 级，由成对的入口接线器组成。每个入口接线器就是一个 DSE，可接 16 条 PCM 链路(编号为 0～15)。其中编号为 0～7 和 12～15 的这 12 条链路可接各种控制单元 CE(TCE 和 ACE)；编号为 8～11 的链路可接 DSN 的选组级。

对每个 CE 来说，它的终端接口(TI)网络侧的两条 PCM 链路分别接到一对 AS 的同名端上。这样连接的原因是为了给 CE 提供两条不同的路由。即使有一条链路或一个 AS 发生故障，仍有另一个路由可保证通信。

选组级最多可有 4 个平面，AS 的 4 条编号为 8～11 的 PCM 链路分别接到这 4 个平面。

(2) 选组级(GS)。选组级最多可配置 4 个平面，配置的平面数决定于 DSN 所连接终端的话务量。每个平面的结构是相同的，每个面本身由 1～3 级组成(它们分别称为 DSN 的第 2、3、4 级)，级数的多少由 CE 数的多少来决定，即由容量来决定。图 3.56 为一个面内装足 3 级接线器的结构。

图 3.56 中的第 2 级和第 3 级各有 16 组，每组各有 8 个 DSE，编号为 0～7 的端口接前一级 PCM 链路，8～15 端口接后一级 PCM 链路。同组内连线相互交叉。第 4 级只有 8 组，每组有 8 个 DSE，其 16 个端口都在左侧，与第 3 级相连，构成了单侧折叠式网络。这一级完成不同组间的交叉连线。

观察图 3.55 和 3.56 各级接线器的连线可知：第 4 级的组号、DSE 号和端口号分别对应第 3 级的出端口号减 8、DSE 号和组号。第 3 级的组号、入端口号和 DSE 号对应第 2 级的组号、DSE 号和出端口号减 8。第 2 级的平面号和端口号对应第 1 级的 AS 端口号和 AS 号。

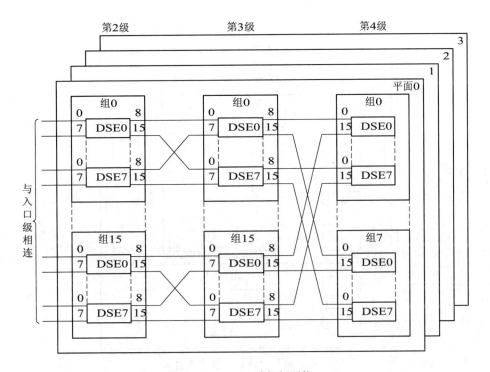

图 3.56 S-1240 选组级网络

(3) DSN 的扩充。DSN 可随容量的增加而增加级数，其扩充方法见图 3.57。

当容量很小时，可仅用一对 AS 组成一级交换网络，这时 AS 的出线端口 8～11 被腾空。在第 1 级网络中，一对 AS 可接 12 个 CE，一般可取其中的 8 个为用户模块，则这时可接 128×8= 1024 个用户，见图 3.57 框 A。

采用两级 DSN 时，第 2 级只用一个 DSE(设只有一个面时)，这时第 2 级 DSE 的出线端口 8～15 被腾空。其入线端口 0～7 最多可接 4 对 AS，若仍按每对接 1024 个用户计算，可接 1024×4=4096 个用户，见图 3.57 框 B。

容量再增加，第 2 级的 DSE 数不只一个时，就应增加第 3 级。图 3.57 框 C 为第 2 级有 2 个 DSE，第 3 级有 4 个 DSE，这时第 2 级可接 8 对 AS。若仍按上述每对 AS 接 1024 用户计算，可接 8192 个用户。从图 3.57 框 D 可知，第 2、3 级都用到 8 个 DSE，组成第 0 小组，显然其容量可达框 A 的 32 倍，即可达 32 768 个用户。

第 2、3 级都超过一个组时，就要扩充第 4 级。这时每一个平面有 16×8+16×8+8×8=320 个 DSE。

4 个平面共需要 320×4=1280 个 DSE。加上 AS 级的 1024(即 512 对)个 DSE，共需 DSE 2304 个。此时可容纳的 CE 数为 512×12=6144 个。显然这时全局容量可超过 10 万线以上。

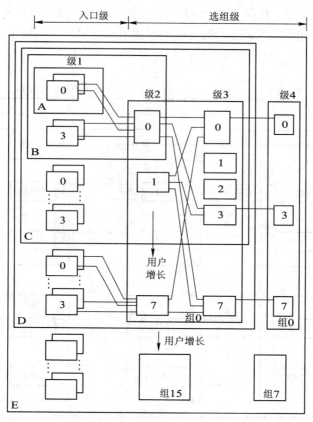

图 3.57　S-1240 网络扩充过程

4) 网络的编址

接在 DSN 中 AS 上的每一 CE 都有其惟一的地址码。地址码用 ABCD 四个数来表示。图 3.58 指出了地址码 ABCD 的含义。

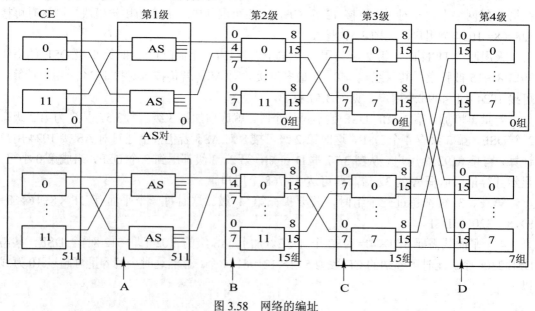

图 3.58　网络的编址

　　A 为 CE 接在第 1 级 AS 入端口上的号码，AS 的入端口为 12 个，区分它们需要 4 bit。

　　B 为 AS 对接在第 2 级 DSE 入端口上的号码。由于 AS 是成对出现的,两个成对的 AS 在第 2 级 DSE 入口端的位置相差 4(即若有一对 AS,其中的一个接在第 2 级入口 B 号,则另一个接在 B＋4 号上),故第 2 级 DSE 入端口虽然有 8 个,而其编址只有 4 种,只需 2 bit 来区分。

　　C 为第 3 级入口地址,代表第 2 级接在第 3 级 DSE 的入端口号,有 8 个入端口,需 3 bit 来区分。

　　D 为第 3 级连至第 4 级 DSE 的入端口地址,第 4 级 DSE 的端口有 16 个,需 4 bit 来区分。

　　观察图 3.57,并利用总结的相邻级连线规律,可知地址编码 ABCD 的含义是:D 为组号,C 为 DSE 号,B 为 AS 号,A 为 CE 号。

　　5) 通路的建立

　　(1) 通路选择原则。S-1240 DSN 选择通路的原则是:从主叫所在的 CE 至 DSN 第 4 级为自由选线(即可以选择各级的任意端口的任意信道),这样可以减小呼损;而从 DSN 第 4 级返回至被叫用户所在的 CE 是采用指定选择(即选择各级的指定端口、任意信道)。

　　(2) 地址比较和选择命令。一个 CE 要与另一个 CE 建立通路,应先将自身地址 ABCD 与对方 CE 地址 A'B'C'D'进行比较,从比较的结果来决定发送选择命令的条数。

　　DSN 中的路由选择命令有 4 种类型:

　　X:用于 AS 级的自由选线,选择 4 个平面中的一个。

　　Y:用于第 2 级和第 3 级的自由选线,选择 8 个出端口中的任一个。

　　N:用于第 4 级、第 3 级和 AS 级的指定选线。选择时端口是指定的,而话路是任意的。

　　NZ:用于第 2 级对 AS 级的选择,选择其指定的端口 N 或 N+z(z=4),话路是任意的。

　　例　主叫 CE 地址 ABCD 为 4 1 5 2 ,被叫 CE 地址 A'B'C'D'为 12 2 4 10,要求建立双向通路。

　　本例由于主叫 CE 和被叫 CE 两者的地址 D≠D',说明两个 CE 不在同一组。要在两者间建立通路必须经过 4 级,故应发 7 条命令。从主叫 CE 发出的 7 条命令是:

　　第 1 条:X,在 AS 级的第 8～11 端口中任选一个端口(即任选一个面),信道是任意的。

　　第 2 条:Y,在第 2 级的 8～15 端口中任选一个端口,信道是任意的。

　　第 3 条:Y,在第 3 级的 8～15 端口中任选一个端口,信道是任意的。

　　第 4 条:N,在第 4 级的 0～15 端口中指定选择端口 D'(此处 D'=10,即选到第 10 组),信道是任意的。

　　第 5 条:N,在第 3 级(第 10 组)第 0～7 端口中指定选择端口 C'(此处 C'=4),信道是任意的。

　　第 6 条:NZ,在第 2 级(第 10 组第 4 台接线器)的 0～7 端口中指定选择 B'或 B'+4 端口,(此处 B'=2),任意信道。

　　第 7 条:N,在 AS 级的端口 0～7 和 12～15 中指定选择端口 A'(此处 A'=12),任意信道。

　　由于数字交换采用 4 线制,故也应从被叫 CE 向主叫 CE 建立通路。图 3.59 为这两个控制单元(CE)所建立通路的示意图。

如果主叫 CE 和被叫 CE 的地址 D 相等，即 D=D'= 0，C 不相等，它们的通路不必经过 DSN 网络的第 4 级，通路的返回点在第 3 级。因此，主、被叫 CE 都只需要发送 5 条选择命令，其所发的 5 条命令按前例可自行推出。

同理，如果主、被叫 CE 的地址 D 和 C 都相等，而 B≠B'时，则通路返回点在第 2 级，只需要发送 3 条命令。

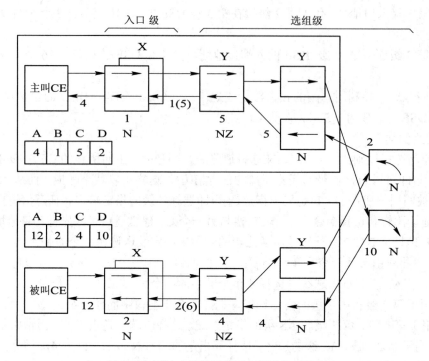

图 3.59　通过 4 级制建立双向通路的示意图

思　考　题

3.1　电路交换有何特点？

3.2　画图说明电路交换机的组成。

3.3　电路交换机有哪些接口？它们的基本功能是什么？

3.4　画图说明本局呼叫信令流程。

3.5　什么是集中控制？什么是分散控制？

3.6　处理机冗余配置方式有哪些？

3.7　处理机间通信方式有哪些？

3.8　分散控制和分布式控制有何异同？

3.9　说明复用器和分路器的工作原理。串/并变换前后，时隙有何对应关系？

3.10　有一个 T 接线器，设输入/输出线的复用度为 512，要实现 TS5 与 TS20 的交换，画图表示这一过程，并说明转发表如何构造。

3.11　有一 S 接线器，有 8 条输入/输出线(编号为 0～7)，每条线的复用度为 512，要求在 TS15 将入线 1 上的信息 A 送到出线 5 上；在 TS30 将入线 2 上的信息 B 送到出线 7 上。

画图说明这一过程,并说明转发表如何构造。

3.12 说明 DSE 的结构和工作原理。控制 DSE 交换的转发表在什么地方?

3.13 有一个 TST 型交换网络,有 8 条输入/输出线,每条线的复用度为 128。现要

$$输入线 2,TS10 \longrightarrow 内部 TS40 \longrightarrow 输出线 5,TS60$$

进行的双向交换。画出交换网络的结构,并填写各相关话音存储器和控制存储器(假设输入 T 用输出控制,输出 T 用输入控制,S 级控制存储器按出线配置,内部时隙按反相法确定)。

3.14 说明电路交换机软件的特点和组成。

3.15 说明局数据和用户数据的主要内容。

3.16 说明呼叫处理程序的结构。

3.17 说明电路交换机中程序的分级和调度方法。

3.18 用时间表实现对下列程序的调度:

A   10 ms

B   20 ms

C   50 ms

D   40 ms

画出时间表的数据结构,并说明如何确定时间表的容量和系统中断周期。

3.19 说明故障处理的一般过程。

3.20 简述一次本局成功呼叫的过程。

3.21 衡量电路交换机的性能指标和服务质量指标有哪些?

3.22 某处理机的累计有效工作时间为 3000 小时,累计中断时间为 2 小时,寿命为 30 年。试求其寿命期内处理机的可用度。若改用双机结构,可用度又是多少?

3.23 F-150 交换机如何对用户分配时隙?它的用户级是怎样实现话务集中的?

3.24 F-150 交换机控制系统采用怎样的结构?它们之间如何通信?

3.25 画出 S-1240 交换机结构,说明结构特点。各模块处理机是如何通信的?

3.26 S-1240 交换机,主叫 CE 编址为 6370,被叫 CE 编址为 4350,它们之间的接续路由最多需要几级?为什么?写出主叫 CE 发给被叫 CE 的选择命令。

第 4 章　分组交换技术

　　分组交换技术最初是为了满足计算机之间互相进行通信的要求而出现的一种数据交换技术。从数据交换发展的历史来看，它经历了电路交换、报文交换、分组交换的发展过程。在进行数据通信时，分组交换方式能比电路交换方式提供更高的效率，可以使多个用户之间实现资源共享；同时，分组交换又具有比报文交换还小的数据传输时延。因此，分组交换技术是数据交换方式中一种比较理想的方式。要说明的是，尽管传统的分组交换技术在目前显得有些过时，但毋庸置疑的是，分组交换技术是后来各种数据交换技术(如帧中继、ATM 等)的基础，因此理解分组交换技术对理解后面章节中介绍的其它数据交换技术是至关重要的。

　　近年来，帧中继技术作为一种快速分组交换技术，得到了迅速的发展。它是在分组交换技术的基础上发展起来的，将分组交换的协议作了简化，可以提供高速高吞吐量的数据传输业务，主要用于网间互连。

　　本章将主要介绍传统分组交换技术的产生背景、基本概念、交换原理、X.25 协议、分组交换机及帧中继技术。

4.1　概　　述

4.1.1　分组交换的产生背景

　　分组交换 PS(Packet Switching)技术的研究是从 20 世纪 60 年代开始的。当时，电路交换技术已经得到了极大的发展。电路交换技术是最适合于话音通信的，但随着计算机技术的发展，人们越来越多地希望多个计算机之间能够进行资源共享，即能够进行数据业务的交换。数据业务不像电话业务那样具有实时性，而是具有突发性的特点，并要求高度的可靠性。这就要求在计算机之间有高速、大容量和时延小的通信路径。在计算机之间进行数据通信时，传统的电路交换技术的缺点越来越明显：固定占用带宽，线路利用率低，通信的终端双方必须以相同的数据率进行发送和接收等。所有这些都表明电路交换不适合于进行数据通信。因此，大约在 20 世纪 60 年代末、70 年代初，人们开始研究一种新形式的、适合于进行远距离数据通信的技术——分组交换。

　　分组交换技术是一种存储—转发的交换技术，被广泛用于数据通信和计算机通信中。它结合了电路交换和早期的存储—转发交换方式——报文交换的特点，克服了电路交换线路利用率低的缺点，同时又不像报文交换那样时延非常大。因此，分组交换技术自从产生后便得到了迅速的发展。

4.1.2 分组交换的概念

分组交换不像电路交换那样在传输中将整条电路都交给一个连接，而不管它是否有信息要传送。分组交换的基本思想是：把用户要传送的信息分成若干个小的数据块，即分组 (packet)，这些分组长度较短，并具有统一的格式，每个分组有一个分组头，包含用于控制和选路的有关信息。这些分组以"存储—转发"的方式在网内传输，即每个交换节点首先对收到的分组进行暂时存储，分析该分组头中有关选路的信息，进行路由选择，并在选择的路由上进行排队，等到有空闲信道时转发给下一个交换节点或用户终端。

显然，采用分组交换时，同一个报文的多个分组可以同时传输，多个用户的信息也可以共享同一物理链路，因此分组交换可以达到资源共享，并为用户提供可靠、有效的数据服务。它克服了电路交换中独占线路、线路利用率低的缺点。同时，由于分组的长度短，格式统一，便于交换机进行处理，因此它能比传统的"报文交换"有较小的时延。

4.1.3 分组交换的优缺点

1. 分组交换的优点

分组交换的设计初衷是为了进行计算机之间的资源共享，其设计思路截然不同于电路交换。与电路交换相比，分组交换的优点可以归纳如下：

(1) 线路利用率较高。分组交换在线路上采用动态统计时分复用的技术传送各个分组，因此提高了传输介质(包括用户线和中继线)的利用率。每个分组都有控制信息，使终端和交换机之间的用户线上或者交换机之间的中继线上，均可同时有多个不同用户终端按需进行资源共享。

(2) 异种终端通信。由于采用存储—转发方式，不需要建立端到端的物理连接，因此不必像电路交换中那样，通信双方的终端必须具有同样的速率和控制规程。分组交换中可以实现不同类型的数据终端设备(不同的传输速率、不同的代码、不同的通信控制规程等)之间的通信。

(3) 数据传输质量好、可靠性高。每个分组在网络内的中继线和用户线上传输时，可以逐段独立地进行差错控制和流量控制，因而网内全程的误码率在 10^{-11} 以下，提高了传送质量且可靠性较高。分组交换网内还具有路由选择、拥塞控制等功能，当网内线路或设备产生故障后，分组交换网可自动为分组选择一条迂回路由，避开故障点，不会引起通信中断。

(4) 负荷控制。分组交换网中进行了逐段的流量控制，因此可以及时发现网络有无过负荷。当网络中的通信量非常大时，网络将拒绝接受更多的连接请求，以使网络负荷逐渐减轻。

(5) 经济性好。分组交换网是以分组为单元在交换机内进行存储和处理的，因而有利于降低网内设备的费用，提高交换机的处理能力。此外，分组交换方式可准确地计算用户的通信量，因此通信费用可按通信量和时长相结合的方法计算，而与通信距离无关。

由于分组交换技术在降低通信成本，提高通信可靠性等方面取得了巨大成功，因此 20世纪 70 年代中期以后的数据通信网几乎都采用了这一技术。30 多年来，分组交换技术得到了较大的发展。

2．分组交换的缺点

上面介绍了分组交换的诸多优点，但任何技术在具有优点的同时都不可避免地具有一些缺点，分组交换也不例外。分组交换具有以下缺点：

(1) 信息传送时延大。由于采用存储—转发方式处理分组，分组在每个节点机内都要经历存储、排队、转发的过程，因此分组穿过网络的平均时延可达几百毫秒。目前各公用分组交换网的平均时延一般都在数百毫秒，而且各个分组的时延具有离散性。

(2) 用户的信息被分成了多个分组，每个分组附加的分组头都需要交换机进行分析处理，从而增加了开销。因此，分组交换适宜于计算机通信等突发性或断续性业务的需求，而不适合于在实时性要求高、信息量大的环境中应用。

(3) 分组交换技术的协议和控制比较复杂，如我们前面提到的逐段链路的流量控制，差错控制，还有代码、速率的变换方法和接口，网络的管理和控制的智能化等。这些复杂的协议使得分组交换具有很高的可靠性，但是它同时也加重了分组交换机处理的负担，使分组交换机的分组吞吐能力和中继线速率的进一步提高受到了限制。

4.1.4　分组交换面临的问题

从这些优缺点可以看出，分组交换技术对语音(电话)通信和高速数据通信(2.048 Mb/s以上)是不适应的，它难以满足对实时性要求比较高的电话和视频等业务。这是由于分组交换技术的产生背景是通信网以模拟通信为主的年代，用于传输数据的信道大多数是频分制的电话信道，这种信道的数据传输速率一般不大于 9.6 kb/s，误码率为 $10^{-4}\sim10^{-5}$。这样的误码率不能满足数据通信的要求，通过进行复杂的控制，一方面实现了信道的多路复用，同时把误码率提高到小于 10^{-11} 的水平，满足了绝大多数数据通信的要求。

随着分组交换技术的发展，其性能在不断地提高，功能在不断地完善。分组交换机的分组处理能力由初期的 100 个分组每秒发展到今天的几万个分组每秒，数据分组通过交换机的时延从几十毫秒缩短到不到 1 毫秒，分组交换机之间的中继线速率由 9.6 kb/s 提高到2.048 Mb/s。但是到了 20 世纪 90 年代，用户对数据通信网的速率提出了更高的要求，而采用现有分组交换技术的分组交换系统的能力几乎达到了极限，因此人们又开始研究新的分组交换技术。

为了进一步提高分组交换网的分组吞吐能力和传输速率，一方面要提高信道的传输能力，另一方面要发展新的分组交换技术。光纤通信技术的发展为分组交换技术的发展开辟了新的道路。光纤通信具有容量大(高速)、质量高(低误码率)等特点，光纤的数字传输误码率小于 10^{-9}，光纤数字传输系统能提供 40 Gb/s 的速率，通常提供 2 Mb/s 和 34 Mb/s 信道。在这种通信信道条件下，分组交换中逐段的差错控制、流量控制就显得没有必要，因此快速分组交换 FPS(Fast Packet Switching)技术迅速地发展起来。

快速分组交换可以理解为尽量简化协议，只具有核心的网络功能，可提供高速、高吞吐量、低时延服务的交换方式。帧中继作为快速分组交换 FPS 的一种，是在分组交换的基础上发展起来的，它对其复杂的协议进行了简化，可以更好地适应数字传输的特点，能够给用户提供高速率、低时延的业务，所以近年来得到了迅速的发展。

4.2 分组交换原理

4.2.1 统计时分复用

正如绪论中所介绍的，在数字传输中，为了提高数字通信线路的利用率，可以采用时分复用的方法。而时分复用有同步时分复用和统计时分复用两种。分组交换中采用了统计时分复用的概念，它在给用户分配资源时，不像同步时分那样固定分配，而是采用动态分配(即按需分配)，只有在用户有数据传送时才给它分配资源，因此线路的利用率较高。

分组交换中，执行统计复用功能的是具有存储能力和处理能力的专用计算机——信息接口处理机(IMP)。IMP 要完成对数据流进行缓冲存储和对信息流进行控制的功能，以解决各用户争用线路资源时产生的冲突。当用户有数据传送时，IMP 给用户分配线路资源，一旦停发数据，则线路资源另作它用。图 4.1 所示为 3 个终端采用统计时分方式共享线路资源的情况。

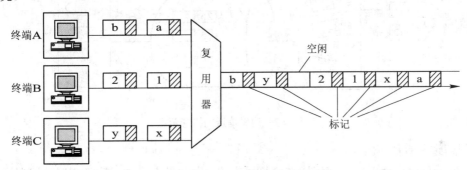

图 4.1 统计时分复用

我们来看看具体的工作过程。来自终端的各分组按到达的顺序在复用器内进行排队，形成队列。复用器按照 FIFO 的原则，从队列中逐个取出分组向线路上发送。当存储器空时，线路资源也暂时空闲，当队列中又有了新的分组时，又继续进行发送。图 4.1 中，起初 A 用户有 a 分组要传送，B 用户有 1、2 分组要传送，C 用户有 x 分组要传送，它们按到达顺序进行排队：a、x、1、2，因此在线路上的传送顺序为：a、x、1、2，然后终端均暂时无数据传送，则线路空闲。后来，终端 C 有 y 分组要送，终端 A 有 b 分组要送，则线路上又顺序传送 y 分组和 b 分组。这样，在高速传输线上，形成了各用户分组的交织传输。输出的数据不是按时间固定分配，而是根据用户的需要进行的。这些用户数据的区分不像同步时分复用那样靠位置来区分，而是靠各个用户数据分组头中的"标记"来区分的。

统计时分复用的优点是可以获得较高的信道利用率。由于每个终端的数据使用一个自己独有的"标记"，可以把传送的信道按照需要动态地分配给每个终端用户，因此提高了传送信道的利用率。这样每个用户的传输速率可以大于平均速率，最高时可以达到线路的总的传输能力。如线路总的速率为 9.6 kb/s，3 个用户信息在该线路上进行统计时分复用时的平均速率为 3.2 kb/s，而一个用户的传输速率最高时可以达到 9.6 kb/s。

统计时分复用的缺点是会产生附加的随机时延并且有丢失数据的可能。这是由于用户传送数据的时间是随机的，若多个用户同时发送数据，则需要进行竞争排队，引起排队时延；若排队的数据很多，引起缓冲器溢出，则会有部分数据被丢失。

4.2.2　逻辑信道

在统计时分复用中，虽然没有为各个终端分配固定的时隙，但通过各个用户的数据信息上所加的标记，仍然可以把各个终端的数据在线路上严格地区分开来。这样，在一条共享的物理线路上，实质上形成了逻辑上的多条子信道，各个子信道用相应的号码表示。图4.2 中在高速的传输线上形成了分别为三个用户传输信息的逻辑上的子信道。我们把这种形式的子信道称为逻辑信道，用逻辑信道号 LCN(Logical Channel Number)来标识。逻辑信道号由逻辑信道群号及群内逻辑信道号组成，二者统称为逻辑信道号 LCN。在统计复用器 STDM 中建立了终端号和逻辑信道号的对照表，网络通过 LCN 就可以识别出是哪个终端发来的数据，如图 4.2 所示。

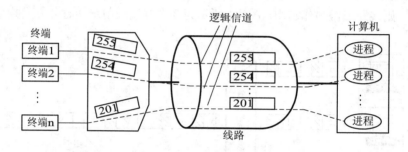

图 4.2　逻辑信道的概念示意

逻辑信道具有如下特点：

(1) 由于分组交换采用动态统计时分复用方法，因此是在终端每次呼叫时，根据当时的实际情况分配 LCN 的。要说明的是，同一个终端可以同时通过网络建立多个数据通路，它们之间通过 LCN 来进行区分。对同一个终端而言，每次呼叫可以分配不同的逻辑信道号，但在同一次呼叫连接中，来自某一个终端的数据的逻辑信道号应该是相同的。

(2) 逻辑信道号是在用户至交换机或交换机之间的网内中继线上可以被分配的、代表子信道的一种编号资源。每一段线路上，逻辑信道号的分配是独立进行的。也就是说，逻辑信道号并不在全网中有效，而是在每段链路上局部有效，或者说，它只具有局部意义。网内的节点机要负责出/入线上逻辑信道号的转换。

(3) 逻辑信道号是一种客观的存在。逻辑信道总是处于下列状态中的某一种："准备好"状态、"呼叫建立"状态、"数据传输"状态、"呼叫清除"状态。

4.2.3　虚电路和数据报

如前所述，在分组交换网中，来自各个用户的数据被分成一个个分组，这些分组将沿着各自的逻辑信道，从源点出发，经过网络达到终点。问题是：分组是如何通过网络的？分组在通过数据网时有两种方式：虚电路 VC(Virtual Circuit)方式和数据报 DG(DataGram)方式。两种方式各有其特点，可以适应不同业务的需求。

1. 虚电路方式

两终端用户在相互传送数据之前要通过网络建立一条端到端的逻辑上的虚连接，称为虚电路。一旦这种虚电路建立以后，属于同一呼叫的数据均沿着这一虚电路传送。当用户不再发送和接收数据时，清除该虚电路。在这种方式中，用户的通信需要经历连接建立、数据传输、连接拆除三个阶段，也就是说，它是面向连接的方式。

需要强调的是，分组交换中的虚电路和电路交换中建立的电路不同。不同之处在于：在分组交换中，以统计时分复用的方式在一条物理线路上可以同时建立多个虚电路，两个用户终端之间建立的是虚连接；而电路交换中，是以同步时分方式进行复用的，两用户终端之间建立的是实连接。在电路交换中，多个用户终端的信息在固定的时间段内向所复用的物理线路上发送信息，若某个时间段某终端无信息发送，其它终端也不能在分配给该用户终端的时间段内向线路上发送信息。而虚电路方式则不然，每个终端发送信息没有固定的时间，它们的分组在节点机内部的相应端口进行排队，当某终端暂时无信息发送时，线路的全部带宽资源可以由其它用户共享。换句话说，建立实连接时，不但确定了信息所走的路径，同时还为信息的传送预留了带宽资源；而在建立虚电路时，仅仅是确定了信息所走的端到端的路径，但并不一定要求预留带宽资源。我们之所以称这种连接为虚电路，正是因为每个连接只在发送数据时才排队竞争占用带宽资源。

如图 4.3 所示，网中已建立起两条虚电路，VC1：A—1—2—3—B，VC2：C—1—2—4—5—D。所有 A—B 的分组均沿着 VC1 从 A 到达 B，所有 C—D 的分组均沿着 VC2 从 C 到达 D，在 1—2 之间的物理链路上，VC1、VC2 共享资源。若 VC1 暂时无数据可送时，网络将保持这种连接，但将所有的传送能力和交换机的处理能力交给 VC2，此时 VC1 并不占用带宽资源。

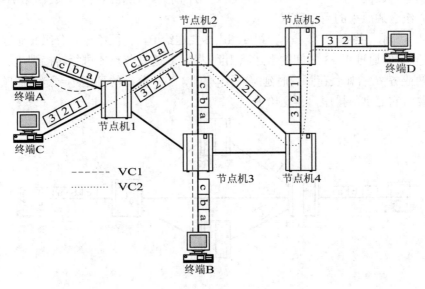

图 4.3　虚电路示意图

虚电路的特点是：

(1) 虚电路的路由选择仅仅发生在虚电路建立的时候，在以后的传送过程中，路由不再改变，这可以减少节点不必要的通信处理。

(2) 由于所有分组遵循同一路由，这些分组将以原有的顺序到达目的地，终端不需要进行重新排序，因此分组的传输时延较小。

(3) 一旦建立了虚电路，每个分组头中不再需要有详细的目的地地址，而只需有逻辑信道号就可以区分每个呼叫的信息，这可以减少每一分组的额外开销。

(4) 虚电路是由多段逻辑信道构成的，每一个虚电路在它经过的每段物理链路上都有一个逻辑信道号，这些逻辑信道级连构成了端到端的虚电路。

(5) 虚电路的缺点是当网络中线路或者设备发生故障时，可能导致虚电路中断，必须重新建立连接。

(6) 虚电路的使用场合：虚电路适用于一次建立后长时间传送数据的场合，其持续时间应显著大于呼叫建立时间，如文件传送、传真业务等。

虚电路分为两种：交换虚电路 SVC(Switching Virtual Circuit)和永久虚电路 PVC(Permanent Virtual Circuit)。

交换虚电路 SVC 是指在每次呼叫时用户通过发送呼叫请求分组来临时建立虚电路的方式。如果应用户预约，由网络运营者为之建立固定的虚电路，就不需要在呼叫时再临时建立虚电路，而可以直接进入数据传送阶段了，这种方式称之为 PVC。这种方式一般适用于业务量较大的集团用户。

2. 数据报方式

在数据报方式中，交换节点将每一个分组独立地进行处理，即每一个数据分组中都含有终点地址信息，当分组到达节点后，节点根据分组中包含的终点地址为每一个分组独立地寻找路由，因此同一用户的不同分组可能沿着不同的路径到达终点，在网络的终点需要重新排队，组合成原来的用户数据信息。

如图 4.4 所示，终端 A 有三个分组 a、b、c 要送给 B，在网络中，分组 a 通过节点 2 进行转接到达 3，b 通过 1—3 之间的直达路由到达 3，c 通过节点 4 进行转接到达 3。由于每条路由上的业务情况(如负荷量、时延等)不尽相同，三个分组的到达不一定按照顺序，因此在节点 3 要将它们重新排序，再送给 B。

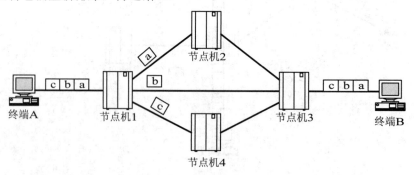

图 4.4   数据报方式示意图

数据报的特点是：

(1) 用户的通信不需要有建立连接和清除连接的过程，可以直接传送每个分组，因此对于短报文通信效率比较高；

(2) 每个节点可以自由地选路，可以避开网中的拥塞部分，因此网络的健壮性较好。对于分组的传送比虚电路更为可靠，如果一个节点出现故障，分组可以通过其它路由传送。

(3) 数据报方式的缺点是：分组的到达不按顺序，在终点各分组需重新排队；并且每个分组的分组头要包含详细的目的地址，开销比较大。

(4) 数据报的使用场合：数据报适用于短报文的传送，如询问/响应型业务等。

4.3　X.25 协议

在分组通信网中，终端设备是通过接口接入分组交换机的，因此，为了使得各种终端设备都能和不同的分组交换机进行连接，接口协议就必须标准化。在分组交换网中，这个接口上的协议为 ITU-T 的 X.25 协议。由于 X.25 协议是分组交换网中最主要的一个协议，因此，有时把分组交换网又叫做 X.25 网。

4.3.1　分层结构

X.25 建议是数据终端设备 DTE(Digital Terminal Equipment)与数据电路终接设备 DCE(Data Circuit-terminating Equipment)之间的接口协议。1976 年，ITU-T 首次通过了 X.25 协议，并于 1980 年、1984 年、1988 年多次作了修改。它为利用分组交换网的数据传输系统在 DTE 和 DCE 之间交换数据和控制信息规定了一个技术标准。

X.25 协议分为三层：物理层，链路层和分组层，分别和 OSI 的下三层一一对应，如图 4.5 所示。

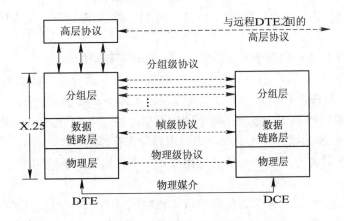

图 4.5　X.25 协议的分层结构

4.3.2　物理层

物理层定义了 DTE 和 DCE 之间建立、维持、释放物理链路的过程，包括机械、电气、功能和过程特性，相当于 OSI 的物理层。

X.25 的物理层就像是一条输送比特流的管道，它不执行重要的控制功能，控制功能主要由链路层和分组层来完成。

4.3.3　数据链路层

链路层规定了在 DTE 和 DCE 之间的线路上交换 X.25 帧的过程。链路层规程用来在物理层提供的双向的信息传送管道上实施信息传输的控制。链路层的主要功能有：

(1) 在 DTE 和 DCE 之间有效地传输数据；

(2) 确保接收器和发送器之间信息的同步；

(3) 监测和纠正传输中产生的差错；

(4) 识别并向高层协议报告规程性错误；

(5) 向分组层通知链路层的状态。

数据链路层处理的数据结构是帧。X.25 的链路层采用了高级数据链路控制规程 HDLC(High-Level Data Link Control)的帧结构，并推荐它的一个子集平衡型链路接入规程 LAPB(Link Access Procedures Balanced)作为链路层规程。它通过置异步平衡方式(SABM)命令要求建立链路。用 LAPB 建立链路只需要由两个站中的任意一个站发送 SABM 命令，另一站发送 UA 响应即可以建立双向的链路。

1. 帧结构

LAPB 的帧结构如图 4.6 所示。

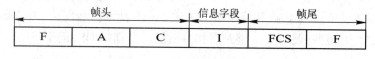

图 4.6　LAPB 的帧结构

(1) 标志 F：为帧标志，编码为 01111110。F 为帧的限定符，所有的帧都应以 F 开始和结束。

(2) 地址字段 A：由一个 8 比特组组成，表示链路层的地址。

(3) 信息字段 I：为传输用户信息而设置的，用来装载分组层的数据分组，其长度可变。在 X.25 中，长度限额一般为一个分组长度，即 128 字节或 256 字节。

(4) 帧校验序列 FCS：包含在每个帧的尾部，长度为 16 比特，用来检测帧的传送过程中是否有错。FCS 采用循环冗余码，可以用移位寄存器实现。

(5) 控制字段 C：由一个 8 比特组组成，主要作用是指示帧的类型。在 X.25 中共定义了三类帧：

① 信息帧(I 帧)：由帧头、信息字段 I 和帧尾组成。I 帧用于传输高层的信息，即在分组层之间交换的分组，分组包含在 I 帧的信息字段中。I 帧的 C 字段的第 1 个比特为"0"，这是识别 I 帧的惟一标志，第 2～8 比特用于提供 I 帧的控制信息，其中包括发送顺序号 N(S)，接收顺序号 N(R)，探寻位 P，这些字段用于链路层差错控制和流量控制。

② 监控帧(S 帧)：没有信息字段，其作用是用来保护 I 帧的正确传送。监控帧的标志是 C 字段的第 2、1 位为"01"。监控帧有 3 种：接收准备好(RR)，接收未准备好(RNR)和拒绝帧(REJ)。RR 用于在没有 I 帧发送时向对端发送肯定证实信息；REJ 用于重发请求；RNR 用于流量控制，通知对端暂停发送 I 帧。

③ 无编号帧(U 帧)：其作用不是用于实现信息传输的控制，而是用于实现对链路的建

立和断开过程的控制。识别无编号帧的标志是 C 字段的第 2、1 位为"11"。无编号帧包括：置异步平衡方式(SABM)，断链(DISC)，已断链方式(DM)，无编号确认(UA)，帧拒绝(FRMR)等。其中，SABM、DISC 分别用于建立链路和断开链路，UA 和 DM 分别为 SABM、DISC 进行肯定和否定的响应，FRMR 表示接收到语法正确但语义不正确的帧，它将引起链路的复原。

各种帧的作用见表 4.1 所示。

表 4.1 X.25 数据链路层的帧类型

分 类	名 称	缩写	作 用
信息帧	—	I 帧	传输用户数据
监控帧	接收准备好	RR	向对方表示已经准备好接收下一个 I 帧
	接收未准备好	RNR	向对方表示"忙"状态，这意味着暂时不能接收新的 I 帧
	拒绝帧	REJ	要求对方重发编号从 N(R)开始的 I 帧
无编号帧	置异步平衡方式	SABM	用于在两个方向上建立链路
	断链	DISC	用于通知对方，断开链路的连接
	已断链方式	DM	表示本方已与链路处于断开状态，并对 SABM 做否定应答
	无编号确认	UA	对 SABM 和 DISC 的肯定应答
	帧拒绝	FRMR	向对方报告出现了用重发帧的办法不能恢复的差错状态，将引起链路的复原

2. 链路操作过程

数据链路层的操作分为三个阶段：链路建立，帧的传输和链路断开。

1) 链路建立

DTE 通过发送连续的标志 F 来表示它能够建立数据链路。

原则上，DTE 或 DCE 都可以启动数据链路的建立，但一般是由 DTE 在接入时启动的。在开始建立数据链路之前，DCE 或 DTE 都能够启动链路断开过程，以确保双方处于同一阶段。DCE 还能主动发起 DM 响应帧，要求 DTE 启动链路建立过程。

这里以 DTE 发起过程为例来说明链路建立的过程。如图 4.7 所示，DTE 通过向 DCE 发送置异步平衡方式 SABM 命令启动数据链路建立过程，DCE 接收到后，如果认为它能够进入信息传送阶段，它将向 DTE 回送一个 UA 响应帧，则数据链路建立成功；DCE 接收到后，如果它认为不能进入信息传送阶段，它将向 DTE 回送一个 DM 响应帧，则数据链路未建立。

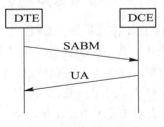

图 4.7 链路建立的过程

链路建立的过程如图 4.7 所示。

2) 帧的传输

当链路建立之后，就进入信息传输阶段，即在 DTE 和 DCE 之间交换 I 帧和 S 帧。I 帧的传输控制是通过帧的顺序编号和确认、链路层的窗口机制和链路传输计时器等功能来实现的。具体实现过程不再详细介绍，有兴趣的读者请参阅 X.25 的协议。

3) 链路断开过程

链路断开过程是一个双向的过程,可由任意方发起。这里以 DTE 发起为例来说明链路断开的过程。若 DTE 要求断开链路,它向 DCE 发送 DISC 命令帧,若 DCE 原来处于信息传输阶段,则用 UA 响应帧确认,即完成断链过程;若 DCE 原来已经处于断开阶段,则用 DM 响应帧确认。

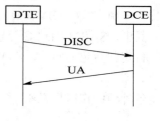

图 4.8　链路断开的过程

链路断开的过程如图 4.8 所示。

4.3.4　分组层

X.25 的分组层利用链路层提供的服务在 DTE—DCE 接口上交换分组。它将一条数据链路按统计时分复用的方法划分为许多个逻辑信道,允许多台计算机或终端同时使用,以充分利用数据链路的传输能力和交换机资源,实现通信能力和资源的按需分配。

在分组层,交换机要为用户提供交换虚电路(SVC)和永久虚电路(PVC),并为每次呼叫提供一个逻辑信道,进行有效的分组传输,包括顺序编号,分组的确认和流量控制过程等。

1. 分组格式

X.25 的分组层定义了每一种分组的类型和功能。分组的格式如图 4.9 所示,它由分组头和分组数据两部分组成。

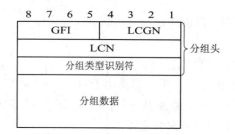

图 4.9　X.25 的分组格式

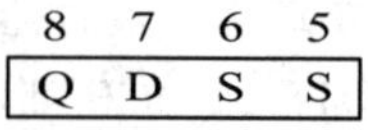

```
8 7 6 5
Q D S S
```

图 4.10　分组头 GFI 的格式

(1) 通用格式识别符 GFI:包含 4 bit,它为分组定义了一组通用功能。GFI 的格式如图 4.10 所示。其中,Q 比特用来区分传输的分组包含的是用户数据还是控制信息,Q=0 时为用户数据,Q=1 时为控制信息。D 比特用来区分数据分组的确认方式,D=0 表示数据分组由本地确认(在 DTE—DCE 接口上确认),D=1 表示数据分组进行端到端(DTE—DTE)确认。SS=01 表示按模 8 方式工作,SS=10 表示按模 128 方式工作。

(2) 逻辑信道群号 LCGN 和逻辑信道号 LCN:共 12 bit,用于区分 DTE—DCE 接口上许多不同的逻辑信道。X.25 分组层规定一条数据链路上最多可分配 16 个逻辑信道群,各群用 LCGN 区分;每群内最多可有 256 条逻辑信道,用信道号 LCN 区分。除了第 0 号逻辑信道有专门用途外,其余 4095 条逻辑信道均可分配给虚电路使用。

(3) 分组类型识别符:共 8 bit,用来区分各种不同的分组。X.25 的分组层共定义了 4 大类 30 个分组。分组类型如表 4.2 所示。

表 4.2　X.25 定义的分组类型

类　型		DTE→DCE	DCE→DTE	功　能
呼叫建立分组		呼叫请求 呼叫接受	入呼叫 呼叫连接	在两个 DTE 之间建立 SVC
数据传送 分组	数据分组	DTE 数据	DCE 数据	两个 DTE 之间传送用户数据
	流量控制分组	DTE　RR DTE　RNR DTE　REJ	DCE　RR DCE　RNR	流量控制
	中断分组	DTE 中断 DTE　中断证实	DCE 中断 DCE 中断证实	加速传送重要数据
	登记分组	登记请求	登记证实	申请或停止可选业务
恢复分组	复位分组	复位请求 DTE 复位证实	复位指示 DCE 复位证实	复位一个 SVC
	重启动分组	重启动请求 DTE 重启动证实	重启动指示 DCE 重启动证实	重启动所有 SVC
	诊断分组	—	诊断	诊断
呼叫清除分组		清除请求 DTE 清除证实	清除指示 DCE 清除证实	释放 SVC

2．分组层处理过程

分组层定义了 DTE 和 DCE 之间传输分组的过程。

如前所述，X.25 支持两类虚电路连接：交换虚电路(SVC)和永久虚电路(PVC)。SVC 要在每次通信时建立虚电路，而 PVC 是由运营商设置好的，不需要每次建立。因此，对于 SVC 来说，分组层的操作包括呼叫建立、数据传输、呼叫清除三个阶段；而对于 PVC 来说，只有数据传输阶段的操作，无呼叫建立和清除过程。

1) SVC 的呼叫建立过程

正常的呼叫建立过程如图 4.11 所示。当主叫 DTE1 想要建立虚呼叫时，它就在至交换机 A 的线路上选择一个逻辑信道(图中为 253)，并发送呼叫请求分组，如表 4.3 所示。该"呼叫请求"分组中包含了可供分配的高端 LCN 和被叫 DTE 地址。

表 4.3 中，前三个字节为分组头，GFI、LCGN、LCN 的意义如前所述，第三个字节即分组类型识别符为 00001011，表示这是一个呼叫请求分组。在数据部分包含有详细的被叫 DTE 地址和主叫 DTE 地址。

表 4.3　呼叫请求分组的格式

GFI				LCGN			
LCN							
0	0	0	0	1	0	1	1
主叫 DTE 地址长度				被叫 DTE 地址长度			
被叫 DTE 地址							
被叫 DTE 地址				0	0	0	0
主叫 DTE 地址							
主叫 DTE 地址				0	0	0	0
其它信息							

　　源端交换机 A 收到 DTE1 送来的呼叫请求分组后，要根据被叫 DTE 的地址判断被叫 DTE 所连接的终端交换机 C，然后查 A 的路由表选择去往终端交换机 C 的路由。假设选择的路由要经过交换机 B 进行转接，则交换机 A 将该呼叫请求分组转换成网络内部规程格式，转发至交换机 B，然后再通过交换机 B 传送到终端交换机 C。为了理解容易，这里我们假设网络内部也采用 X.25 协议进行虚电路连接。这样，每个交换机进行路由选择后，都要选择一个逻辑信道将该分组传送到下一交换机或被叫终端。由于每一段线路上所选择的 LCN 并不相同，因此每个交换机中要建立一张转发表，表示入端 LCN 和出端 LCN 之间的映射关系。图 4.11 中表(a)、(b)、(c)分别是交换机 A、B、C 中建立的转发表。表(a)表示从入端口 DTE1 的 253 号逻辑信道来的信息要转发至出端口 B 交换机的 20 号逻辑信道，表(b)表示了从入端口交换机 A 的 20 号逻辑信道来的信息要转发至出端口交换机 C 的 78 号逻辑信道，此时终端交换机 C 再将网络规程格式的呼叫请求分组转换为入呼叫分组，并选择一个逻辑信道发送给被叫 DTE2。表(c)则表示了从入端口交换机 B 的 78 号逻辑信道来的信息要通过 10 号逻辑信道发送至被叫 DTE2。

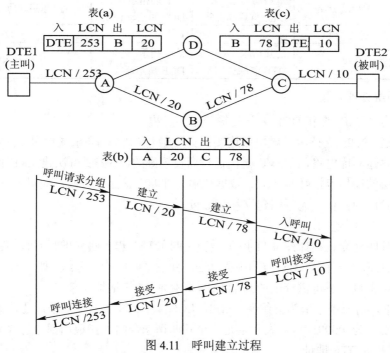

图 4.11　呼叫建立过程

　　若被叫 DTE2 可以接受呼叫，则向交换机 C 发送"呼叫接受"分组，表示同意建立虚电路，该分组中的 LCN 必须与"入呼叫"分组中的 LCN(10)相同。交换机 C 接收到"呼叫接受"分组之后，通过网络规程传送到交换机 B，交换机 B 再送给交换机 A，交换机 A 发送呼叫连接分组到主叫 DTE1，此呼叫连接分组中的 LCN 与呼叫请求分组中的 LCN(253)相同。主叫 DTE 接收到呼叫连接分组之后，表示主叫 DTE 和被叫 DTE 之间的虚电路已经建立。此时，可以进入数据传输阶段。

　　2) 数据传输阶段

　　当主叫 DTE 和被叫 DTE 之间完成了虚呼叫的建立之后，就进入了数据传输阶段，DTE 和 DCE 对应的逻辑信道就进入数据传输状态。此时，在两个 DTE 之间交换的分组包括数据分组、流量控制分组和中断分组。

　　无论是 PVC，还是 SVC，都有数据传输阶段。在数据传输阶段，交换机的主要作用是逐个转发分组。由于虚电路已经建立，属于该虚电路的分组将顺序沿着这条虚电路进行传输，此时分组头中将不再需要包含目的地的详细地址，而只需要有逻辑信道号即可。在每个交换节点上，要将分组进行存储，然后进行转发。转发是指根据分组头中的 LCN 查相应的转发表，找到相应的出端口和出端的 LCN，用该 LCN 替换分组头中的入端口 LCN，然后将分组在指定的出端口进行排队，等到有空闲资源时，将分组传送至线路上。

　　3) SVC 的呼叫清除过程

　　在虚电路任何一端的 DTE 都能够清除呼叫。呼叫清除过程将导致与该呼叫有关的所有网络信息被清除，所有网络资源被释放。

　　呼叫清除的过程如图 4.12 所示。主叫 DTE1 发送清除请求分组给交换机 A，再通过网络到达交换机 C，交换机 C 发清除指示分组给被叫 DTE2，被叫 DTE2 用清除证实分组予以响应。该清除证实分组送到交换机 C，再通过网络传到交换机 A，交换机 A 再发送清除证实到主叫 DTE1。完成清除协议之后，虚呼叫所占用的所有逻辑信道都被释放。

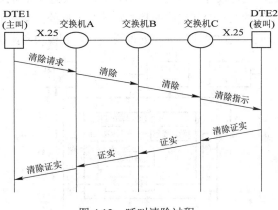

图 4.12　呼叫清除过程

4.4　分组交换机

4.4.1　分组交换机在分组网中的作用

　　分组交换机是分组网中的核心设备，在虚电路和数据报两种方式下，交换机的作用有所不同。

1. 虚电路方式下分组交换机的作用

　　单从交换的角度看，在虚电路方式下，分组交换机的主要作用有两个：

　　(1) 路由选择。呼叫建立阶段，分组交换机要按照用户的要求进行路由选择，在源点和终点的用户终端设备之间建立起一条虚电路，在这个虚电路所经过的每段链路上，都有一个逻辑信道来传送属于该虚电路的信息。因此，在选择路由的同时，交换机内部要建立起一张出/入端与逻辑信道号之间的映射关系，即转发表，以便属于该虚电路的分组均沿着同一条虚电路到达终点。在呼叫拆除阶段，交换机要负责拆除虚电路，释放每段链路上的逻辑信道资源。

　　(2) 分组的转发，即按转发表进行转发分组。在信息传输阶段，交换机要按照转发表中的映射关系，把某一入端逻辑信道中送来的分组信息转发到对应的出端，进行排队，当出端口有相应的带宽时，在对应的逻辑信道中转发出去。

2. 数据报方式下分组交换机的作用

数据报方式下不需要进行连接建立和连接拆除的过程，只有信息的传送过程。此时，每个交换机对来自用户的每个分组都要进行路由的选择。一旦选好路由，就将该分组直接进行转发，而不需要转发表。当下一分组到来时，再重新进行路由选择。

4.4.2　分组交换机的功能结构

由于 ITU-T 只对分组交换网和终端之间的互连方式作了规范，而对网内的设备如交换机之间的协议并未作规范，因此各个厂家的内部协议并不统一，生产的分组交换机也是多种多样，不尽相同，但其完成的基本功能是一样的。从功能上讲，分组交换机一般由 4 个主要功能部件组成：接口模块、分组处理模块、控制模块和维护操作与管理模块，如图 4.13 所示。

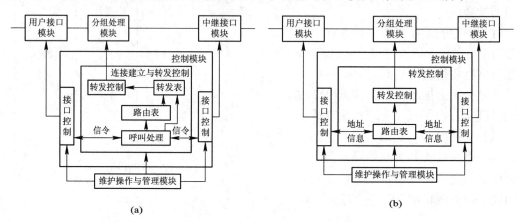

图 4.13　分组交换机的功能结构

(a) 虚电路方式；(b) 数据报方式

1. 接口功能模块

接口功能模块负责分组交换机和用户终端之间或与其它交换机之间的互连，包括中继接口模块和用户接口模块。接口功能模块完成接口的物理层功能，定义了用户线和中继线接入分组交换机时的物理接口，包括机械、电气、功能、规程等特性。

分组交换机中常用的物理接口包括 ITU-T 的 X.21、X.21 bis、V.24 等。X.21 是一种高速物理层接口，可以支持高达 10 Mb/s 的链路速率，适用于全数字网。X.21 bis 和 V.24 兼容，两者的电气接口都采用 V.28，即著名的 RS-232，可以支持直至 19.2 kb/s 的链路速率。

2. 分组处理模块

分组处理模块的主要任务是实现分组的转发。在采用虚电路和数据报的情况下处理稍有不同。

在数据报情况下，分组处理模块将从接口上送来的分组按照分组头上的目的地址进行路由选择后，从另一接口转发出去。

若采用虚电路方式，在信息传输阶段，分组处理模块将从接口上送来的分组按照分组头上的逻辑信道号按转发表的要求从另一接口转发出去。此时交换模块对接收到的分组进行严格的检查，交换机中保存每一个虚呼叫的状态，据此检查接受的分组是否和其所属呼叫的状态相容,这样可以对分组进行流量控制。

3．控制模块

控制模块完成对分组处理模块和接口模块的控制。控制模块的作用主要有两个:

(1) 连接建立与转发控制。在虚电路和数据报的情况下,处理稍有不同:

● 对于虚电路方式:如图 4.13(a)所示,在呼叫建立阶段,控制模块根据用户的呼叫要求(信令信息)进行呼叫处理,并根据路由表进行路由选择,以建立虚电路并生成转发表;而在信息传输阶段,要按照转发表,控制分组的转发过程。

● 对于数据报方式:只有信息传输阶段,如图 4.13(b)所示,交换机根据分组头的地址信息查询路由表,直接将分组进行转发,不需要进行呼叫处理和生成转发表。

(2) 接口控制。完成 X.25 链路层的功能,如差错控制和流量控制。在 X.25 中,数据链路层要进行逐段链路上的差错控制和流量控制,这是靠 I 帧和 S 帧的 C 字段中的发送顺序号 N(S)、接收顺序号 N(R)、探寻/最终位 P/F 等进行的,包括帧的确认、重发机制、窗口机制等控制措施;在分组层,要对每条虚电路进行差错控制和流量控制,其控制机理与链路层相似,但控制的层次不同。

4．维护操作与管理模块

该模块完成对分组交换机各部分的维护操作和管理功能。

4.4.3　分组交换机的指标体系

衡量一个分组交换机的性能指标主要有以下几种:

(1) 分组吞吐量:表示每秒通过交换机的数据分组的最大数量。在给出该指标时,必须指出分组长度,通常为 128 字节/分组。一般小于 50 分组/秒的为低速率交换机,50～500 分组/秒的为中速率交换机,大于 500 分组/秒的为高速率交换机。

分组吞吐量常用业务量发生器测试。业务量发生器与分组交换机的两个端口分别相连,一个用于发送,另一个用于接收。在分组交换机的处理能力达到极限之前的最大分组发送速率即为分组交换机的分组吞吐量。

(2) 链路速率:指交换机能支持的链路的最高速率。一般小于 19.2 kb/s 的为低速率链路,19.2～64 kb/s 的为中速率链路,大于 64 kb/s 为高速率链路。

(3) 并发虚呼叫数:指的是交换机可以同时处理的虚呼叫数。

(4) 平均分组处理时延:指的是将一个数据分组从输入端口传送至输出端口所需的平均处理时间。在给出该指标时也必须指出分组长度。

(5) 可靠性:包括硬件可靠性和软件可靠性。可靠性用平均故障间隔时间 MTBF 来表示。

(6) 可利用度:指的是交换机运行的时间比例,它与硬件故障的平均修复时间及软件故障的恢复时间有关。平均故障修复时间 MTTR 是指从出现故障开始到排除故障,网络恢复正常工作为止的时间。可用性 A 可以用平均故障间隔时间 MTBF 和平均故障修复时间 MTTR 来表示:

$$A = \frac{\text{MTBF}}{\text{MTBF} + \text{MTTR}}$$

(7) 提供用户可选补充业务和增值业务的能力：指交换机给用户提供的业务除基本业务外，还能提供哪些供用户可选的补充业务和增值业务。

4.4.4　DPN-100 型分组交换机

我国分组交换骨干网 CHINAPAC 统一使用北方电讯的 DPN-100 分组交换机，因此下面以 DPN-100 为例来介绍典型的分组交换机。

1．DPN-100 的技术特点

DPN-100 的技术特点包括：

(1) 模块化的网络结构。DPN-100 分组交换机采用模块化结构。其中，中、小型交换机是由两种标准模块组成的：接入模块 AM 和资源模块 RM。而大型分组交换机采用 5 种模块，除 AM、RM 之外，还有中继线模块 TM、网络链路模块 NLM 和 DMS 总线。

(2) 智能化的路由选择方法。DPN-100 分组交换机在内部无连接子网的基础上，在接口处使用虚电路提供了可靠的路由机制。

(3) 广泛的用户接入业务和规程。DPN-100 分组交换机支持非常广泛的规程进网，并提供一个资源共享的通信环境，将各种不同种类的数据通信设备连接到一起。

(4) 功能完善的网络管理。DPN-100 有一个非常全面的网络管理系统，它可以在提供高度可靠和使用方便的网络业务的同时，满足网络运行上的管理要求，包括网络故障管理、性能管理、配置管理、安全管理和计费管理等。

2．DPN-100 交换机的结构

如前所述，DPN-100 交换机属于模块化设计，它由各种不同作用的模块构成。如图 4.14 所示，AM(Access Module)和 RM(Resource Module)是构成网络的两种基本模块。AM 连接用户到网络，即它们提供 DTE 的接入功能，完成物理层接口和链路层接口功能。RM 连接 AM 到网络的其它部分，并提供数据网络中与分组传送有关的各种功能。

如图 4.14 所示，网络链路(network links)将 AM 连接到网络，可能是将一个 AM 连到一个 RM 上，也可能是将一个 AM 连到另一个 AM 上。对于后一种情况，AM 组成了一个子网或群集 (cluster)。 RM 通过中继线(trunk)连接到其它 RM，用户通过用户线(line)接入 AM。用户线的速率可达 64 kb/s，链路的速率可达 256 kb/s，中继线的速率可达 2.048 Mb/s。

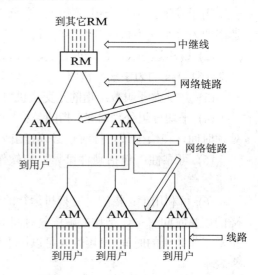

图 4.14　DPN-100 分组交换机的结构

1) 接入模块 AM

AM 为用户接入线路和 DPN-100 网络之间提供接口，一个 AM 可以连接 200 多条用户线。用户设备可能包括：主机；连接到多个用户终端的复用设备和控制器；单个用户终端或个人计算机；银行自动设备；局域网(LAN)等。

AM 提供连接用户的接口，包括一个连接器和物理电路以及相关的协议。AM 的功能包括：

(1) 协议支持：DPN-100 的 AM 可支持 ITU-T 建议的以下协议：X.25，X.32(PSTN)，X.75 网关，X.3/X.28/X.29，X.31(ISDN)，帧中继接入等；

(2) 数据集中：通常在用户接入线路上的数据流量是不连续的，它以突发形式到达。AM 把来自多个接入线路的数据分组集中到少数几条长距离电路上，以降低长距离电路的费用。数据集中是 AM 提供的最重要的功能之一。

(3) 本地交换：当主/被叫两条通信线路连接到同一个 AM 上时，AM 可独立完成本地数据交换，但用户之间数据交换电路的确定必须由 RM 模块完成。本地交换也可在 AM 群集范围内使用。在一个群集范围内，数据可以从一个 AM 发送给下一个 AM。

(4) 虚电路控制：是指源节点和终节点的 AM 在呼叫建立阶段建立起的关于该虚电路的联系。若干条虚电路共享同样的中继线路群、网络链路群和接入线路群，虚电路两端的 AM 负责虚电路控制，以便使网络内部数据可以绕过故障或负荷过重的设备。这种控制功能和数据自动迂回路由对于用户来说是透明的。

(5) 其它功能：AM 还要执行一些其它的功能，包括速率匹配、分组的组装和拆卸以及网络链路的负载平衡等。

2) 资源模块 RM

DPN-100 的 RM 通过网络链路与 AM 连接，同时 RM 通过中继线与网络中的其它 RM 连接，主要提供分组转发和呼叫路由选择功能。

RM 执行以下功能：

(1) 分组转发；

(2) 呼叫建立；

(3) 中继线控制；

(4) 网络链路和中继线的负载平衡；

(5) 分布式网络管理。

3) 模块构成

如图 4.15 所示，AM 和 RM 具有相似的结构，但配有不同的软件，执行不同的功能。它们都由标准电路板——处理器单元(PE)和外围接口(PI)构成，多处理机之间由双公共总线相连接，并配有公共存储器和磁盘等。

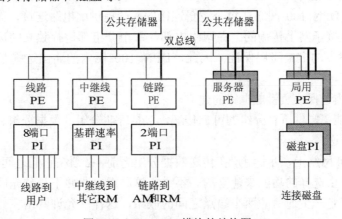

图 4.15 AM、RM 模块的结构图

处理器单元 PE 是模块内驱动处理过程的"发动机",它提供运行软件的处理能力,支持由各个模块执行的多种功能。一个 PE 是一个单板微机,包括一个 80286 或 80386 处理器,EPROM,本地存储器,通用总线接口,外围总线接口等。

在 PE 电路板中装入不同的软件可以执行不同的功能,例如,局用 PE(OFFICE PE)负责将软件和数据装入模块,提供相应的路由信息和与网络管理系统的接口。每一个模块都由它自己的 OFFICE PE 去控制,在每个模块中有两个 OFFICE PE,当一个发生故障时,另一个接替它的工作。另一种是服务器 PE(Server PE),它用于提供网络服务,安装在 RM 或 AM 中。Server PE 的主要功能是在呼叫建立时完成用户地址到路由标识的转换。

所有支持通信线路的 PE 都通过外围接口(PI)电路板实现与线路的物理连接。PI 是在 PE 和其它设备间提供物理接口的电路板,不同的 PI 可以支持不同的物理接口和通信规程。每个 PE 至多可以与 4 个 PI 相连。PI 可以向网络、网络链路、中继线、磁盘等提供物理接口。

3. 软件系统

DPN-100 的软件是用分层结构来建立的,它提供了抽象的多个层次。从低到高依次为:核心程序、无连接子网层、虚电路层、应用层。

DPN-100 软件的最低层是核心程序,它是与硬件关系最紧密的部分,包括操作系统,提供产生进程和传送报文的基本功能。核心程序在硬件层之上提供了一个"友好的环境"。

DPN-100 的网络采用了"网内数据报、接口虚电路"的方式,即它的网络内采用无连接的数据报方式,而在接口上采用了 X.25 的虚电路方式。内部网络称为子网。子网层使用网络链路和中继线,并与路由选择策略结合,通过无连接子网提供网络内的进程之间的通信。

虚电路层支持两个进程之间的分组数据流,并提供流量控制和差错恢复等功能。

应用层提供终端用户服务,如 X.25 或 SNA 协议。

DPN-100 网络支持的各种功能是由在 PE 上运行的软件实现的,包括局用(Office)软件、网络链路和中继线软件、服务器软件、接入规程软件和网络管理软件等。

4. 交换机功能

1) 路由选择功能

如前所述,DPN-100 网络在每个逻辑连接的两端提供虚电路连接,而在网络内部,分组是在一个无连接子网上传输的。在网络内部,每个分组都进行独立的选路,而分组的顺序性则由网络终点的虚电路层保证。因此,DPN-100 网内的路由选择是在两个级别上进行的:

● 呼叫路由选择:负责虚电路的建立。

● 转发功能:提供所有分组的可靠传送,包括呼叫分组、数据分组、控制分组和帧中继业务的可靠传送。

在 DPN-100 网络上,两个用户在传送数据分组之前,必须在它们之间建立一条虚电路。这是利用呼叫路由选择的功能来建立的。不过,这种虚电路并不是预先确定通过网络的一条通路,而是确定产生通信的两个端点之间的联系,这样就允许网络在数据传输阶段为每个分组独立地确定通路。如果网络设备发生故障或者发生网络拥塞,网络可以自动寻找新的数据路由，绕过故障部分。也就是说，DPN-100 通过使用两层路由选择机制来选择路由，这样就综合了虚电路的优点和数据报无连接传输的可靠性。

(1) 呼叫路由选择是指在两个终端之间建立虚电路。为了建立一条虚电路，主叫 DTE 发信号给与它相连的 AM，该信号中包括了被叫终端的数据网络地址(DNA)。AM 通过一个网络链路向 RM 发送呼叫请求分组，呼叫请求中包含了被叫 DTE 的地址。RM 将呼叫请求分组传送到一个称作源呼叫路由器的服务器(Server PE)上，源呼叫路由器决定连接被叫 DTE 的应该是哪一个 RM，并将目的 RM 的标识符 RID(Resource Identifier) 放入呼叫请求分组头中，然后将该分组回送给 RM。RM 用路由表和分组头内的 RID 将该分组传递到通往目的 RID 路由上的下一个 RM 中去。下一节点重复这个过程，直到将该呼叫请求分组送到目的 RM。

当呼叫请求分组到达目的 RM 时，它仍然包含终点 DTE 的地址。RM 将呼叫请求分组传递到目的呼叫路由服务器(Server PE)，由它决定被叫 DTE 连接到哪一个 AM 上。目的呼叫路由器将目的 AM 的标识符 MID(AM Identifier)放入呼叫请求分组头中，然后将该分组回送给 RM。RM 利用路由表和分组头中的 MID，通过网络链路将分组送到目的 AM。

当呼叫分组到达目的 AM 时，它仍然包含被叫地址，AM 将使用路由表查到与地址相符的用户线 PE，在 PE 上产生一个虚电路进程来支持呼叫，该进程的标识符为 PID(Process Identifier)。AM 向被叫 DTE 发送入呼叫分组。被叫 DTE 响应后，AM 利用网络向主叫回送一个呼叫接受分组，该呼叫接受分组中包含了被叫 DTE 的 RID、MID 和 PID。

一旦呼叫建立，主叫虚电路进程就知道了被叫 DTE 的 RID、MID 和 PID，用户数据分组按照 DPN-100 分组格式改装后，在网络内以数据报方式进行交换、传输，最后到达终点。

(2) 分组的转发。DPN-100 采用无连接子网来传输分组，因此在每一个分组传输时，网络内部是独立选路的。DPN-100 使用分布式最短路径算法为每一个分组选择路由，进行转发。它能容忍中间设备的故障和拥塞，即使出现了故障和拥塞情况，它仍然能准确快速地传递分组。

2) 网络管理功能

DPN-100 网络具有一个非常完整的网络管理系统 DPN-NMS(Network Management System)，它可以在提供高度可靠且使用方便的网络业务的同时，满足网络运行上的管理要求。它采用电信管理网 TMN 的结构对网络进行管理，其提供的主要管理功能如下：

(1) 网络故障管理：提供对网络设备故障的快速响应和预防性维护能力。DPN-100 网络的故障管理能力包括：跟踪和诊断故障、测试网络设备和部件、故障原因提示和对故障的查询及修复。

(2) 网络配置管理：生成用户端口，定义和管理网络拓扑结构、网络软件、硬件配置和网络业务类型，并对它们进行动态控制。

(3) 网络性能管理：收集和分析网络中数据流的流量、速率、流向和路径的信息。

(4) 网络计费管理：收集有关网络资源使用的信息，用于网络的规划、预算，并提供用户记账处理系统所需的计费数据。

(5) 网络安全管理：建立、保持和加强网络访问时所需的网络安全级别和准则。

4.5　帧中继技术

从前面叙述可知，分组交换采用 ITU-T X.25 协议，其协议控制复杂，要逐段进行链路上的差错控制、流量控制，因此分组交换机的处理速度慢，时延较大，不能很好地满足实时性业务的需要。这是由于 X.25 产生的时代是模拟通信占主导作用的时代，模拟传输的特点是误码率高，线路带宽小，因此要采用复杂的差错控制和流量控制机制来保证数据传输的可靠性。

帧中继 FR(Frame Relay)技术的出现反映了用户应用要求、数据通信和传输设备方面的更新。从用户应用要求方面来看，通过局域网 LAN 连接的智能个人计算机和工作站的应用越来越广泛。这种应用的主要特性之一是要求高的传输速率，而不是传输信息量的大小，其目的是要获得短的响应时间，通常要求在 LAN 之间具有 1.544 Mb/s 或 2.048 Mb/s 的速率，有时也采用 64 kb/s 的速率。在未采用帧中继技术之前，这种要求一般是用专线满足的。LAN 和 LAN 之间通信的另一个特性是信息传输的突发性，也就是说在信息传输过程中常常有很长的空闲时间，即使是图形或图像信息的传输也具有突发信息量的特性，这样，使得为了满足系统响应时间而使用的昂贵的高速线路的利用率很低。而帧中继技术可以给用户提供高速率、高吞吐量、低时延的业务，满足用户实时性业务、宽带业务的需要。从数据通信和传输设备方面来看，现代的通信系统中，已大量地使用了光纤来进行传输，光纤的误码率非常低(达到 10^{-9} 以下)，同时由于采用了先进的复用技术，带宽也非常宽，因此，逐段链路的差错控制和流量控制机制显得就不那么必要了，可以将其简化，以加快交换机的处理速度。

所有这些，都促进了帧中继技术的发展。帧中继主要应用在广域网 WAN 中，支持多种数据业务，如局域网互连、计算机辅助设计、计算机辅助制造、文件传送、图像查询业务、图像监视等。

4.5.1　帧中继的基本原理及技术特点

帧中继是在 OSI 参考模型第二层(数据链路层)的基础上采用简化协议传送和交换数据的一种技术，由于第二层的数据单元为帧，故称之为帧中继。它是 X.25 分组网在光纤传输、用户终端日益智能化的条件下的发展。它仅完成物理层和链路层核心层的功能，而将流量控制、纠错等复杂的控制交给智能终端去完成，大大简化了节点机之间的协议。

1. 帧中继的协议模型

帧中继的协议结构如图 4.16 所示。

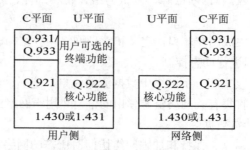

图 4.16　帧中继的协议结构

帧中继包括两个操作平面：
- 控制平面(C-plane)：用于建立和释放逻辑连接，传送并处理呼叫控制消息；
- 用户平面(U-plane)：用于传送用户数据和管理信息。

1) 控制平面

控制平面(简称 C 平面)包括三层。第 3 层规范使用 ITU-T 的建议 Q.931/Q.933 定义了帧中继中的信令过程，提供永久虚连接 PVC 业务的管理过程，交换虚连接 SVC 业务的呼叫建立和拆除过程。第 2 层的 Q.921 协议是一个完整的数据链路协议——D 信道链路接入规程 LAPD(Link Access Procedures on the D-channel)，它在 C 平面中为 Q.931/ Q.933 的控制信息提供可靠的传输。C 平面协议仅在用户和网络之间操作。

2) 用户平面

用户平面(简称 U 平面)使用了 ITU-T Q.922 协议，即帧方式链路接入规程 LAPF(Link Access Procedures to Frame Mode Bearer Services)，帧中继只用到了 Q.922 中的核心部分，称为 DL-Core。

3) Q.922 中核心部分(DL-Core)的功能

DL-Core 的功能包括：

(1) 帧定界、同步和透明传输；

(2) 用地址字段实现帧多路复用和解复用；

(3) 对帧进行检测，确保 0 比特插入前/删除后的帧长是整数个字节；

(4) 对帧进行检测，确保其长度不致于过长或过短；

(5) 检测传输差错，将出错的帧舍弃(帧中继中不进行重发)；

(6) 拥塞控制。

作为数据链路层的子层，U 平面的核心功能(DL-Core)只提供无应答的链路层数据传输帧的基本服务，提供从一个用户到另一个用户传送数据链路帧的基本功能。

2. 帧中继的帧格式

在帧中继接口(用户线接口和中继线接口)，ITU-T Q.922 核心功能所规定的帧中继的帧格式如图 4.17 所示。

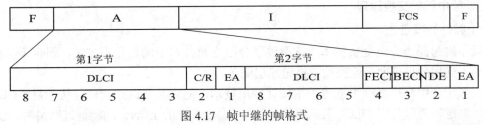

图 4.17 帧中继的帧格式

可以看出，帧中继的帧格式和 LAPB 的格式类似，最主要的区别是帧中继的帧格式中没有控制字段 C。帧格式中各字段的含义如下：

1) 标志字段 F

标志字段是一个 01111110 的比特序列，用于帧同步、定界(指示一个帧的开始和结束)。

2) 地址字段 A

地址字段一般为 2 字节，也可扩展为 3 或 4 字节，用于区分不同的帧中继连接，实现帧的复用。当地址字段为 2 个字节时，其结构如表 4.4 所示。

表 4.4　地址字段的格式

DLCI(高阶比特)			C/R	EA0
DLCI(低阶比特)	FECN	BECN	DE	EA1

(1) 数据链路连接标识符 DLCI(Data Link Connection Identifier)：当采用 2 字节的地址字段时，DLCI 占 10 位，其作用类似于 X.25 中的 LCN，用于识别 UNI 接口或 NNI 接口上的永久虚连接、呼叫控制或管理信息。其中，DLCI=16～1007 共 992 个地址供帧中继使用，在专设的一条数据链路连接(DLCI＝0)上传送呼叫控制消息，其它值保留或用于管理信息。与 X.25 的逻辑信道号 LCN 相似，对于标准的帧中继接口，DLCI 只有局部(或本地)意义。

(2) 命令/响应(C/R)：命令/响应与高层应用有关，帧中继本身并不使用，它透明通过帧中继网络。

(3) 扩展地址 EA：当 EA 为 0 时，表示下一个字节仍为地址字段；当 EA 为 1 时，表示下一个字节为信息段的开始。依照此法，地址字段可扩展为 3 字节或 4 字节。

(4) 正向显式拥塞通知 FECN：用于帧中继的拥塞控制，用来通知用户启动拥塞控制程序。若某节点将 FECN 置为 1，则表明与该帧同方向传输的帧可能受到网络拥塞的影响产生时延。

(5) 反向显式拥塞通知 BECN：若某节点将 BECN 置为 1，即指示接收端，与该帧相反方向传输的帧可能受网络拥塞的影响产生时延。

(6) 丢弃指示 DE：用于帧中继网的带宽管理。若 DE 为 1，则表明网络发生拥塞时，为了维持网络的服务水平，该帧与 DE 为 0 的帧相比应先丢弃。

3) 信息字段

用户数据应由整数个字节组成。帧中继网允许用户数据长度可变，最大长度可由用户与网络管理部门协商确定，最小长度为 1 个字节。

4) 帧校验序列 FCS

帧校验序列 FCS 为一个 16 bit 的序列，用来检查帧通过链路传输时是否有差错。

3．帧中继的交换原理

1) 帧的转发过程

帧中继起源于分组交换技术，它取消了分组交换技术中的数据报方式，而仅采用虚电路方式，向用户提供面向连接的数据链路层服务。

类似于分组交换，帧中继也采用统计复用技术，但它是在链路层进行统计复用的，这些复用的逻辑链路是用 DLCI 来标识的。类似于 X.25 中的 LCN，当帧通过网络时，DLCI 并不指示目的地址，而是标识用户和网络节点以及节点与节点之间的逻辑虚连接。帧中继中，由多段 DLCI 的级连构成端到端的虚连接(X.25 中称为虚电路)，可分为交换虚连接 SVC 和永久虚连接 PVC。由于标准的成熟程度，用户需求以及产品情况等原因，目前在网中只提供永久虚电路业务。无论是 PVC 还是 SVC，帧中继的虚连接都是通过 DLCI 来实现的。

当帧中继网只提供 PVC 时，每一个帧中继交换机中都存在 PVC 转发表，当帧进入网络时，帧中继通过 DLCI 值识别帧的去向。其基本原理与分组交换过程类似，所不同的是：帧中继在链路层实现了网络(线路和交换机)资源的统计复用，而分组交换(X.25)是在分组层实现统计时分复用的。帧中继中的虚连接是由各段的 DLCI 级连构成的，而 X.25 的虚电路是由多段 LCN 级连构成的。

帧中继网中，一般都由路由器作为用户，负责构成帧中继的帧格式。如图 4.18 所示，路由器在帧内置 DLCI 值，将帧经过本地 UNI 接口送入帧中继交换机，交换机首先识别到帧头中的 DLCI，然后在相应的转发表中找出对应的输出端口和输出的 DLCI，从而将帧准确地送往下一个节点机。如此循环往复，直至送到远端 UNI 处的用户，途中的转发都是按照转发表进行的。在图 4.18 中，已建立了三条 PVC：

PVC1 为路由器 1 到路由器 2：25—35；

PVC2 为路由器 1 到路由器 3：35—45—55—65；

PVC3 为路由器 1 到路由器 4：20—30—40。

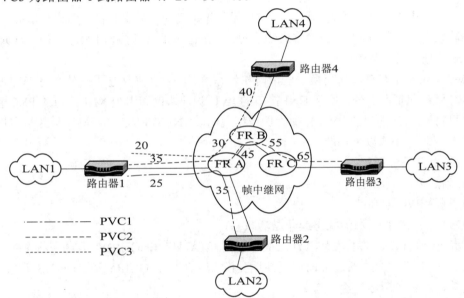

表a　交换机A的转发表

输入端	DLCI	输出端	DLCI
路由器1	20	交换机B	30
路由器1	25	路由器2	35
路由器1	35	交换机B	45

表b　交换机B的转发表

输入端	DLCI	输出端	DLCI
交换机A	30	路由器4	40
交换机A	45	交换机C	55

表c　交换机C的转发表

输入端	DLCI	输出端	DLCI
交换机B	55	路由器3	65

图 4.18　帧中继的交换原理

各交换机内部都建立相应的转发表，如图 4.18 中的表 a、表 b、表 c 所示。如对于 PVC2，交换机 A 收到 DLCI=35 的帧后，查询转发表，得知下一节点为交换机 B，DLCI=45，则交换机 A 将 DLCI=35 映射到 DLCI=45，并通过 A—B 的输出线转发出去，帧到达交换机 B 时，完成类似的操作，将 DLCI=45 映射到 DLCI=55，转发到交换机 C，C 将 DLCI=55 映射到 DLCI=65 转发到路由器 3，从而完成用户信息的交换。

在帧中继网中，节点机一旦收到帧的首部，就立即开始转发此帧，即在帧的尾部还未收到之前，交换机就可将帧的首部发送到下一相邻交换机。显然，帧中继网中的节点这样对帧进行处理是以所传送的帧基本不出错为前提的。但若帧出现传输差错，又该如何处理呢？帧校验序列检错是只有在整个帧完全收完后节点才能处理，但当帧中继的节点检测到出错时，帧的大部分可能已转发到下一个节点了。解决这个问题的办法是：当检测到有误码的节点时，应立即中断这次传输，当中断传输的指示下达到下一个节点后，下一个节点就立即中断该帧的转发，至此，该帧就从网内消除。帧中继网内将会丢弃有错的帧，不再像 X.25 网中那样采用重传机制，而是将差错的恢复由网内转移到用户终端负责。这就表明，帧中继设备不必像 X.25 网中的交换机那样，在接收到确认消息之前要保存数据。

2) 帧中继的 PVC 管理

帧中继为计算机用户提供高速数据通道，因此帧中继网提供的多为 PVC 连接。任何一对用户之间的虚电路连接都是由网络管理功能预先定义的，如果数据链路出现故障，要及时将故障状态的变化及 PVC 的调整通知用户，这是由本地管理接口 LMI(Local Management Interface)管理协议负责的。

PVC 管理是指在接口间交换一些询问和状态信息帧，以使双方了解对方的 PVC 状态情况。PVC 管理包括两部分：用于 UNI 接口的 PVC 管理协议和用于 NNI 接口的 PVC 管理协议。这里将以 UNI 接口的 PVC 管理为例详细说明，NNI 的 PVC 管理协议与此基本相同。

PVC 管理可完成以下功能：

● 链路完整性证实；

● 增加 PVC 通知；

● 删除 PVC 通知；

● PVC 状态通知(激活状态或非激活状态)。

LMI 管理协议定义了两个消息：状态询问 STATUS ENQUIRY 消息和状态响应消息 STATUS。在 UNI 之间，通过单向周期性地交换 STATUS ENQUIRY 和 STATUS 消息来完成以上功能，这种周期称为轮询周期。

UNI 接口的 PVC 管理示意图见图 4.19，其过程如下：

(1) 由用户端(如路由器)发出状态询问信息 STATUS ENQUIRY，目的是为了检验数据链路是否工作正常(keep alive)，同时发起端的计时器 T 开始计时，T 的间隔即为每一个轮询的时间间隔；若 T 超时，则重发 STATUS ENQUIRY。同时，发起端的计数器 N 也开始计数(N 的周期数可人工设定或取缺省值)，在发送 N 个用来检验数据链路是否工作正常的 STATUS ENQUIRY 后，用户发出一个询问端口上所有 PVC 状态的 STATUS ENQUIRY。

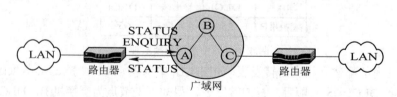

图 4.19   UNI 接口的 PVC 管理

(2) 轮询应答端收到询问信息后，以状态信息 STATUS 应答状态询问信息 STATUS ENQUIRY，该信息可能是链路正常工作的应答信息，也可能是所有 PVC 的状态信息。

虽然 PVC 管理协议增加了帧中继的复杂性，但这样能保证网络可靠运行，满足用户的服务质量。

3) 呼叫控制协议

呼叫控制协议的功能是建立和释放 SVC。这是帧中继的增强部分协议。

呼叫建立消息共有 3 个：setup(呼叫建立)，call proceeding(呼叫进展)和 connect(连接)。建立过程如图 4.20(a)所示。

呼叫建立消息中最重要的是 setup 消息，它包含的主要信息单元为：主叫地址、被叫地址、DLCI 和链路层核心参数。被叫地址供网络选路用。DLCI 为分配给该 SVC 的本地数据链路，一般由网络选定，但主叫用户亦可提出优选的链路。链路层核心参数包括帧信息字段最大长度和有关带宽控制的参数等。

呼叫释放消息也有 3 个：disconnect(拆链)，release(释放)和 release complete(释放完成)。释放过程如图 4.20(b)所示。

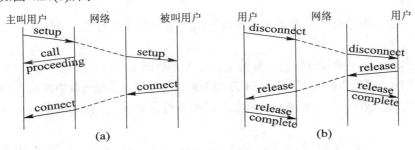

图 4.20　SVC 的建立和释放过程

(a) 建立过程；(b) 释放过程

应该说明的是，虽然帧中继的标准有关于 SVC 的上述的信令过程，但由于目前应用的帧中继网中都为 PVC，而 PVC 并无呼叫建立和释放过程，因此，SVC 的建立和释放在实际中并没有应用。帧中继中的信令主要是 PVC 的管理功能。

4. 帧中继的技术特点

从帧中继的协议体系可以看出，与 X.25 分组交换相比，帧中继技术的特点为：

(1) 帧中继协议取消了 X.25 的分组层功能，只有两个层次：物理层和数据链路层，使网内节点的处理大为简化。在帧中继网中，一个节点收到一个帧时，大约只需执行 6 个检测步骤，而 X.25 中约需执行 22 个步骤。实验结果表明：采用帧中继时一个帧的处理时间可以比 X.25 的处理时间减少一个数量级，因而提高了帧中继网的处理效率。

(2) 用户平面和控制平面分离。

(3) 传送的基本单元为帧，帧的长度是可变的，允许的最大长度为 1 KB，要比 X.25 网的缺省分组 128 B 长，特别适合于封装局域网的数据单元，减少了分段与重组的处理开销。

(4) 在数据链路层完成动态统计时分复用、帧透明传输和差错检测。与 X.25 网不同，帧中继网内节点若检测到差错，就将出错的帧丢弃，不采用重传机制，减少了帧序号、流量控制、应答等开销，由此减少了交换机的处理时间，提高了网络吞吐量，降低了网络时延。例如 X.25 网内每个节点由于帧检验产生的时延为 5～10 ms，而帧中继节点的处理时延小于 1 ms。

(5) 帧中继技术提供了一套有效的带宽管理和拥塞控制机制,使用户能合理传送超出约定带宽的突发性数据,充分利用了网络资源。

(6) 帧中继现在可提供用户的接入速率在 64 kb/s～2.048 Mb/s 范围内,以后还可更高。

(7) 帧中继采用了面向连接的工作模式,可提供 PVC 业务和 SVC 业务。但由于帧中继 SVC 业务在资费方面并不能给用户带来明显的好处,实际上目前主要用 PVC 方式实现局域网的互连。

4.5.2 帧中继交换机

帧中继交换机是帧中继网中的核心设备,其主要功能包括:用户接入、中继连接、转发控制、管理功能以及与其它网络互通的能力。下面主要介绍帧中继交换机的管理功能,包括带宽管理和拥塞管理等。

1. 带宽管理

带宽管理是指网络对每条虚连接上传送的用户数据量进行监控,以保证带宽资源在用户间的合理分配。

每一用户接入帧中继网时使用下列约定的 4 个参数:

(1) 承诺的时间间隔时T_c(Committed Time Interval):网络监视一条虚连接上传送的用户数据量所采用的时间间隔。一般的,T_c和业务的突发性成正比,一般选取范围大致为几百毫秒到10秒。

(2) 承诺的信息速率CIR(Committed Information Rate):正常情况下网络对用户承诺的用户数据传送速率,它是T_c时间段内的平均值。

(3) 承诺的突发长度B_c(Committed Burst Size):正常情况下,在T_c时间段内网络允许用户传送的最大的数据量(单位为bits)。

(4) 超量突发长度B_e(Excess Burst Size):T_c时间段内,网络能够给用户传送的超过B_c部分的最大数据量。

每个帧中继用户在使用服务之前,应与网络约定一条虚连接上的B_e、B_c、CIR值,网络在T_c时间段内对每条虚连接上的数据量进行监测,根据监测结果进行带宽的调整。如图4.21所示。

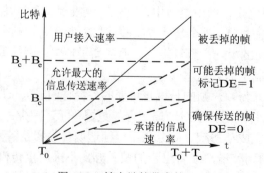

图 4.21 帧中继的带宽管理

控制过程如下:

(1) 若测得的比特数≤B_c,说明用户的速率小于 CIR,网络节点应继续转发这些帧。在正常情况下，应保证这些帧送到目的地；

(2) 若 Bc≤测得的比特数≤B_c+B_e，则说明用户的传输速率已超过 CIR，但仍在约定范围内，网络将 B_e 部分的帧 DE 置为 1 后转发。若网络无严重拥塞，则努力把这类帧传送到目的地。一旦出现拥塞，将首先丢弃这些 DE=1 的帧；

(3) 若测得的比特数＞B_c+B_e，说明用户已经严重违约，则网络应丢掉超过 B_c+B_e 部分的所有的帧。

2. 拥塞控制

帧中继网中，为了简化协议，提高节点机的处理速度，就将流量控制和差错控制都交给了高层。但这样做可能会使得数据网络出现拥塞危险，因此要采取一定的措施来尽量减少这种拥塞的出现。

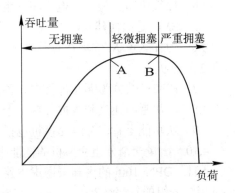

图 4.22　拥塞对吞吐量的影响

从图 4.22 中可以看出，一开始当网络负载增加时，随着入网信息量的增加，吞吐量线性地上升。当到达 A 点后，网络不能继续接收更多的信息，吞吐量趋于平稳。如果输入信息量继续加大，网络将呈现严重拥塞状态(B 点所示)，此时网络的吞吐量将急剧下降，甚至可能崩溃(死锁)。为了防止拥塞，网络必须采取必要的措施，通知用户减少发送数据。

一般来说，网络发现拥塞和控制拥塞的措施有以下几种：

(1) 显式拥塞通知。在发生轻微拥塞的情况下，网络利用帧结构中的拥塞指示位 FECN、BECN 来通知端点用户。

如图 4.23 所示，若 B 点发生拥塞，则 B 点通过将前向传送的帧(B 到 C 方向)的 FECN位置 1 来通知 C 点发生拥塞；同时，通过将后向传送的帧(B 到 A 方向)的 BECN 位置 1 来通知 A 点发生拥塞。用户终端在收到拥塞信息后，原则上应降低其数据传送速率，以减少因拥塞造成的帧丢失。

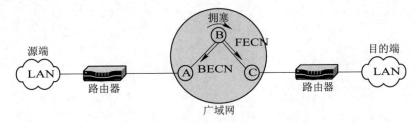

图4.23　显式拥塞通知

(2) 丢弃 DE=1 的帧。若发生严重拥塞，或者用户并未降低传送速率，网络将如何进行拥塞控制呢？这可以从帧中继的基本原则中找到答案：一旦出现问题就将帧丢弃。此时，除继续采用 FECN、BECN 来通知用户外，网络将丢弃 DE=1 的帧来对自身进行保护。这样做增加了网络的反应时间，降低了吞吐量，但可以防止网络性能的进一步恶化，使网络从拥塞中恢复。

思 考 题

4.1　统计时分复用和同步时分复用的区别是什么？哪个更适合于进行数据通信？为什么？

4.2　试从优点、缺点、适用场合等方面比较虚电路和数据报方式。

4.3　什么是逻辑信道？什么是虚电路？二者有何区别和联系？

4.4　比较电路交换中的电路和分组交换中的虚电路的不同点。如何理解"虚"的概念？

4.5　SVC 是如何建立的？PVC 又是如何建立的？

4.6　为什么说 X.25 现在有些过时？请从 X.25 的背景、设计思路、发展、优缺点等几方面进行分析。

4.7　HDLC 帧分为哪几种类型？各自的作用是什么？

4.8　试从呼叫建立和数据传输两个方面分析分组交换机的作用。

4.9　从功能上看，分组交换机包括哪几部分？各完成什么功能？

4.10　衡量一个分组交换机的性能指标都有哪些？

4.11　DPN-100 的内部采用虚电路方式还是数据报方式？外部采用什么方式？它如何保证用户分组的有序性？

4.12　比较帧中继与 X.25 在技术特征上的不同点。

4.13　帧中继的带宽管理如何实现？

4.14　帧中继的帧结构中，DLCI 起什么作用？

4.15　构成 DPN-100 交换机的基本模块有哪两种？它们各自的作用是什么？在构成上有哪些不同？

4.16　虚电路方式下的数据分组中是否含有目的地地址？这样有什么优点？

4.17　假设有 3 个用户终端采用统计时分复用的方式共享一条线路，线路的速率为 19.2 kb/s，求每个用户可能的最大传送速率。

4.18　分析在虚电路和数据报情况下，路由选择和分组转发的实现有什么区别。

第五章　ATM 交换技术

业务综合化和网络宽带化是通信网发展的方向和目标。传统的电路交换以其实时性及低时延来满足话音、会议电视等实时业务的需求，对于可变速率及不同速率的业务，电路交换实现起来难度非常大；分组交换适合分组长度不等的数据业务，数据业务在分组交换节点要进行复杂的处理，使得端到端的时延增加了许多，不适用于实时业务。因此，ITU-T 提出一种新的技术——异步传送模式 ATM(Asychronous Transfer Mode)。ATM 技术是一种涉及信息复用、交换和传输的技术，是目前解决宽带综合业务交换的一个较好的方案。本章主要介绍 ATM 的概念、ATM 协议参考模型、ATM 交换原理、ATM 信令、ATM 的网络结构、ATM 网络流量控制和拥塞控制等。

5.1　ATM 技术介绍

5.1.1　ATM 基础知识

1. ATM 诞生的背景

从前面章节知道，电路交换技术是针对电话业务的通信特点发展起来的，而分组交换技术是针对数据业务的特点发展起来的。

在电话网中，呼叫一旦建立起来，通信的双方以 64 kb/s 的速率独自占有该连接，这种独占性使得话音或数据信息传递的实时性非常好。但由于用户的独占性，大大影响了设备资源的利用率，即使通信的双方无话音或者数据传递，也不能供其它用户使用该带宽；另一方面，电路交换不适合速率变化很大的数据通信业务。

在分组交换通信网中，信息的传递都是以分组为单位进行传输、复接和交换的。分组交换一方面采用统计复用方法提高带宽的利用率，另一方面为了保证数据传递的可靠性，在数据链路层采用逐段转发、差错校正的控制措施。这种控制措施保证了数据的正确传递，但同时也致使传输数据产生附加的随机时延。

随着通信技术和通信业务需求的发展，电信网络必须向宽带综合业务数字网(B-ISDN)方向发展，这就要求通信网络和交换设备既要容纳非实时性的数据业务，又要容纳实时性的电话和电视信号业务，还要考虑到满足突发性强、瞬时业务量大以及业务通信速率可变的要求。在这样的通信业务条件下，传统的电路交换和分组交换都不能胜任，一种新的传送模式——"异步传送模式"出现了。异步传送模式是相对传统电路交换采用的同步传送模式 STM(Synchronous Transfer Mode)而言的，同步传送模式的主要特征是采用了时分复用技术，各路信号都是按一定时间间隔周期性出现的，可根据时间识别每路信号。异步传送模式则采用统计时分复用，各路信号不是按照一定时间间隔周期性出现的，要根据标志来识别每路信号。采用该传送模式后，大大提高了网络资源的利用率。

2．ATM 的概念

ATM 的具体定义为：ATM 是一种传送模式，在这一模式中用户信息被组织成固定长度的信元，信元随机占用信道资源，也就是说，信元不按照一定时间间隔周期性地出现。从这个意义上来看，这种传送模式是异步的(统计时分复用也叫异步时分复用)。

ATM 的信元具有固定的长度，从传输效率、时延及系统实现的复杂性考虑，ITU-T 规定 ATM 的信元长度为 53 字节。信元的结构如图 5.1 所示。

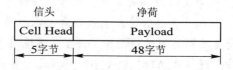

图 5.1　ATM 信元的结构

信元的前 5 个字节为信头(Cell Header)，包含有各种控制信息，主要是表示信元去向的逻辑地址，还有一些维护信息、优先级以及信头的纠错码。后面 48 字节是信息字段，也叫信息净荷(Payload)，它承载来自各种不同业务的用户信息。信元的格式与业务类型无关，任何业务的信息都经过分割后封装成统一格式的信元。用户信息透明地穿过网络(即网络对它不进行处理)。

5.1.2　ATM 技术的特点

1．采用固定长度的短分组

在 ATM 中采用固定长度的短分组，称为信元(Cell)。固定长度的短分组决定了 ATM 系统的处理时间短、响应快，便于用硬件实现，特别适合实时业务和高速应用。

2．采用统计复用

传统的电路交换中，同步传送模式(STM)将来自各种信道上的数据组成帧格式，每路信号占用固定比特位组，在时间上相当于固定的时隙，任何信道都通过位置进行标识。ATM 是按信元进行统计复用的，在时间上没有固定的复用位置。统计复用是按需分配带宽的，可以满足不同用户传递不同业务的带宽需要。

3．采用面向连接并预约传输资源的方式工作

电路交换通过预约传输资源保证实时信息的传输，同时端到端的连接使得在信息传输时，在任意的交换节点不必作复杂的路由选择(这项工作在呼叫建立时已经完成)。分组交换模式中仿照电路方式提出虚电路工作模式，目的也是为了减少传输过程中交换机为每个分组作路由选择的开销，同时可以保证分组顺序的正确性。但是分组交换取消了资源预定的策略，虽然提高了网络的传输效率，但却有可能使网络接收超过其传输能力的负载，造成所有信息都无法快速传输到目的地。

ATM 方式采用的是分组交换中的虚电路形式，同时在呼叫建立时向网络提出传输所希望使用的资源，网络根据当前的状态决定是否接受这个呼叫。其中资源的约定并不像电路交换那样给出确定的电路或 PCM 时隙，只是给出用以表示将来通信过程中可能使用的通信

速率。采用预约资源的方式,可以保证网络上的信息在一个允许的差错率下传输。另外,考虑到业务具有波动的特点和交换中同时存在的连接的数量,根据概率论中的大数定理,网络预分配的通信资源肯定小于信源传输时的峰值速率。可以说 ATM 方式既兼顾了网络运营效率,又能够使接入网络的连接进行快速数据传输。

4. 取消逐段链路的差错控制和流量控制

分组交换协议设计运行的环境是误码率很高的模拟通信线路,所以执行逐段链路的差错控制;同时由于没有预约资源机制,所以任何一段链路上的数据量都有可能超过其传输能力,所以有必要执行逐段链路的流量控制。而 ATM 协议运行在误码率很低的光纤传输网上,同时预约资源机制保证网络中传输的负载小于子网络的传输能力,所以 ATM 取消了网络内部节点之间链路上的差错控制和流量控制。

但是通信过程中必定会出现的差错如何解决呢?ATM 将这些工作推给了网络边缘的终端设备完成。如果信元头部出现差错,会导致信元传输的目的地发生错误,即所谓的信元丢失和信元错插,如果网络发现这样的错误,就简单地丢弃信元。至于如何处理由于这些错误而导致信息丢失后的情况则由通信的终端处理。如果信元净荷部分(用户的信息)出现差错,判断和处理同样由通信的终端完成。对于不同的传输媒体可以采取不同的处理策略。例如,对于计算机数据通信(文本传输),显然必须使用请求重发技术要求发送端对错误信息重新发送;而对于话音和视频这类实时信息发生的错误,接收端可以采用某种掩盖措施,减少对接收用户的影响。

5. ATM 信元头部的功能降低

由于 ATM 网络中链路的功能变得非常有限,因此信元头部变得异常简单。其功能包括:

(1) 标志虚电路,这个标志在呼叫建立阶段产生,用以表示信元经过网络中传输的路径。依靠这个标志可以很容易地将不同的虚电路信息复用到一条物理通道上。

(2) 信元的头部增加纠错和检错机制,防止因为信元头部出现错误导致信元误选路由。

(3) 很少的维护开销比特,不再像传统分组交换中那样,包含信息差错控制、分组流量控制以及其它特定开销。

因此 ATM 技术既具有电路交换的"处理简单"、支持实时业务、数据透明传输、采用端到端的通信协议等特点,又具有分组交换的支持变比特率(VBR)业务的特点,并能对链路上传输的业务进行统计复用。

5.1.3 虚信道、虚通道、虚连接

虚信道 VC(Virtual Channel)表示单向传送 ATM 信元的逻辑通路,用虚信道标识符 VCI(Virtual Channel Identifier)进行标识,表明传送该信元的虚信道。

虚通道 VP(Virtual Path)表示属于一组 VC 子层 ATM 信元的路径,由相应的虚通道标识符 VPI(Virtual Path Identifier)进行标识,表明传送该信元的虚通道。

虚信道、虚通道与传输线路的关系如图 5.2 所示。VC 相当于支流,对 VC 的管理粒度比较细,一般用于网络的接入;VP 相当于干流,将多个 VC 汇聚起来形成一个 VP,对 VP 的管理粒度比较粗,一般用于骨干网。与 VC 相比较,对 VP 进行交换、管理容易得多。

图 5.2 VP、VC 与传输线路的关系

虚连接是通过 ATM 网络在端到端用户之间建立一条速率可变的、全双工的、由固定长度的信元流构成的连接。该连接由虚信道、虚通道组成，通过 VCI 和 VPI 进行标识。VCI 标识可动态分配的连接，VPI 标识可静态分配的连接。VCI、VPI 在虚连接的每段链路上具有局部意义。

5.2 B-ISDN 协议参考模型

5.2.1 协议参考模型

在 ITU-T 的 I.321 建议中定义了 B-ISDN 协议参考模型，如图 5.3 所示。它包括三个面：用户面、控制面和管理面。用户面、控制面都是分层的，分为物理层、ATM 层、AAL 层和高层。

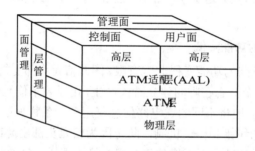

图 5.3 B-ISDN 协议参考模型

B-ISDN 协议参考模型中的三个面分别完成不同的功能：

用户平面：采用分层结构，提供用户信息流的传送，同时也具有一定的控制功能，如流量控制、差错控制等；

控制平面：采用分层结构，完成呼叫控制和连接控制功能，利用信令进行呼叫和连接的建立、监视和释放；

管理平面：包括层管理和面管理。层管理采用分层结构，完成与各协议层实体的资源和参数相关的管理功能，如元信令；同时层管理还处理与各层相关的 OAM 信息流。面管理不分层，它完成与整个系统相关的管理功能，并对所有平面起协调作用。

5.2.2 模型分层介绍

B-ISDN 协议参考模型中，从下到上分别是：物理层 PHY、ATM 层、ATM 适配层和高层。用户面和控制面在高层和 AAL 层是分开的，在 ATM 层和物理层采用相同的方式处理信息。表 5.1 列出了与 B-ISDN 协议参考模型对应的各层功能。

表 5.1　B-ISDN 协议参考模型的分层功能

	层功能	层　号	
	汇聚	CS	AAL
	拆装	SAR	
层 管 理	一般流量控制 信头处理 VPI/VCI 处理 信元复用和解复用	ATM	
	信元速率耦合 HEC 序列产生和信头检查 信元定界 传输帧适配 传输帧的创建和恢复	TC	PHY
	比特定时 物理介质	PM	

1. 物理层

物理层主要是提供 ATM 信元的传输通道,将 ATM 层传来的信元加上其传输开销后形成连续的比特流,同时,在接收到物理介质上传来的连续比特流后,取出有效的信元传给 ATM 层。

物理层要实现的功能有:

(1) 提供与传输介质有关的机械、电气接口;

(2) 从接收波形中恢复定时;

(3) 提供 ATM 层信元流和物理层传输流之间的映射关系,包括传输结构的生成/恢复及传输结构的适配;

(4) 从物理层比特流中找出信元的起始边界(信元定界);

(5) 一般情况下,从 ATM 层中来的信元流速率低于物理层提供的用来传输信元流的净荷速率,因此,物理层还要插入空闲信元,以使两者适配,同时,接收时还要扣去这些空闲信元。

2. ATM 层

ATM 层在物理层之上,利用物理层提供的服务,与对等层之间进行以信元为信息单位的通信。

ATM 层与物理介质的类型以及物理层的具体实现是无关的,与具体传送的业务类型也是无关的。各种不同的业务经 AAL 适配后形成固定长度的分组,ATM 层利用异步时分复接技术合成信元流。

3. ATM 适配层

ATM 适配层 AAL(ATM Adaptation Layer)位于 ATM 层的上层,这一层是和业务类别相关的，即针对不同的业务类别，其处理方法不尽相同，但都要将上层传来的信息流(长度、速率各异)分割成 48 字节长的业务数据单元 ATM_SDU 传给 ATM 层，同时，将 ATM 层传来的业务数据单元 ATM_SDU 组装、恢复再传递给上层。由于上层的信息种类繁多，AAL 层处理比较复杂，因此分了两个子层：汇聚子层 CS(Convergence Sublayer)和拆装子层 SAR(Segmentation and Reassembly)。

4. 高层

高层信息包括用户面的高层和控制面的高层。控制面的高层是信令协议，考虑到与 N-ISDN 的兼容，ITU-T 对 N-ISDN 的信令协议 Q.931 和 ISUP 做了修改，制定了 Q.2931 和 B-ISUP。

5.3　物　理　层

物理层为 ATM 提供两种功能：一种是传送有效信元；另一种是传送定时信息，以实现较高层的服务。

ATM 的物理层包括两个子层，即物理介质子层 PM(Physical Media)和传输会聚 TC(Transmission Coverage)子层。其中：物理介质子层提供比特传输能力，对比特定时和线路编码等方面作出了规定，并针对所采用的物理介质(如光纤、同轴电缆、双绞线等)定义其相应的特性；传输汇聚子层的主要功能是实现比特流和信元流之间的转换。

5.3.1　物理介质子层

1. 物理介质子层提供的物理接口

ITU-T 和"ATM 论坛"将物理接口分为三类，即基于 SDH、基于信元和基于 PDH 的接口。下面进行简要介绍。

1) ITU-T 制定的接口标准

ITU-T 建议书 I.432 定义了两个基于光纤同步数字系列(SDH)的物理接口，分别为：

- 速率为 155.52 Mb/s 的 STM-1；
- 速率为 622.08 Mb/s 的 STM-4。

ITU-T 还定义了下列电气和物理接口速率标准，见表 5.2。

表 5.2　ITU-T 制定的接口速率

接口名称	速　率	接口名称	速　率
DS1	1.544 Mb/s	DS3	44.736 Mb/s
E1	2.048 Mb/s	E4	139.264 Mb/s
DS2	6.312 Mb/s	STM-1	155.52 Mb/s
E2	8.448 Mb/s	STM-4	622.08 Mb/s
E3	34.368 Mb/s		

2) "ATM 论坛"制定的接口标准

"ATM 论坛"定义了 4 个物理层接口速率,其中两个适用于公用网,分别对应于 ANSI 和 ITU-T 定义的 DS3 和 STC-3C 速率。下面是用于专用网的 3 个接口速率和介质:

● 基于 FDDI 的 100 Mb/s 速率;
● 基于光纤信道的 155.52 Mb/s 速率;
● 基于屏蔽双绞线的 155.52 Mb/s 速率。

3) ANSI 制定的接口标准

ANSI 标准 T1.624 为 ATM 用户网络接口定义了 3 个单模光纤的 ATM SONET 接口,见表 5.3。

表 5.3　ANSI 制定的接口标准速率

接口名称	速　率
STS-1	51.84 Mb/s
STS-3c	155.52 Mb/s
STS-12c	622.08 Mb/s
DS3	44.736 Mb/s

2．比特定时和线路编码

正常工作模式下,发送端时钟锁定在接口处收到的基准时钟上。在基于信元的传输系统或网络供给时钟出错时,可以采用独立时钟工作模式,即时钟由用户本地设备供给,此时时钟允许偏差为 2×10^{-6}。

对线路码,G.703 建议规定 155 Mb/s 电接口采用 CMI(Code Mark Inversion)码。光接口采用不归零码,光纤线路编码采用 4B/5B(100 Mb/s)、8B/10B(155 Mb/s)码。

5.3.2　传输汇聚子层

传输汇聚子层的功能是传输帧适配、信元速率耦合、信元定界、HEC 控制、扰码等。

1．传输帧适配

传输帧适配就是完成 ATM 信元与物理介质上传送的特定格式(比如 SDH、PDH 或其它帧格式)的比特流之间的转换。在发送端,传输汇聚子层将信元映射成时分复用的帧格式。在接收端,将信元从接收的比特流中分离出来。

2．信元速率耦合

信元速率耦合即速度匹配功能。为了使信元流适应于物理介质上传输的比特率,我们引入空信元(idle cell)的概念。空信元在发送端插入和在接收端删除称为信元速率耦合。空信元由信头的标准模式确定,如图 5.4 所示。空信元净荷域中的每个字节都用 01101010 填充。

字节 1	字节 2	字节 3	字节 4	字节 5	净荷(48 字节)
00000000	00000000	00000000	00000001	HEC 有效码	…01101010…

图 5.4　空信元的格式

3. 信元差错控制

信元最后一个字节设置为 HEC 字段，它的功能是检测多比特错误，纠正单比特错误。HEC 是利用生成多项式(x^8+x^2+x+1)对信头前 4 个字节进行除法运算，将其余数与 01010101 模 2 加后所得到的值。在接收端，利用这一算法即可检测出多比特误码，纠正单比特误码。

4. 信元定界

信元定界就是在比特流中确定一个信元的开始。信元定界的方法是基于信头的前 4 个字节与 HEC 字段的关系来设计的。如果在比特流中连续的 5 个字节满足 HEC 字段产生的算法，即认为是某个信元的开始。图 5.5 表示了信元定界的过程。信元定界开始时处于捕捉状态，此时进行比特搜索；一旦发现 5 个字节之间存在 HEC 关系，就进入预同步状态，然后进行逐信元验证；如果发现有连续 δ 次正确的 HEC 关系存在，则认为进入同步状态；一旦发现错误的 HEC，则返回捕捉状态。在同步状态，如果发现连续 α 次不正确的 HEC 关系，则认为失去定界并返回捕捉状态。ITU-T 规定：对基于 SDH 的信元定界，α=7，δ=6；对基于信元方式的定界，α=7，δ=8。

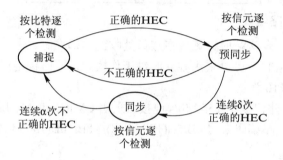

图 5.5　信元定界流程图

5. 扰码

为了增强用 HEC 字节对信元进行定界算法的安全性，同时使信元的信息字段假冒信头的概率减至最低，需要通过扰码增强信元流净荷字段中数据的随机性。ITU-T 建议通过扰码使信元中的数据随机化。

5.4　ATM 层协议

ATM 层是 ATM 协议模型的核心，它提供的基本服务是完成 ATM 网上用户和设备之间的信息传输。所以它的主要任务是处理信元，包括连接建立、流量控制以及交换节点的选路和转发表的修改等。

5.4.1　ATM 信元的信头结构

在 ATM 网络中传送的信元有 ATM 层信元和物理层信元，它们可以分为空闲信元、有效信元、无效信元、分配信元、未分配信元等几类。信元的信头的结构如图 5.6 所示。

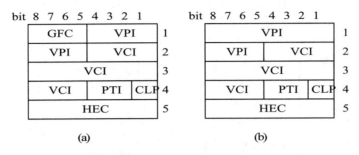

图 5.6　ATM 信元的信头结构

(a) UNI 格式；　(b) NNI 格式

下面介绍 ATM 信元中各域的意义及它们在 ATM 网络中的作用。

l) GFC(一般流量控制)

GFC 占 4 bit，是 UNI 信头中第一字节的高 4 位。GFC 域未使用时，缺省值为全 0。GFC 机制帮助控制 ATM 连接流量，对消除网络中常见的短期过载现象十分有效。具体的 GFC 功能在 ITU-T I.150 建议中规定。

2) VPI/VCI(虚通道/虚信道标识符)

在 ATM 网络中，由于信头中只有 5 字节，不可能把全部地址信息放入信头中，因此采用标识符(VPI/VCI)代替具体地址的方法。

(1) 虚通道标识符(VPI)。在 UNI(User Network Interface，用户网络接口)信元中，VPI 域占 8 bit，位于信头中第一字节的低 4 位以及第二字节的高 4 位，可以标识 256 条虚通道。在 NNI(Network Network Interface，网络网络接口)信元中，VPI 域占 12 bit，覆盖了 GFC 域，位于信头中第一字节和第二字节的高 4 位，可以标识 4096 条虚通道。

(2) 虚信道标识符(VCI)。B-ISDN 的 UNI 和 NNI 信元中，VCI 域都为 16 位，占第二字节的低 4 位、第三字节以及第四字节的高 4 位。VCI 域用于标识 ATM 虚信道，最多可标识 65536 条虚信道。VCI 和 VPI 结合，可在 UNI 信元中标识 16 177 216 条连接，在 NNI 信元中标识 268 435 456 条连接。

VCI 域也可以使用预定义值，未定义值为 0。"ATM 论坛"规范规定：VCI 值从第四字节第 5 位开始连续分配，未分配值为 0。VCI=0～15 用于 ATM 管理功能，VCI=16 留作临时本地管理接口 ILMI(Interim Local Management Interface)，VCI=17～31 预留给其它一些功能，其余的 VCI 值用户才可使用。因为每一个连接都与 VPI 和 VCI 相关，所以用户可以使用的第一个连接是 VPI=1，VCI=32。

3) PTI(净荷类型指示)

PTI 占 3 bit，位于信头第四字节的第 2 位到第 4 位，用于指明同一虚信道上信元净荷的信息是用户信息还是网络控制信息。对于用户信息信元，ATM 层一般先将信头剥离，再上交给 ATM 适配层(AAL)。对于网络控制信息信元，将启动相应的管理功能进行处理。

PTI 的第 1 位用于指明信元净荷的信息是用户信息还是网络控制信息。如果是用户信息，那么第 2 位为阻塞指示，表示信元在传输的过程中是否经历过阻塞，第 3 位为 ATM 用户到用户指示(AUUI)，指明 ATM 的用户之间交换的信息；如果是网络控制信息，那么后两位表示传输数据的类型。具体定义如表 5.5 所示。

表 5.5　　ATM 信元头部 PTI 值的含义

PTI 值	第 1 位	第 2 位	第 3 位	含　义
000	0：用户数据	0：未经阻塞	0：0 类型	用户数据、未经阻塞、ATM 用户指示数据类型位 0
001	0：用户数据	0：未经阻塞	1：1 类型	用户数据、未经阻塞、ATM 用户指示数据类型位 1
010	0：用户数据	1：经过阻塞	0：0 类型	用户数据、经过阻塞、ATM 用户指示数据类型位 0
011	0：用户数据	1：经过阻塞	1：1 类型	用户数据、经过阻塞、ATM 用户指示数据类型位 1
100	1：网络数据	00：段(节点之间)维护		OAM F5 和段有关信元
101	1：网络数据	01：端到端维护		OAM F5 和端到端有关信元
110	1：网络数据	10：网络资源管理		用于资源管理
111	1：网络数据	11：保留		用于将来开发功能

　　从表中可以看出，用户信元分为 0 类信元和 1 类信元。在传输连续数据时，0 类信元表示不是最后一个信元，1 类信元表示是该连续数据的最后一个信元。源端 AAL 信元使用这两种信元来通知目的端 AAL 该信息段的接收是否结束。源 AAL 把信息传给 ATM 层时，将最后的用户信元的 PTI 域置为 1 类信元，其它的置为 0 类信元。目的 ATM 层收到信元后可知是否为末尾信元，在上交用户信息的同时告诉 AAL。PTI 域不存在指示信息段开始的标志，但如果信息一段接一段地发送，可以认为在一个 PTI 指示为 1 类信元的后面所跟的一个 PTI 指示为 0 类的信元就是另一信息段的起始信元。

　　4) CLP(信元丢失优先级)

　　CLP 只有一位，位于信头第四字节的最低位，指示在网络发生拥塞时该信元被丢弃的优先级。高优先级信元 CLP=0，低优先级信元 CLP=1。对于高优先级信元，网络应分配足够的资源来保证其可靠地按时到达。对于低优先级信元，在发生拥塞时可以被丢弃。一般来讲，具有恒定速率的信元应赋予高优先级。对于一些在一段短时间内有较高峰值速率的可变比特率服务，在这段时间内，信元也应赋予高优先级。

　　5) HEC(信头差错控制)

　　HEC 域为 8 bit，占信头的第五个字节。它采用 8 位循环冗余编码方式，只检测信头的错误，而不检测 48 字节的净荷域。具体的应用在物理层功能中已作了介绍。

5.4.2　ATM 层功能

　　ATM 信元的信头结构体现了 ATM 层的功能，在信元的信头结构中进行了部分介绍，现再补充如下。

1. VPI/VCI 交换

　　一个具体的 VPI/VCI 只是表示相邻网络节点(ATM 交换机)之间信元的逻辑通路。一个终端设备到另一个终端设备之间信元的虚连接，可能是由多个不同的 VPI/VCI 所表示的逻辑通路通过网络节点连接起来的。所以信元在通过网络节点时，VPI/VCI 可能要发生变化，即网络节点要将输入端口信元信头中的 VPI/VCI 转换成相应输出端口的 VPI/VCI。

2．信头的生成/删除

ATM 层将从高层(ATM 适配层)接收的信息作为净荷封装在 ATM 层信元内，并根据 ATM 适配层提供的信息加上相应的信头形成信元，然后把信元交给物理层传送。另外，因 ATM 层只是将信元中的净荷信息往上层(ATM 适配层)传送，所以 ATM 层在从物理层收到上传的信元后，必须在上传之前将信元的信头删除。信头中的信息由 ATM 层进行处理。

3．信元的识别和丢弃

根据信元信头中的净荷类型指示(PTI)在传送信令和 OAM 信息时，区分控制面的信元和含有用户信息的用户面的信元，同时根据丢失优先级指示(CLP)来识别高优先级信元和低优先级信元，在下列情况下丢弃信元：

(1) 具有无效的信头差错控制域的信元。

(2) 到达一条还未建好的链路的信元。如信元经过交换机后经转发表匹配而获得 VPI＝2、VCI＝2039 的连接，但该设备并不存在 VPI＝2、VCI＝2039 的连接，说明该传送信元的链路尚未建好。

(3) VPI、VCI 值超出设备可提供 VPI、VCI 值范围的信元。

(4) 占用了系统 VPI、VCI 预留值的信元。

(5) 链路发生拥塞时到达的信元。

(6) 违反流量协议的信元。

4．网络的流量控制和拥塞控制

流量控制就是使用户网络接口上流入网络的比特流(信元流)速率要符合通信建立前用户和网络协商的速率。拥塞控制就是当流向某一条链路的信元流量超过该链路本身的容量时，网络必须采取措施，使流入该条链路的信元流量在该链路本身的容量范围内。

5.5　ATM 适配层(AAL)协议

ATM 适配层的作用是通过增强 ATM 层的基本能力来为不同业务类别用户提供特定的服务，支持 B-ISDN 参考模型中用户面中相应的用户业务功能和控制面、管理面中的控制管理功能，并实现高层数据与 ATM 信元的相互映射。

5.5.1　AAL 的结构、功能、业务类别及协议类型

1．AAL 的协议结构

如图 5.7 所示，AAL 分为分段与重装(SAR)子层(也称拆装)和汇聚子层(CS)。汇聚子层又分为特定业务汇聚子层(SSCS)和公共部分汇聚子层(CPCS)。对信令适配层(S-AAL)，SSCS 又分为特定业务协调功能(SSCF)和特定业务面向连接协议(SSCOP)两部分。

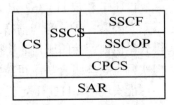

图 5.7　AAL 结构

2．AAL 的功能

AAL 的主要功能是将来自高层的协议数据单元(PDU)先映射为 AAL 的服务数据单元(SDU)，然后映射成 48 字节的信元净荷负载，以达到为不同要求的用户提供特定的服务的目的，保证 ATM 层与业务类型无关；同时还要将从 ATM 层上传的信元净荷进行相反的操作，映射成高层的协议数据单元。如图 5.8 所示，CS 子层对来自用户面的高层信息单元作好分割前的准备，使接收方 CS 子层能将这些分组再还原成原始高层信息，即将控制信息作为标头和后缀或只是后缀添加在用户信息上。控制信息由 AAL 服务类型确定，它是 ATM 信元净荷的一部分。CPCS 检查信元的丢失和错插，提供误码的保护。SSCS 对不同业务提供不同功能，如时延处理等。SAR 子层将来自 CS 子层的 CS_PDU(汇聚子层协议数据单元)分割为 ATM 信元的净荷，或将 ATM 信元的净荷重装为 CS_PDU。分段重装时要维持 SAR_PDU 的传输顺序，提供误码检查与保护功能。

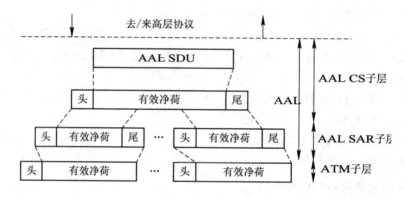

图 5.8　AAL 一般功能

另外，AAL 还提供如下服务：

(1) 处理信元的丢失、误传，向高层用户提供透明的顺序传输。

(2) 处理信元的延迟变化，使连续发送的信元在网络中的延迟尽量保持一致，即使延迟抖动达到最小。

(3) 差错处理。ATM 层只对信头进行纠错，由 AAL 对信元净荷进行差错控制。

(4) 在接收端恢复源端定时信息，保证信息以源端的比特率向高层递交。

(5) 层管理实体功能，启动和控制对 ATM 的连接请求，协调递交给 ATM 层的用户数据和控制信息。

3．AAL 的业务类别和协议类型

ITU-T 建议书 I.362 定义了 AAL 功能的基本概念和分类，其业务类别的属性取决于以下三个要素：①信源和信宿之间要求的定时关系；②比特率是均匀的还是可变的；③连接模式是面向连接的还是非连接的。这三个要素，每个要素有两种选择，可以形成 8 类业务。但实际上某些组合是不可能实现的业务，如速率恒定的、实时的、面向非连接的业务就是不可能实现的。ITU-T 定义了 A、B、C、D 四类业务如表 5.6 所示。

表 5.6　AAL 业务属性分类

属　　性	业务类别			
	A 类	B 类	C 类	D 类
信源和信宿之间的定时关系	要求		不要求	
比特率	均匀	可变		
连接方式		面向连接		无连接
ATM 适配层协议	AAL1	AAL2	AAL3/4 或者 AAL5	AAL3/4 或者 AAL5

A 类业务：具有恒定的比特率，面向连接的实时信息传递业务。主要用于电路仿真。

B 类业务：具有可变的比特率，面向连接的实时信息传送业务。主要用于可变比特率的话音和视频传输。

C 类业务：具有可变的比特率，面向连接的非实时信息传送业务。主要用于面向连接的数据传输。

D 类业务：具有可变的比特率，面向非连接的非实时信息传送业务。主要用于面向非连接的数据传输。

除 ITU-T 定义的四类业务外，"ATM 论坛"又提出 X 类和 Y 类业务。X 类业务为未指定比特率(UBR)业务，Y 类业务为可用比特率(ABR)业务。它们都是比特率可变，面向连接的非实时信息传送业务的一部分。

为了支持以上各类业务，ITU-T 提出了四种 AAL 协议类型：AAL1、AAL2、AAL3 和AAL4，分别支持 A、B、C、D 四类业务。而"ATM 论坛"定义了六种 AAL 协议类型，分别记为 AAL0～AAL5，其中：AAL0 表示 AAL 为空，主要用于信元中继业务，表示信元中继应用与 ATM 层的信息表示形式之间无须任何适配；AAL5 又称 SEAL(Simple and Efficient Adaptive Layer)，主要用于 ATM 网上帧中继业务或 TCP/IP 数据报传输，以及其它面向连接的数据传输业务。

由于 AAL3 用于帧中继、TCP/IP 等面向连接的数据传输，AAL4 用于支持 CLNS(无连接业务)、SMDS(交换多兆比数据业务)等无连接的数据传输，二者惟一的不同体现在对一个特定域的使用上，因此一般将 AAL3、AAL4 融合成一个综合协议类型 AAL3/4。而 AAL3/4 开销很大，AAL5 简单高效，所以使 AAL3/4 更少用于 C 类业务中。

5.5.2　AAL1

AAL1 支持 A 类业务，因为 AAL1 从高层接收或向高层传送具有均匀比特流的 SDU。

1. AAL1 的功能

AAL1 的功能包括：

(1) 用户信息的分段和重装。

(2) 信元时延抖动的处理。

(3) 信元净荷重装时延的处理。

(4) 丢失信元和错插信元的处理。

(5) 接收端对信源时钟频率的恢复。

(6) 接收端对信源数据帧的恢复。

(7) 监控 AAL 协议控制信息 PCI 的误码并进行误码处理。

(8) 监控用户信息域的误码和对误码的纠错。

这些功能是由 AAL1 的 SAR 子层和 CS 子层来实现的。

2. AAL1 的 SAR 子层

发送时, SAR 子层从 CS 子层接收 CS_PDU, 然后在 CS_PDU 上加上一些控制信息 (SAR_PDU 头), 构成 SAR_PDU, 再将 48 字节的 SAR_PDU 下传给 ATM 层。接收时, SAR 子层接收上传的 ATM 层信元的有效净荷, 并进行处理, 构成 SAR_SDU, 作为 CS_PDU 送到 CS 子层。所以 SAR 子层的主要功能是对顺序传送的数据块增加一个序号字段(SAR_PDU 头中), 也叫 SAR_PCI(协议控制信息)。

SAR_PDU 的格式如图 5.9 所示, 它的净荷为 47 字节, SAR_PDU 的头为 1 字节, 其中的 4 bit 序列编号(SN)分成 1 bit CS 指示(CI)和 3 bit 序列计数(SC)。CI 用于传输 CS 子层之间的信息, SC 对传输数据单元进行模 8 编号, 防止出现数据单元的丢失、重复以及其它信息错插入。另外 4 bit 为序列编号保护(SNP), 分为 3 bit 循环冗余校验(CRC)和 1 bit 保护位 P。CRC 的生成多项式为 x^3+x+1, 具有"纠 1 检多"功能, 保护位 P 用于对前面 7 bit 进行偶校验编码。

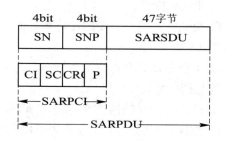

图 5.9 AAL1 的 SAR_PDU 格式

3. AAL1 的汇聚子层(CS)

CS 子层的功能包括信元延时抖动处理、信元丢失和错插处理、传送时钟信息和结构信息以及进行纠错处理。

(1) 信元延时抖动处理：采用缓冲区的方法, 当缓冲区溢出时, 丢弃多余的比特, 当缓冲区不满时, 在信息流中插入一个特定的比特组成的信元。

(2) 丢失和错插入信元的处理：发送时, CS 子层在向 SAR 子层提供 SAR_SDU 的同时, 提供一个模 8 的序号。接收时, CS 子层根据 SAR 子层提供的序号, 判断是否发生了 SAR_PDU 的丢失和错插入, 从而采取相应的处理措施。如丢弃错插数据单元, 用一个特定比特模式组成的单元代替错误数据单元等。

(3) 定时信息的传送：AAL1 规定了两种方法实现业务时钟的同步。一种叫做同步剩余时间标签(SRTS)法。在这种方法中, 发送端将应用业务时钟和网络标准时钟比值的偏差值(即剩余时间标签)通过 CI 域传送到接收端, 剩余时间标签用 4 bit 传送。由于 CI 位是 1 bit, 故需要 4 个 SAR_PDU 的 CI 域来传送剩余时间标签信息。因为 CI 域还要用于传送结构信息, SAR_PDU 又是以模 8 编码的, 所以 AAL1 中规定使用 8 个 SAR_PDU(0~7)中的奇数号的 SAR_PDU 的 CI 域传送剩余时间标签信息。这种定时信息的传送方式要求收发双方都具有非常精准的网络标准时钟。

另外一种方法为自适应时钟法, 实现方法是在接收端设置一个缓冲区, 存放收到的数据, 以发送方业务时钟写入, 接收方业务时钟读出。根据缓冲区中数据的多少, 便可以间接地知道接收方时钟和发送方时钟的偏差, 并依次调整接收方式, 使之与发送方时钟同步。

(4) 结构信息的传送(SDT)：在 AAL1 中，可以传送具有某种结构的数据流的结构信息，如 8 kHz 的帧结构业务。结构信息的传送是通过将 SAR_PDU 的负荷区分为两种格式来实现的。其中一种是 47 字节负荷区全部为用户信息，即 47 字节的 AAL1 的用户信息；另一种是 47 字节负荷区只有 46 字节的 AAL 用户信息，另外 1 字节作为指针域传送结构信息。这两种格式分别称为非 P 格式和 P 格式。P 格式中的指针用于指示用户信息结构的起始位置，8 bit 指针域的第 1 bit 保留，其它 7 bit 用于存放位置信息，同时用 CI 指明 SAR_PDU 是 P 格式(CI=1)还是非 P 格式(CI=0)。为了防止和时钟信息传送发生矛盾，AAL1 规定只允许偶数编号数据块传送结构信息。

(5) 前向纠错编码(FEC)：因在实时通信过程中无法采用时延较大的自动请求重发来保证信息的正确传送，所以 AAL1 中规定可以采用 Reed-Solomen 编码方法保证高质量的音频和视频信息的可靠传送。具体是将 124 个 CS_PDU 排成 124×47 字节矩阵，对每行 124 字节信息添加 4 字节的 FEC 编码，形成 128×47 字节矩阵，作为 128 个信元发送。这种编码方法记为 RS(128，124)，它可以纠正两个错误字节或恢复 4 个已知位置的丢失字节，也可采用 RS(94，88)来减小因编码引起的时延。

5.5.3　AAL2

AAL1 是针对简单的、面向连接的实时数据流而设计的，除了具有对丢失和错插信元的检测机制外，它没有错误检测功能。对于单纯的未经压缩的音频或视频数据，或者其中偶尔有一些较重要的其它数据流都没有什么问题，AAL1 就已经足够了。

对于压缩的音频或视频数据，数据传输速率随时间会有很大的变化。例如，很多压缩方案在传送视频数据时，先周期性地发送完整的视频数据，然后只发送相邻顺序帧之间的差别，最后再发送完整的一帧。当镜头静止不动并且没有东西发生移动时，则差别帧很小。同时，必须要保留报文分界，以便能区分出下一个满帧的开始位置，甚至在出现丢失信元或坏数据时也是如此。由于这些原因，需要一种更完善的协议。AAL2 就是为完成这一目的而设计的。

AAL2 是一种全新的 AAL 适配层，它的设计思想是将用户信息进行分组，即分成若干的长度可变的微信元，再将其适配到 53 个字节的 ATM 信元中。这样，在一个 ATM 信元里可以同时装入多个不同的业务流，一个 ATM 信元不再仅是一种业务流分组，也就是说一个 ATM 连接可以支持到多个 AAL2 的用户信息流，即用户信息流在 AAL 层上复用。这种设计思想带来了两个好处：一是对压缩后的话音业务流降低了拆装时延，提高了效率；二是节约了 ATM 中 VPI、VCI 的资源，这在 ATM 网络中支持 IP 业务中十分重要。基于这两个优势，用于语音的 AAL2 和用于数据的 AAL2 标准已经形成。

下面主要介绍 AAL2 的结构和数据单元格式。

1. AAL2 分层结构

AAL2 采用和 AAL1 相同的分层方法，分为汇聚子层 CS 和分段重装子层 SAR。CS 子层进一步划分为与业务密切相关的特定业务汇聚子层 SSCS(Service Specific Convergence Sublayer)和公共部分汇聚子层 CPCS(Common Part Convergence Sublayer)。其中：SSCS 和特定业务相关，可以为空；CPCS 和 SAR 是所有 AAL2 协议必需的，因此又将 CPCS 和 SAR

合并，称为公共部分子层 CPS(Common Part Sublayer)。

　　AAL2 用户可以选择满足特定 QoS 要求的 AAL_SAP 完成传送 AAL_SDU 的操作。

　　AAL2 利用的是下层 ATM 层的传输能力，由于 SSCS 和特定业务有关，所以 AAL 复用操作通常在 CPS 层完成。如果 AAL2 支持的业务没有特殊的要求，SSCS 可以仅提供 AAL原语和 CPS 原语之间的映射，而不完成任何功能。

　　如图 5.10 所示，AAL2 层从 AAL_SAP 接收 AAL_SDU，SSCS 层(如果存在)添加相应的头部信息(地址、长度指示等)和尾部信息(校验序列和调整填充字节等)构成 SSCS-PDU，并提交给 CPS，成为 CPS-SDU。CPS-SDU 和 CPS 分组头 CPS-PH 组成 CPS 分组，CPS 分组经过分割成为字节格式，加上相应的开始码 STF-PH 构成 CPS-PDU。注意：由于在 CPS 内完成了两层封装，CPS-PH 相当于 CPCS-PCI，STF 相当于 SAR-PCI，因此没有特定的CPS-PCI 域。

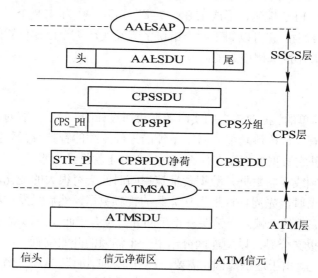

图 5.10　AAL2 协议单元的格式

　　公共部分子层 CPS 完成在收、发端 CPS 之间传递 CPS-SDU 的功能。CPS 用户分成两类：SSCS 实体和层管理实体 LM。CPS 完成 CPS-SDU 数据传送及数据的完整性保证、AAL2信道的复用和分解、传输延时的处理和定时信息的传递及时钟的恢复等功能。CPS-SDU 最长为 45 字节(默认)或 64 字节。

2. AAL2 公共部分子层的数据结构

　　下面介绍 CPS 层的数据格式，其中包含AAL 层原语中规定的参数。ITU-T I.363.2 定义CPS 分组结构如图 5.11 所示，其中的 CPS 头部CPS-PH 包括 8 bit 信道标识号 CID(ChannelIdentifier), 6 bit 长度指示 LI(Length Indication),5 bit CPS 用户间指示 UUI(User-User Indication)

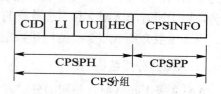

图 5.11　AAL2 的 CPS 分组结构

和 CPS 分组头保护 HEC(Header Error Control)。CPS 分组净荷 CPS-PP(CPS Packet Payload)长度为 1~45/64 字节。

(1) 信道标识符 CID 用于标识 AAL2 层的通信信道。AAL2 通信信道是双向的,可以在 ATM 层通过 PVC 或 SVC 建立,两个方向具有相同的 CID 标志。CID 长度为 8 bit, 0~255 的取值中 0 不用(因为 CPS-PAD 中使用全 0 填充), 1 用于层管理实体间通信, 2~7 保留, 8~255 可以被 SSCS 使用。

(2) 长度指示 LI 为 6 bit, 取值为 0~63。LI 等于 CPS-INFO 长度减 1, 所以 CPS-INFO 长度为 1~64 字节,默认 CPS-INFO 的最大长度为 45 字节。CPS-INFO 的最大长度必须由信令或管理过程设定,每条 CPS 信道都由相应的 CPS-INFO 最长数值规定。

(3) 用户间指示 UUI。UUI 可以在 CPS 层透明传送 CPS 用户之间的控制信息,并可区分不同类型的 CPS 用户(SSCS 和 LM)。UUI 长 5 bit, 取值为 0~31, 其中 0~27 用于 SSCS 实体间的通信, 30 和 31 用于 LM 实体间通信, 28 和 29 保留。

(4) CPS 分组头差错控制 HEC 为 5 bit CRC 校验序列,生成多项式为 x^5+x^2+1, 保护对象是 CPS-PH 中的 CID、LI 和 UUI, 共 19 bit 长。

这样, CPS 分组长度为 4~67 字节(头部和净荷区), 成为 CPS-PDU 净荷区。CPS-PDU 长度为 48 字节,结构如图 5.12 所示。CPS-PDU 包括 8 bit 开始指针域 STF(Start Field)和 CPS-PDU 净荷区,后者分成两个部分。

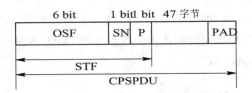

图 5.12　AAL2 的 CPS-PDU

(1) 偏移量 OSF(Offset Field)存放从 STF 结束位置到第一个 CPS 分组头之间的字节数, 如果 CPS_PDU 净荷区不存在,则是指从 STF 结束位置到 PAD 开始的字节数。OSF=47 表示在 CPS_PDU 净荷区中没有 CPS 分组头。由于 CPS_PDU 净荷长度等于 47 字节,因此 OSF 的取值不能大于 47。

(2) 序列编号 SN(Sequence Number)为 1 bit, 是对 CPS_PDU 数据块的编号。

(3) 奇校验 P(Parity)为 1 bit, 用于对 STF 进行奇校验。

(4) CPS_PDU 净荷区:可以装载 0、1 或多个 CPS 分组,填充字节 PAD 用于填充未填满的净荷空间。1 个 CPS 分组可能装在两个 CPS_PDU 净荷区中。

5.5.4　AAL3/4

1. AAL3/4 的结构

AAL3/4 用于支持 C 类与 D 类业务,即可变比特率且不要求维持源与目的地间定时关系的业务。

AAL3/4 是 ITU-T 提出的用于数据传送的 ATM 适配层协议,数据传输的特点是要求具有较高的可靠性。和 AAL1、AAL2 相类似, AAL3/4 协议层分为汇聚子层(CS)和拆装(SAR) 子层, CS 子层又分为特定业务汇聚子层(SSCS)和公共部分汇聚子层(CPCS)。如图 5.13 所示, AAL3/4 也可以看成由服务特定部分(SSP)和公共部分(CP)组成。

服务特定部分向用户提供附加功能,不同的特定业务汇聚子层支持不同的 AAL 用户业务。SSCS 是可选的,如果为空, SSCS 指示完成 AAL 的公共部分汇聚子层与高层之间的原语映射。公共部分包括 CPCS 和 SAR 子层,实现面向字节的可变长信息帧的顺序透明传输。CPCS 和 SAR 子层共同负责把收到的协议帧变为一系列的信元有效负荷。

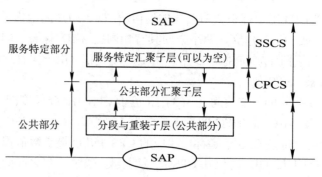

图 5.13 AAL3/4 的结构

AAL3/4 提供 AAL 用户之间 AAL-PDU 的传输时，工作模式有两种。一种为消息工作模式，它是将一个 AAL-SDU 分成一个或多个的 CS-PDU，每一个 CS-PDU 再分成多个 SAR-PDU 进行传送。另一种工作模式为流工作模式，它是将一个或多个定长的 AAL-SDU 合并放在一个 CS-PDU 中，然后通过 SAR 子层分割成适合 ATM 信元传送的 SAR-PDU 格式。两种工作模式又都提供了两种对等层的操作过程，分别为确保操作和非确保操作。前一种操作要重传丢失或损坏的 AAL-SDU，而后一种操作不保证重传和纠正丢失或损坏的 AAL-SDU。

2. SAR 子层

SAR 子层向 ATM 层发送数据单元时，将不固定长度的 CS-PDU 转换成为固定长度的 SAR-PDU。SAR 子层从 ATM 层接收数据单元时执行相反的操作，并可以在对等的 SAR 实体间利用 ATM 层的连接，同时并发地传送多个用户的 SAR-PDU。SAR 子层具有复用/分路、错误校验和 CS-PDU 拆装等功能。SAR-PDU 的格式如图 5.14 所示。

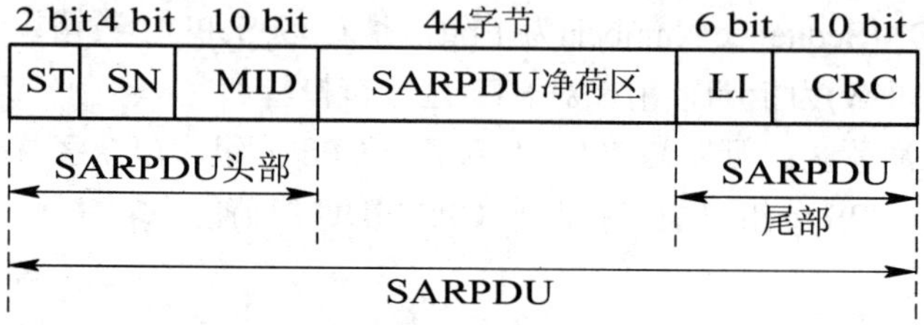

2 bit	4 bit	10 bit	44字节	6 bit	10 bit
ST	SN	MID	SARPDU净荷区	LI	CRC

SARPDU头部 ← → SARPDU 尾部

SARPDU

图 5.14 AAL3/4 SAR-PDU 的格式

(1) ST 为段类型，占 2 bit，表示 SAR-PDU 的不同数据类型。AAL3/4 规定了 4 种不同的数据类型：

ST=10，消息开始(BOM)，表示后面的 SAR-PDU 负荷区中承载的是 SAR-SDU 的第一段；

ST=00，消息继续(COM)，表示后面的 SAR-PDU 负荷区中承载的是 SAR-SDU 的中间部分；

ST=01，消息结束(EOM)，表示后面的 SAR-PDU 负荷区中承载的是 SAR-SDU 的结束段；

ST=11，单段消息(SSM)，表示后面的 SAR-PDU 负荷区中承载的是一个完整的 SAR-SDU。

(2) SN 为序列编号，占 4 bit，用来表示来自同一个 SAR-SDU 的各 SAR-PDU 编号，并以此发现 SAR-PDU 的丢失和错插。注意：SAR 子层可以复用多个通信连接，所以在 SAR 子层上相继到来的两个 SAR-PDU 中的 SN 不一定是按顺序的，只有承载同一个 SAR-SDU 的各个 SAR-PDU 的 SN 域才是按顺序到达的。

(3) MID 为复用标识符，占 10 bit，用以标识不同的 SAR 子层的连接，表示一条虚信道连接 VCC 上可以复用 1024 条用户连接过程。

(4) LI 为长度指示，占 6 bit，指示 SAR-PDU 净荷区中装载最后一个有效用户信息字节的位置。最后段和单段需要该指示标志。

(5) CRC 为循环冗余校验序列，占 10 bit，生成多项式为 $x^{10}+x^9+x^5+x^4+x+1$，用于校验 SAR-PDU 在传送中可能发生的错误。

3. 公共部分汇聚子层(CPCS)

AAL3/4 的 CS 分成 CPCS 和 SSCS 两部分。SSCS 主要用于支持 C 类业务。在消息工作模式下，SSCS 内部提供组块/分块功能(在一个 SSCS 中传递一个或多个固定长度的 AAL-SDU)和分段/重装功能(将单个可变长度的 AAL-SDU 在一个或多个 SSCS-PDU 中传送)。在流工作模式下，SSCS 内部可提供分段/重装功能以及管道功能，即不必等收完一个 AAL-SDU 才开始发送。另外，SSCS 还可以提供流控和重传丢失或错误的 SSCS-PDU 功能。但目前 SSCS 的结构和编码格式还没有标准。

CPCS 提供 1~65 535 字节任意长度帧的非确保传送。CPCS-PDU 的格式如图 5.15 所示。

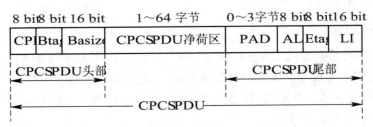

图 5.15　AAL3/4 CPCS-PDU 格式

(1) CPI 为公共部分指示，占 8 bit，用于指示使用的 CPCS 协议。目前 CPI 只有一种取值，即 00000000。

(2) Btag 为开始标签，Etag 为结束标签，各占 8 bit。Btag 和 Etag 联合使用，同一个 CPCS-PDU 中，Btag 和 Etag 取相同值，而顺序发送的 CPCS-PDU 应使用不同的 Btag 和 Etag，以确保 CPCS-PDU 的完整性。考虑到 SAR 子层已经使用段类型 ST 和复用标志 MID，所以标签方式实际上是冗余的。

(3) BAsize 为缓冲区分配容量，占 16 bit，用于指示接收方缓冲区的大小设置。

(4) PAD 为填充域，占 0~3 个字节，附加在 CPCS-PDU 净荷区后部，使 CPCS-PDU 的长度成为 4 字节的整数倍。

(5) AL 为长度校正，8 bit，内容恒为零，用于填充 CPCS-PDU 尾部，使其长度为 4 字节，功能和填充域相类似。

(6) LI 为长度指示，16 bit，表示 CPCS-PDU 的净荷区长度。

从以上说明可以看出，AAL3/4 的额外开销比较大，循环冗余校验功能并不完善，因为校验频度高而且无法完成突发错误的校验工作，所以具有高效数据业务适配功能的 AAL5 的应用将更广泛。

5.5.5 AAL5

前面已介绍过 AAL5 是"ATM 论坛"针对 AAL3/4 的不足提出的一种新的 AAL 协议，它的结构和 AAL3/4 相同，是 AAL3/4 的一个子集，是一种在 CPCS 以下提供较低开销而有较好检错能力的协议。在 CPCS 以上，除不能支持复用外，AAL5 的业务和 AAL3/4 提供的业务是等同的。如果需要在 AAL 实现复用，可以由 SSCS 来完成。

1. SAR 子层

AAL5 拆装子层(SAR 子层)从 CPCS 接收变长的 SDU，产生相应的 SAR-PDU。SAR-PDU 包含 48 字节的 SAR-SDU。所以在 SAR-PDU 中没有其它的开销，SAR 子层只完成分段与重装功能。那么如何识别 SAR-PDU 的开头和结尾呢？ATM 利用了 ATM 信元信头 PTI 域中的 AUU 参数。AUU 参数值为"1"，表示 SAR-SDU 的结尾，AUU 参数值为"0"，则表示一个 SAR-SDU 的开始或延续，因而省去了 AAL3/4 中的 ST 域。这样，AAL 利用了 ATM 层信头中传递的信息，使 AAL5 的存在不再完全与下层的 ATM 无关，违反了 OSI 体系结构的分层标准。但由于它简单而有效，仍被 ITU-T 采纳。当然也可以认为是 AAL5 对 ATM 协议参考模型进行了修改。SAR 子层另外还具有保持 SAR-SDU、处理拥塞信息、处理丢失优先级信息等功能。

2. 汇聚子层(CS)

AAL5 的 CS 子层也分成 CPCS 和 SSCS 两个子层，其中 SSCS 还没有规范。CPCS 完成的功能和 AAL3/4 的 CPCS 完成的功能基本一致，只是 AAL5 的 CPCS 不再向接收端相同层实体发送缓冲容量指示，但提供 32 bit 的 CRC 校验，以保证数据充分正确传送。AAL5 CPCS-PDU 的格式如图 5.16 所示。

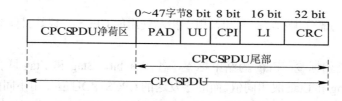

图 5.16 AAL5 CPCS-PDU 的格式

(1) PAD 为填充域，有 0~47 字节，用于填充 CPCS-PDU，使其长度为 48 字节的整数倍。

(2) UU 为 CPCS 用户间指示，8 bit，用于透明传送 CPCS 用户的信息，具体定义由 CPCS 的上层给出。

(3) CPI 为 CPCS 公共部分指示，8 bit，目前的作用是用于填充 CPCS-PDU 的尾部，使其满 64 bit，将来还可能用于承载其它信息，如层管理等。

(4) LI 为长度指示，16 bit，最多可以表示 64 K 字节的数据段长度。如果 LI=0，表示 CPCS 指示对方执行放弃操作。

(5) CRC 为循环冗余校验序列，32 bit，用于对本身以外的整个 CPCS-PDU 内容进行校验，其生成多项式为：

$$x^{32}+x^{26}+x^{23}+x^{22}+x^{16}+x^{12}+x^{11}+x^{10}+x^8+x^7+x^5+x^4+x^2+x+1$$

5.6　ATM 交换技术

由于宽带网络的业务覆盖范围非常广泛，因此为了保证各种业务的服务质量，要求宽带交换机在功能上能实现多速率交换、多点交换和多种业务的交换，并在信元丢失、交换时延、连接拥塞等性能上能满足各种业务的要求。目前，ATM 交换技术能够满足宽带业务对交换的要求。

5.6.1　信元交换的过程

ATM 是一个面向连接型的网络。当两个终端连接建立的时候，根据信令信息以及网络运行情况，在该连接中的每个交换节点上建立转发表。该转发表包含输入端口号、输出端口号。在输入端口或者输出端口中，不同的信元流有不同的 VCI/VPI 值转换。当某一个信元进入交换模块时，交换模块通过识别信元信头的 VCI/VPI，查找转发表，找出对应的输出端口以及输出信元的 VCI/VPI 值，将输入信元的 VCI/VPI 值改变为相应输出信元的 VCI/VPI 值，并控制交换网络将信元交换到对应的输出线上。

前面介绍了虚信道(VC)和虚通道(VP)的概念。在信元头中，VC 和 VP 分别用 VCI 和 VPI 标识。图 5.17 是 VC/VP 交换的具体示例。

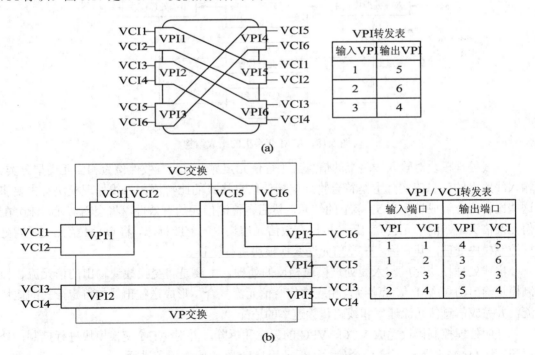

图 5.17　VC/VP 交换的具体示例

(a) VP 交换过程；(b) VC 交换过程

在 VP 交换过程中，VPI 进行了变换，VP 内部的 VCI 没有改变；而在 VC 交换过程中，不但 VPI 进行了变换，而且 VCI 也进行了变换。从上述基本的信元交换过程中可以看出，虽然 ATM 交换是异步时分交换，但其原理与同步时分交换(时隙交换)有许多相似之处，其基本区别是用 VCI/VPI 代替了时隙交换中时隙的序号。

多级连接的 VC 和 VP 组成虚信道连接 VCC(Virtual Channel Connection)和虚通道连接 VPC(Virtual Path Connection)。VCC 有三种：永久 VCC、半永久 VCC 和交换 VCC；VPC 也是一样，有永久 VPC、半永久 VPC 和交换 VPC。交换 VCC(VPC)通过信令建立连接，属于控制面的连接；永久 VCC(VPC)、半永久 VCC(VPC)因为没有通过信令建立连接，所以属于管理面的连接。交换机为每一个呼叫分配一个 VPI/VCI，每个 VPI/VCI 只具有局部意义，每个节点在读取 VPI/VCI 后，根据本地的转发表，查找对应的输出 VPI/VCI，进行交换并改变 VPI/VCI 的值。

5.6.2　ATM 交换机的基本组成结构

1．ATM 交换机的组成结构

ATM 交换机由 5 大功能模块组成，即入线处理模块、出线处理模块、交换单元模块、呼叫处理和呼叫接纳控制(CAC)、拥塞控制和资源管理模块，如图 5.18 所示。

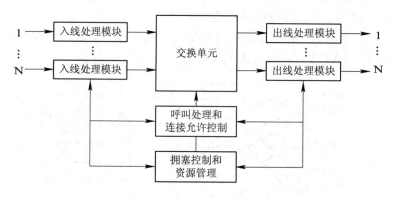

图 5.18　ATM 交换机的组成结构

入线处理模块对输入线路上的信息流进行信元定界、信元有效性检验和信元类型分类。输入线路上的信息流实际上是符合物理层接口信息格式的比特流。入线处理模块首先要将这些比特流分解成长度为 53 字节的信元，然后再检测信元的有效性，将空闲信元、未分配信元及信头出错的信元丢弃，最后根据有效信元信头中的 PTI 标志，将 OAM 信元交呼叫处理控制模块处理，其它用户信息信元送交换模块进行交换。

出线处理模块完成与入线处理模块相反的处理，主要是将交换模块输出的信元流、控制模块输出的 OAM 信元流以及相应的信令信元流复合，形成送往出线的特定形式的比特流，并完成信息信元流速率和线路传输速率的适配。

呼叫处理控制模块完成 VCC、VPC 的建立和拆除，并对 ATM 交换模块进行控制，处理和发送 OAM 信元，发送信令信元，保证用户/网络的操作顺利进行。

交换单元模块完成交换动作的控制，将某输入线上的信元交换到某输出线上。

拥塞控制和资源管理模块对网络资源和网络拥塞进行控制和管理。

2．ATM 交换机中的缓冲策略

缓冲策略或称排队策略，是 ATM 交换结构设计中的一个非常重要的方面。根据缓冲器所在的位置，可以将缓冲策略分为外部缓冲和内部缓冲两种方式。

1) 外部缓冲

外部缓冲指缓冲器不是设置在交换结构的内部，主要有输入缓冲、输出缓冲、输入与输出缓冲、环回缓冲等四种方式，如图 5.19 所示。

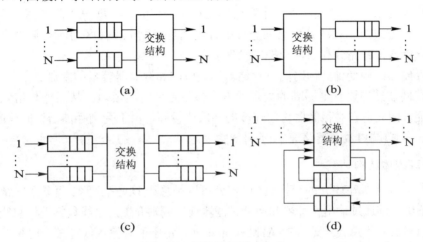

图 5.19   四种外部缓冲方式

(a) 输入缓冲；(b) 输出缓冲；(c) 输入与输出缓冲；(d) 环回缓冲

2) 内部缓冲

内部缓冲是将缓冲器设置在交换结构的内部。无阻塞结构不需要内部缓冲。在多级交换网络中，在每个交换单元均设置缓冲器，主要有输入缓冲、输出缓冲、交叉点缓冲和共享缓冲等方式。

采用内部缓冲的多级有阻塞网络可以减少信元丢失，但是也有两个主要缺点：一个是增加了信元的时延和时延抖动；另一个是对于多通路网络，如果属于同一虚连接的信元在交换结构中选用不同的通路，则会发生信元失序的现象。

5.6.3   ATM 交换单元的结构

ATM 交换单元能够实现任意出、入线之间的信元交换，也就是任一入线上的任一逻辑信道的信元能够被交换到任一出线上的任一逻辑信道中去。根据交换单元的不同内部结构可以将其分为三类：共享存储器结构、共享媒体(总线或者环形)结构和空分交换结构。

1．共享存储器结构

图 5.20 给出了共享存储器的结构。这种结构中，存储器为所有的输入端口和输出端口共用，每一条输入线配置有一个输入控制器，每一条输出线配置有一个输出控制器。

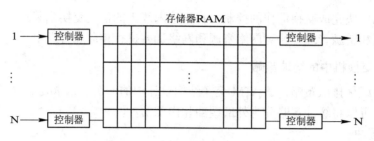

图 5.20　共享存储器的 ATM 交换结构

存储器的分配有固定分配和动态分配两种方式。固定分配就是将整个存储区划分为存储单元数相等的 N 个存储块,每一个存储单元存储一个信元,每一个存储块为某一条输出线服务。这种方式控制管理简单。动态分配方式就是将整个存储区为所有输出线共用,这样可以使存储器得到充分利用,但控制管理复杂。

共享存储器结构受到处理时间、存储器读写时间和存储器容量的限制。

共享存储器结构要有足够高的处理速度,使得处理时间很短,从而能与信元流的输入速率相适配。因此,它对存储器访问速度的要求比较高。由于受到存储器访问速度的限制,交换结构的容量(端口数及链路速率)不可能太大。

2. 共享媒体结构

图 5.21 给出了共享媒介的交换结构。媒介可以是总线形或者环形。每条入线都连接到媒介上,每条出线则通过输出缓冲器和地址过滤器连接到媒介上。总线包括地址总线、数据总线和控制总线。对于总线式结构的 ATM 交换单元,由于所有输入线在某一时刻的信元都必须交换到相应的输出线上,也就是在同一时间,所有输入线上的信息都要发送到总线上,这就要求总线的信息传输速率是输入线信息传输速率之和,否则会造成信元的较大延时。

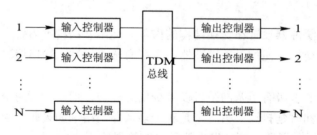

图 5.21　共享媒介的交换结构

共享媒介结构的吞吐量受到时分总线速率和队列缓冲器容量的限制。

共享总线的速率限制成为交换结构的瓶颈,限制了容量的扩大。采用多总线或多环的并行结构,可以降低速率要求。

3. 空分交换结构

空分交换结构是一种矩阵式交换结构。如图 5.22 所示,多条入线和多条出线分别连接到空分交换矩阵。在空分交换矩阵入线和出线的交叉点处相当于有一个开关,通常这些开关是触点开关或电子开关。N 路输入线和 N 路输出线之间有 N^2 个开关节点,只要适当控制这些开关接通或断开,即可在任一入线和出线之间构成通路。

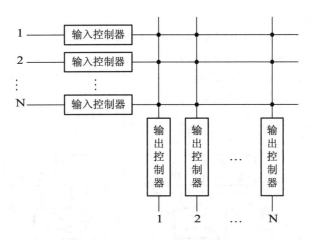

图 5.22　空分交换结构

当入线、出线数目增加时，交换矩阵的节点数呈平方级增长，这将使控制结构复杂化。所以当交换容量增大时，一般采用多个交换矩阵级连的方式。

5.6.4　ATM 交换网络

交换网络直接影响交换机的容量。一般小容量交换机的交换网络可以直接由前面介绍的基本交换单元模块来实现。大容量交换机的交换网络则需要由多个基本交换单元模块按照一定的拓扑结构组合而成。根据 ATM 交换网络的级数可分为单级交换网络和多级交换网络。

1．单级网络

单级网络的特点是单级交换模块连接到交换网络的输入端和输出端。主要类型有扩展型交换矩阵、漏斗型网络和混叠型交换网络。

1) 扩展型交换矩阵

扩展型交换矩阵如图 5.23 所示，它由多个 b×b 的基本交换模块组成。理论上，这种方法可以实现任意规模的交换网络。

为了实现扩展型交换矩阵，需要对前面介绍的基本交换单元模块进行改进，其方法是通过增加 b 个输入和 b 个输出进行扩展。通过基本模块右边的输出口，输入信号被中继到下一列基本模块的输入口。另一组输入连接到同一列相邻交换模块的正常输出口。

由于信元通过网络时只被缓存一次，因而扩展型交换模块具有很小的交叉时延且

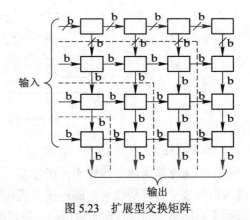

图 5.23　扩展型交换矩阵

交叉时延取决于输入的位置。交换模块的数量随所要求的输入端口数量增加而增加，这就限制了扩展型交换模块的规模。这类单级交换网络的规模一般为 64×64 或 128×128，后面可看到多级网络比较适用于大规模的交换系统。

2) 漏斗型网络

图 5.24 表示了一个 N×N 非阻塞(non-blocking)交换网络。交换模块按照类似漏斗形状的结构连接。所有的交换模块由 2b 个输入和 b 个输出组成。每个漏斗表示一个 N×b 矩阵,有 N 个这样的矩阵并行工作。目前的技术水平可以实现 32×16 的交换模块。一个单级的 128×128 交换网络可以利用这些基本模块实现。

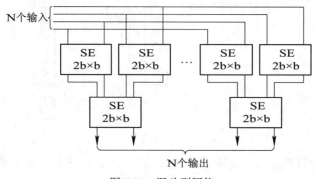

图 5.24 漏斗型网络

3) 混叠型交换网络

混叠型交换网络如图 5.25 所示。它是基于对输入的交互排列,并将该排列连接到一单级交换网络上。为了使信号从一个给定的输入口到达任意的输出口,有必要利用反馈机制,如图 5.25 虚线所示。很明显,信元在到达目的地之前可能要多次通过网络。因此,该网络亦称为再循环网络。在网络输出端,交换模块必须裁决信元是离开网络还是反馈到输入端。

这种类型的网络只需要少量的交换模块,但性能不太理想,时延大小取决于反馈的次数。

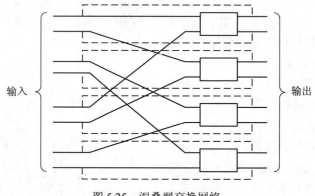

图 5.25 混叠型交换网络

2. 多级网络

由于单级交换网络容量较小,所以在大规模交换系统中,必须采用多级交换网络。多级网络由多级交换模块以一定的连接方式构造而成。在多级网络中,对于给定的输入,可以选择不同的路径到达预期的输出口。根据这些路径的数目分为单路径网络和多路径网络。

1) 单路径网络

在单路径网络中,对于给定的输入,只有一条路径到达预期的输出口,这类网络也称为 Banyan 网络。由于只有一条路径,路由变得非常简单。由于内部链路很可能同时被几个不同的输入所使用,因而在 Banyan 网络中会发生内部阻塞。

　　Banyan 网络采用树形结构将多个交换单元互连，形成 2×8、4×8、6×8、8×8 的交换结构，如图 5.26 所示。Banyan 网络具备自选路由的功能，即交换单元根据输入端口的比特信息进行选路。我们以 2×2 交换单元为例，"0"表示交换到上面的输出端口，"1"表示交换到下面的输出端口，这种 2×2 交换单元也可以扩展到 N×N。

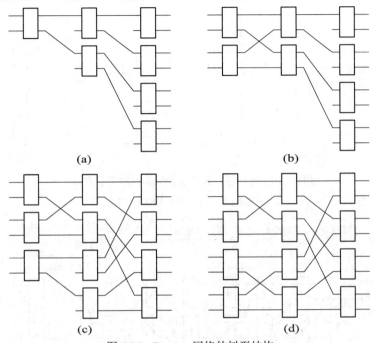

(a)　　　　　　　　　　　　(b)

(c)　　　　　　　　　　　　(d)

图 5.26　Banyan 网络的树形结构

(a) 2×8 结构；(b) 4×8 结构；(c) 6×8 结构；(d) 8×8 结构

　　如图 5.27 所示为由 2×2 交换单元构成的三级 Banyan 网，选路原则是从高阶比特到低阶比特依次选路。选路过程如下：由 001 号输入端口进入的信元目的地址为 110，表明该信元要交换到 110 号输出端口，则信元进入第一级交换单元，根据输出端口的高阶比特进行选路，因为高阶比特是"1"，所以交换单元选择下面的输出端口；然后进入第二级交换单元，根据中阶比特进行选路，中阶比特也是"1"，所以交换单元选择下面的输出端口；进入第三级后，因为低阶比特是"0"，所以交换单元选择上面的输出端口，找到 110 输出端口，完成自选路径的过程。

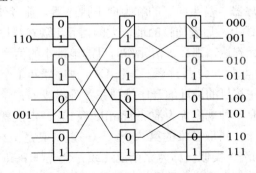

图 5.27　三级 Banyan 网络的自选通路

Banyan 网络存在内部阻塞和输出冲突的问题。图 5.28 示出了内部阻塞和输出冲突的实例。由于内部阻塞和输出冲突的存在降低了交换网络的接通率，因此为了降低阻塞和输出冲突，增加了一个分类网络，即在进入 Banyan 网络以前进行排序，使得网络负荷均匀，减少冲突，这样便构成了 Batcher–Banyan 网络。图 5.29 为一个 8×8 的 Batcher–Banyan 网络。

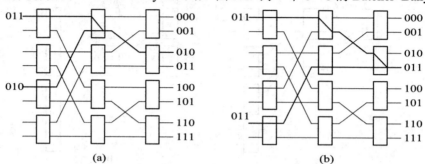

图 5.28　内部链路阻塞和输出端口冲突示意图

(a) 内部链路阻塞；(b) 输出端口冲突

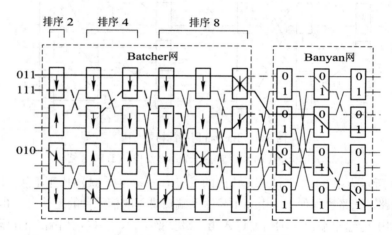

图 5.29　Batcher–Barryan 网络结构

Batcher 用来排序，Banyan 用来选路。所谓排序，就是将进入排序网络各个入端的信元按信元的目的地址的大小排列在排序网络的出端。排列次序可以为升序或降序。

从图 5.29 可以看出，Batcher 排序网络由多级构成，每级包含若干个 2×2 的排序器。箭头向上的称为向上排序器，箭头向下的称为向下排序器，前者使目的地址大的信元出现在排序器的上面 1 条出线上，后者使目的地址大的信元出现在排序器的下面 1 条出线上。如果排序器只有 1 个信元到达，那么该信元作为目的地址小的信元来处理。

Batcher 网络依次由 4 个 2×2 排序器、2 个 4×4 排序器和 1 个 8×8 排序器构成。通过整个排序网络后，信元将按目的地址的升序排列在各条出线上。

网络内部级间互连有一种规则称为混洗(shuffle)模式。a-混洗就是将一组元素分为 a 堆，然后依次取各堆的第一个，再取各堆的第二个，……直到取完。2-混洗相当于把一组元素分成 2 堆，与扑克牌的洗牌类似，称为完全混洗或完全洗牌(Perfect shuffle)。排序网络与 banyan 之间为完全混洗连接。这样，只要目的地址没有重复，进入 Banyan 的所有信元都可以无冲突地到达所需输出端。

2) 多路径网络

在多路径网络中，对于给定的输入，可以存在几条不同的路径到达预期的输出口。这有利于克服内部阻塞效应。大部分多路径网络在连接建立阶段确定内部路由。某一连接上的所有信元使用相同的内部路径。如果每个交换模块都提供 FIFO 功能，就可保证信元的顺序整体性，从而不需要排序功能。

多路径网络又可进一步分为折叠式和非折叠式网络，进一步的内容可参考相关资料。

5.6.5 ATM 交换网络的选路控制方法

在信元进入到交换网络时，如何引导信元通过交换网络，正确传送到所需的出端，属于选路控制功能。选路控制有两种方法：自选路由和转发表控制选路。

ATM 交换网络内部选路可以采用面向连接或者无连接方式，前者是在逻辑连接建立时选定交换网络中的通路，后者则不预先选定通路，而是在每个信元到达时选择通路。无连接具有更好的内部资源共享，但要采取一定的方法来避免属于同一逻辑连接的信元失序。

1. 自选路由

自选路由在每个到来的信元进入交换网络之前加上路由标签，各级交换单元按照路由标签中相应的路由信息来确定其出线，直到最后一级交换单元自行选路后就可到达所需的出端。

仅以 2 级网络为例，采用自选路由的控制方法如图 5.30 所示。在连接建立时，已将路由信息写入转发表。当某入端到达一个信元时，按其 VPI/VCI 值查转发表，得到新的 VPI/VCI 值 B 和路由信息 m、n，于是 VPI/VCI 的原有值 A 更改为新值 B，并在前面加上路由标签 m、n 后送往交换网络。各级交换单元依次按 m、n 确定其出线。当信元离开交换网络时，路由标签完成其使命，标签被取下。路由标签的长度取决于交换网络的级数和每个交换单元的入/出线数，例如由 16×16 的交换单元组成的 5 级交换网络，路由标签需要 5×4=20 bit。

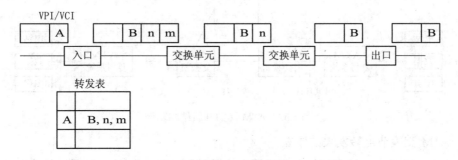

图 5.30 自选路由示例

如果采用无连接，则路由标签在每个信元到来时生成。属于同一虚连接的各个信元可以具有不同的路由标签，这就意味着同一虚连接的各个信元可以选用多级交换网络中的不同通路，从而引起信元失序。对于多级多通路的交换网络，通常是开始的几级可以任意选择通路，后面几级需要按照出端地址选定通路，因此无连接的路由标签可以不包含前面几级的路由信息。

2．转发表控制选路

转发表控制选路是按照交换单元内部的转发表中的信息来完成选路的。如图 5.31 所示，每个交换单元有一张转发表，按照进入信元的 VPI/VCI 值可以查找到输出 VPI/VCI 值。信元在交换网络中传送时仍为 53 字节，没有增加任何开销，但在交换单元内部增加了控制选路所需的转发表。

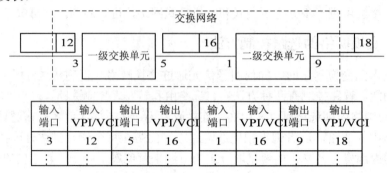

输入端口	输入VPI/VCI	输出端口	输出VPI/VCI	输入端口	输入VPI/VCI	输出端口	输出VPI/VCI
3	12	5	16	1	16	9	18
⋮	⋮	⋮	⋮	⋮	⋮	⋮	⋮

图 5.31　转发表控制的选路示例

交换单元转发表中的信息是在虚连接建立时写入的。如果交换网络内部采用无连接时，由于属于同一虚连接的信元会选用交换网络中的不同通路，那就需要在所有交换单元中都存放其路由信息。与自选路由相比较，转发表控制选路较易实现多播功能。

5.6.6　交换节点信元转发

1．ATM 网的网络结构

一个典型的 ATM 网络由 ATM 业务终端、ATM 接入系统、ATM 传输、ATM 交换节点等几部分组成，如图 5.32 所示。

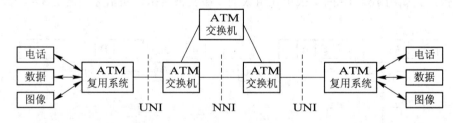

图 5.32　ATM 网的网络结构示例

2．ATM 交换节点转发表的建立

在电路交换网中，通常采用预先设置路由的选路方法。例如，我国的长途自动交换电话网中的选路按照首选高效直达路由，然后依次选择第一迂回路由，第二迂回路由，……直至最终路由的选路方法。ATM 标准制定的部门——ITU-T 和"ATM 论坛"，各自以不同的经历制定了两种截然不同的选路方法。ITU-T 建议仍然采用预先设置路由的选路方法，而"ATM 论坛"由于其组成单位大多数来自于计算机厂商，因此该组织推荐了名为专用网络—网络接口(PNNI)的分层动态选路方案。PNNI 最多可分为 105 层，PNNI 是静态选路。关于 PNNI 更深一步的内容可查阅相关资料。下面简要叙述 ITU-T 的路由选择方法。

ATM 网络的路由选择分为两个阶段：呼叫建立阶段和数据传输阶段，这两个阶段的路由选择是不同的。

1) ATM 网络的路由选择

ATM 网络中每个 ATM 交换机均有路由表。它是根据 ATM 网络的拓扑结构预先建立好的。路由表的更新由维护人员完成，类似于公用电话网 PSTN。

在呼叫建立阶段，ATM 信令信元(UNI 信令和 NNI 信令)在一个特定的虚通道(VPI=0，VCI=5)上传送，所有的 ATM 交换机都被配置成从这个虚信道接收信令信元。除了信令信元外，没有其它类型的数据信元通过该通道发送。每个 ATM 交换机都把所收到的信令信元递交给一个专门的信令处理模块进行处理，处理完之后，ATM 交换机把该信令信元转发出去。在 ATM 网络中，VPI/VCI 只在建立好的一段链路上有效，也就是说只具有局部意义。信令信元穿过 ATM 网络，从一个交换机到另外一个交换机，在信令所经过的每一个交换机中均建立 VPI/VCI 转发表，形成从源节点到目的节点的一系列 VPI/VCI 转发表，这些转发表构成了一条数据传输通路。

数据传输通路建立起来以后，就可以传递用户数据。当用户数据以 ATM 信元方式进入 ATM 节点后，根据输入信元头部的 VPI/VCI 值，查找 VPI/VCI 转发表，将输入信元的 VCI/VPI 值改变为相应输出信元的 VCI/VPI 值，并控制交换网络将信元交换到对应的输出端口上，这就完成了高速数据交换。

2) ATM 网络路由选择结果示例

前面介绍了 VC 相当于支流，VP 相当于干流。在接入侧用 VCI 管理的粒度比较细，可以管理到每一个连接。在高速骨干网中，可能同时有成百上千万个连接，可能同时有几千个 VC 在使用同一个 VP，用管理粒度比较粗的 VPI 进行管理，比用 VCI 进行管理无论从资源占用、管理复杂程度、软件设计等方面都容易得多。

图 5.33 为 ATM 网络路由选择结果示例。VPI/VCI 用(X.Y)表示，符号"X."用于骨干网内的 ATM 交换机上，表示它们仅仅查看 VPI 字段；符号"Y"则用于骨干网外的接入交换机上。

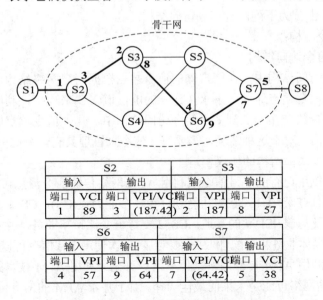

S2				S3			
输入		输出		输入		输出	
端口	VCI	端口	VPI/VCI	端口	VPI	端口	VPI
1	89	3	(187.42)	2	187	8	57

S6				S7			
输入		输出		输入		输出	
端口	VPI	端口	VPI	端口	VPI/VCI	端口	VCI
4	57	9	64	7	(64.42)	5	38

图 5.33 ATM 网络路由选择结果示例

ATM 交换机 S1、S8 为接入交换机，S2、S3、S4、S5、S6、S7 为骨干网的核心交换机，建立好的一条虚连接为 S1—S2—S3—S6—S7—S8，如图中粗黑线所示。ATM 交换机 S1 到 S2 的端口 1 的 VCI 为 89，S2 查找转发表，输出端口为 3，交换后的 VPI/VCI 为(187.42)；ATM 交换机 S2 连接到 S3 的端口 2，S3 查找转发表，输出端口为 8，交换后的 VPI 为 57；交换机 S3 连接到 S6 的端口 4，S6 查找转发表，输出端口为 9，交换后的 VPI 为 64；交换机 S3、S6 为核心交换机，只进行 VPI 交换，忽略 VCI，也就是说 VCI=42 在整个骨干网内保持不变；交换机 S7 的输出为接入交换机 S8，输入端口 7 的 VPI/VCI 为(64.42)，交换到输出端口 5 的 VCI 变为 38。

5.7 ATM 信 令

5.7.1 信令协议的体系结构

ATM 信令协议采用 OSI 的分层结构。图 5.34 分别规定了用户网络接口(UNI)和网络网络接口(NNI)在两种不同情况下的宽带信令协议结构。

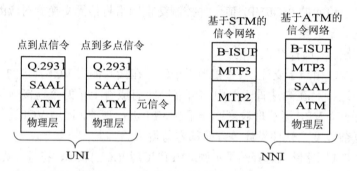

图 5.34 ATM 宽带网络信令协议结构

ITU-T 在 UNI 上分为下列两种信令访问结构：

● 点到点信令结构；

● 点到多点信令访问结构。

在点到点信令访问结构中，在用户侧的信令端点根据用户网络结构可以是单个终端也可以是智能终端。信令端点通过一条永久建立的虚信道(VC)来连接，利用该信道可以为用户提供呼叫建立和释放。在一点到多点信令访问结构中，几个信令端点放置于用户侧，如一点到多点终端结构。对于这种情况，需要有元信令来管理其它信令的关系。图 5.34 的左边给出了这两种信令访问结构的协议构造。

在 NNI 上，可以用已有的 7 号信令或利用 ATM 网络传输信令消息，其信令协议表示在图 5.34 的右边。ITU-T 将 B-ISUP 的功能划分为 3 个能力集(CS)：CS-1 支持基本承载业务和用户补充业务以及与 N-ISDN 的互通；CS-2 支持可变比特率业务，并将呼叫与连接控制分离；CS-3 支持多媒体业务和分配性业务。很明显，再次使用 7 号信令可以加快建立 B-ISDN 的实用化进程，但利用 ATM 传输网络来传输信令可充分利用 ATM 技术的优点。因此，基于 ATM 的信令传输网络可能是未来的最佳选择。对于基于 ATM 的信令传输，OAM 协议管理两交换机之间的 SVC，因而在 NNI 上不再需要元信令。

图中各层的基本功能如下:

(1) 物理层(PL): 主要提供有效信元的传送, 如实现速率耦合、信头差错控制、信元定界、扰码以及提供比特适配物理载体的功能, 详见 I.432 建议。

(2) ATM 层: 对 ATM 信令实现信令虚信道的连接(VCC)和释放, 以采用固定长度来传递各种信令信息。在 UNI 的用户接入信令中, 除完成上述功能外, 对点到多点的虚拟信令信道连接, 还必须包括元信令, 以实现 SVCC 的分配、检测和释放等管理功能, 详见 ITU Q.2120 建议。

(3) 信令 ATM 适配层 SAAL: 为了支持 B−ISDN 信令业务, 必须在 ATM 层的基础上附加信令的 ATM 适配层, 构成 OSI 层次模型的第二层数据链路层功能。SAAL 是将高层各种业务的协议数据单元(PDU)作为 SAAL 的业务数据单元(SDU), 并将其分割成固定长度为 48 字节的信息块, 作为 ATM 层的 SDU, 装入信元的信息字段, 并完成逆过程。

(4) Q.2931 用户应用层: 在 UNI 的高层是用户呼叫的建立和释放以及用户补充业务等程序, 详见 Q.2931 和 Q.2951 等建议。

(5) MTP: 完成 CCITT 7 号信令方式中消息传递部分(MTP)的三级信令网功能, 详见有关 7 号信令建议。

(6) B-ISUP(Q.2761～Q.2764 建议): 规定了局间宽带 ISDN 业务呼叫的建立与释放以及用户补充业务的信令程序。它可以应用于国际和国内的 B-ISDN 网络, 在转接节点, B-ISUP 可以支持 1992 年版本规定的 N-ISUP 提供的业务。若国内 B-ISUP 中有国际 B-ISUP 未规定的业务, 可以引入新的编码以满足国内特定业务的要求。ITU-T 有关用户补充业务由 Q.2730 规定, B-ISUP 和 N-ISUP 的配合由建议 Q.2660 规定。

5.7.2 信令消息

1. UNI 信令消息

Q.2931 协议和"ATM 论坛"的 UNI 规范版本 3.0 定义的主要消息如图 5.35 所示。

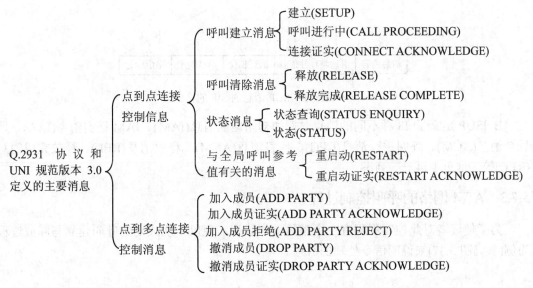

图 5.35 UNI 信令消息

每个信令消息都包含一些信息单元，其中一些是强制性的(M)，另一些是选择性的(O)。协议中主要使用的强制性信息单元为：

- 要求的 ATM 用户信元速率；
- 被呼叫方号码；
- 连接标识符(分配的 VPI/VCI)；
- 要求的业务质量(QoS)类别。

与某个呼叫有关的消息中，每个消息都应包含一个共同的必备信息单元，即呼叫参考值(Call Reference)，它在信令接口上是惟一的。所有的消息必须包括一个关于其类型、长度和协议鉴别语的信息单元。除必备信息单元外，每个消息还应包括大量的可选信息单元，如：

- 要求的宽带承载能力；
- 宽带低层和高层信息；
- AAL 参数；
- 被叫方子地址；
- 主叫方号码和子地址；
- 中间网络选择；
- 原因码；
- 端点参照标识符和端点状态数。

2. NNI 信令消息

B-ISUP 的消息结构与 N-ISDN 的相同，其业务指示语(SI)为 1001，信令信息字段(SIF)的格式如图 5.36 所示。

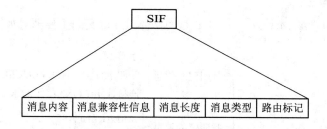

图 5.36　B-ISUP 消息的 SIF 的格式

B-ISUP 定义了 28 种不同的消息，例如初始地址消息(IAM)、IAM 证实消息(IAA)、地址全消息(ACM)、呼叫进行消息(CPG)、应答消息(ANM)、释放消息(REL)、释放完成消息(RLC)等，这里不再一一列举。

5.7.3　ATM 网络的呼叫控制过程

为了使读者对此控制规程有一个整体上的认识，现以一次成功的呼叫建立与释放过程为例(参见图 5.37)来说明信令处理的流程。

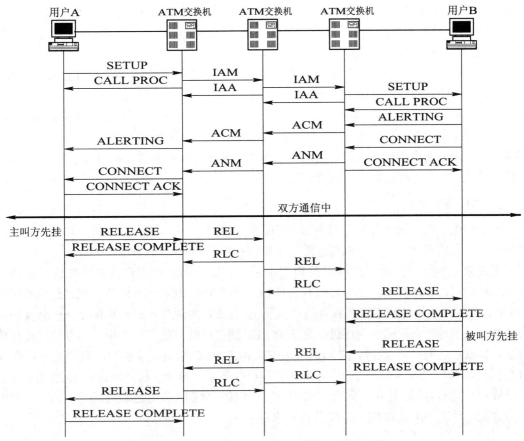

图 5.37　ATM 网络呼叫建立、保持和释放过程

1. 成功连接的呼叫建立规程

当本地交换机收到主叫用户发来的建立消息(SETUP)后,要进行判断,如果确认此次呼叫为出局呼叫,就启动网络信令 B-ISUP 规程,进行路由选择与 VC 分配等处理,然后向后续的中转交换机发出 IAM 信息。IAM 消息中各参数的内容,一部分是由本地交换机的路由选择处理而得到的,用来使各个转接交换机能正确地确定路由;另一部分是根据用户信令的 SETUP 消息中的信息单元转换过来的。转接交换机收到前一级交换机发来的 IAM 消息后,为这次呼叫分配其将要使用的 VPI/VCI 以及相应的 VC 所占用的带宽。完成这些处理后,便向前一级交换机回送 IAA(IAM ACK)消息,同时向后一级交换机转发 IAM 消息。当 IAM 消息被逐级转发到与被叫用户相接的交换机(称为远端交换机)后,远端交换机首先向前一级回送 IAA 消息,然后进行一系列的处理:首先分析被叫地址,确定这一呼叫要连接到哪个被叫用户;然后再检验这样的连接是否允许,如果允许,就启动用户信令规程,向被叫用户发建立消息(SETUP)。

远端交换机向被叫用户发出建立消息后,将向本地交换机方向回送 ACM 消息,利用消息中的"被叫状态"这一参数指示被叫用户是否处于提示状态。沿途各转接交换机对 ACM 消息逐级转发,直至本地交换机。当本地交换机收到 ACM 消息并得知被叫用户已开始提示消息(ALERTING)后,就向主叫用户发用户信令中的提示消息。如果远端交换机发出 ACM

消息时，被叫用户还没有开始提示，而在此之后才收到被叫用户发来的提示消息(ALERTING)，那么远端交换机将利用呼叫进展消息(CPG)来指示。这种情况下，本地交换机是在收到 ACM 消息后向主叫用户发提示消息的。

当远端交换机收到被叫用户的连接消息(CONNECT)后，将向本地交换机方向送 ANM 消息。沿途各中间交换机收到这一消息后，先将本交换机所控制的供这一呼叫使用的双向 VC 连接接通，然后再向前一级交换机转发 ANM 消息。当本地交换机收到 ANM 消息后，也将自己所控制的 VC 连接接通，这样，在网络内部已经为这次呼叫建立起来了双向的 VC 连接。此后本地交换机向主叫用户发用户信令连接消息(CONNECT)。至此，网络信令为一次呼叫成功地建立连接的处理过程就结束了。

2. 连接释放过程

不论是由主叫用户发起的连接释放，还是由被叫用户发起的连接释放，其处理过程是完全一致的，只不过本地交换机与远端交换机所执行的功能对调而已。

下面以主叫用户发起释放的情况为例来说明。接收到主叫用户发来的释放请求消息(RELEASE)后，本地交换机立即释放其所控制的该呼叫占用的 VC 连接，也就是说相应的 VPI/VCI 与其所占用的网络资源就被重新利用了。然后本地交换机向后续交换机转发释放消息 REL。当远端交换机收到逐级转发来的 REL 消息后就启动被叫侧用户信令的连接释放规程，释放相应的 VC 连接，并回送释放完成消息(RLC)给远端交换机。远端交换机转发 RLC 消息，释放相应的 VC 连接；当中间交换机收到下一级交换机发回来的 RLC 消息后，才释放其所控制的 VC 连接。至此，网络信令中连接释放的控制过程就完成了。这一过程中的消息流程可以用图 5.37 的下半部分流程来表示。

5.8 ATM 网络的业务量管理

前面介绍 ATM 适配层业务类型分为 A、B、C、D 四种，适配层作用是将不同种类的用户信息适配成适合在网络中传输的 ATM 信元，用在 ATM 网络接入侧。

那么如何在 ATM 网络中保证不同业务的服务质量呢？为此"ATM 论坛"定义了四种服务类别：恒定比特率服务(CBR)、可变比特率服务(VBR)、可用比特率服务(ABR)和非指定比特率服务(UBR)。其中，可变比特率服务分为实时(rt-VBR)和非实时(nrt-VBR)。

CBR 服务为用户提供一条恒定带宽的信道，它需要在整个连接持续期间具有连续可用的恒定数据率，并对传输时延有相对严格的上限要求。CBR 通常用于未压缩的声音和视频信息。rt-VBR 服务为用户提供实时的可变速率的信息传输，对时延和时延抖动有严格的要求。rt-VBR 与 CBR 的不同之处是 rt-VBR 应用的传输速率会随着时间变化。rt-VBR 服务比 CBR 允许网络有更大的灵活性。nrt-VBR 服务用来传输非实时的突发性业务。ABR 采用基于速率的闭环控制原理，根据网络运行情况自适应地要求信息源端调整速率，即在网络拥塞时降低信息源端速率，在解除拥塞后升高信息源端速率，信息源端速率在峰值信元速率 PCR 和最小信元速率 MCR 之间动态调整。UBR 提供尽力而为的服务，不保证时延、丢失率。在网络拥塞时，直接丢弃 UBR 信元。

5.8.1　网络资源管理

网络资源一般是指系统的带宽、缓存器容量以及 CPU 的处理能力等。网络资源管理包括对系统带宽的分配、缓存器划分以及 CPU 的调度等。在程控电话交换中，每次呼叫带宽是固定的，64 kb/s。在分组交换中，当会话连接建立后带宽也是固定的。但在 ATM 中，一次呼叫或某一类业务所需带宽的多少与该呼叫或业务的业务量参数和所要求的服务质量有关。

目前有两种方法可进行动态带宽管理和缓存器的快速资源管理，一种是带宽预留，另外一种是缓冲器预留。

快速带宽预留就是在突发业务信息发送前，请求端到端路由过程中的每个节点上预留带宽。

5.8.2　呼叫接纳控制

呼叫接纳控制(CAC)是 ATM 特有的。在电路交换中，呼叫的带宽是固定的，如 64 kb/s，只要从发端到终端选择一条通路，该呼叫即允许。但在 ATM 中，每次呼叫的带宽不固定，呼叫接纳不仅与业务量参数有关，而且还决定于服务质量。下面首先介绍业务流量参数和服务质量参数。

1．服务质量参数

服务质量参数包括信元丢失率(CLR)、信元传递时延(CTD)、信元时延抖动(CDV)、信元错插率、误码率等。信元丢失率为丢失信元与发送信元的比率。信元传递时延包括线路传送时延、编码和解码时延、分段和重装时延、ATM 节点处理时延(包括交换、排队、路由等时延)。信元时延抖动指信元聚结的程度，表示实际信元间隔与标准信元间隔的接近程度。信元错插率指错插信元与时间间隔的比率。误码率表示传递比特的出错概率。

2．业务流量参数

ATM 网络中规定了几种基本的业务流量参数，网络根据这些参数对各种类型的业务分配带宽并进行拥塞控制。这些参数包括峰值信元速率(PCR)、信元延时变化容限(CDVT)、可持续的信元速率(SCR)、突发容限(BT)等。

峰值信元速率表示在 ATM 连接上能够发送的信息速率的上限，用发送相邻两个信元的最小时间间隔的倒数表示。

信元延时变化容限是表示终端生成信元后，在 UNI 上容许该信元传递时间间隔变化的范围参数。这种时延变化是由物理层的开销和用户网络接口处的复用设备造成的。

可持续的信元速率是可变比特率类业务应用参数，它表示在 ATM 连接上得到保证的平均速率的上限。平均速率指发送的信元数与连接时间的比值。在统计复用时，用大于可持续的信元速率而小于峰值信元速率的速率传送信元，可使业务得到保证。

突发容限也是可变比特率业务的参数，对应于最大突发长度。

3．连接接纳控制(CAC)过程

如图 5.38 所示，当用户向网络提出连接申请时，要给网络提交所申请连接的业务流量

参数。网络根据当前资源和建立该连接所需要的资源进行决策。如果网络的当前资源能满足该连接申请的需求，则接受该连接申请，分配所需网络资源，并在用户和网络之间建立流量合约(解释)。否则，拒绝该连接申请。

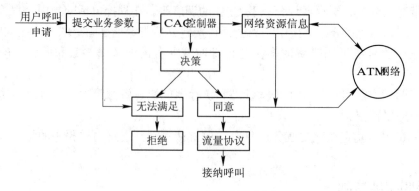

图 5.38　CAC 控制示意图

网络资源的分配办法有两种。一种是按峰值信元速率分配资源的方法，也称为"非统计类 CAC 方法"，它是按峰值信元速率给用户分配网络资源，用于 CBR A 类业务的资源分配。其优点是实现简单，可以保证服务质量；缺点是对速率变化很大的变比特率业务来说，网络资源浪费严重。另一种 CAC 方法是等效带宽法，它是根据单个连接中信元的分布，综合网络中多个连接业务的特征来分配资源，即按等效带宽来分配资源，用于 VBR 业务的资源分配。这种方式实现复杂，但可以提高网络资源的利用率。

CAC 是交换机中的软件功能，它负责决定是否接受一个呼叫请求。呼叫请求中定义了业务源流量参数和所要求的 QoS 类别。CAC 在 PVC 建立时间或 SVC 呼叫产生时间决定是否接受呼叫请求。如果网络在接受某一请求时能确保所有已存在的连接 QoS 不受影响，则CAC 接受该呼叫请求。CAC 可以逐节点受理请求，也可以利用集中系统进行。对于接受的请求，CAC 确定 UPC/NPC 参数、路由和资源分配。分配的资源包括中继线带宽、缓冲器空间和交换机内部资源。

为了获得较高的交换速率，CAC 必须简单而且快速。CAC 的复杂性与流量描述器有关。最简单的 CAC 算法是对峰值信元率的分配，如果峰值信元率的总和超过了中继线带宽，CAC就拒绝呼叫请求。CAC 也允许在一定程度上"过载"分配网络资源，以便增加统计复用增益。

CAC 在各节点工作的受理逻辑大致可分为两种。一种是计量流入各 VP 的信元数，以此作为判断受理 VC 的依据，此种方式适合于事先流量很难预测的数据通信业务。另一种是不依据业务量计量，而以用户申告的流量描述器为基础进行受理判断。

5.8.3　使用参数控制

使用参数控制分为两种，一种是用户使用参数控制(UPC)，另外一种是网络参数控制(NPC)。用户使用参数控制是指在用户接入点(UNI)上对来自用户的信元流进行监测和控制；如果网络对来自另一网络的信元流在 NNI 上进行监控，则称之为网络参数控制。UPC/NPC的主要目的在于通过监测和控制业务流量确保带宽和缓冲器等资源根据其流量合同(用户和网络之间的双重承诺)在用户中合理分配。如果没有 UPC/NPC，网络资源就会被无意地或恶意地过量占用，以至影响到其它已建立的 ATM 连接的业务质量。标准中没有严格规范 UPC 和 NPC 功能的实现方法，但规范了基于漏桶证实算法的 UPC/NPC 实现的性能。流量合同中的一致性连接定义确定了网络 UPC 的实现与理想的认证测试准则之间允许的误差程度，即 UPC 的松弛度。UPC 要控制 ATM 连接所递交的业务量，以保证商定的流量合同得以遵守，其目标是由用户产生的超过流量合同规定的业务量永远不能接入网络。因此，UPC 首先要对用户递交的信元流进行认证测试，以确定信元流是否遵守流量合同，从而激发信元级别的适当动作：当用户信元流遵守流量合同时，使信元通过(及允许接入网络)，当 UPC 与流量成形(traffic shapping)结合时还可以进行信元间隔空间重排；而当用户信元流违反合同时，可对违约信元进行标记(即对 CLP 为 0 的信元进行操作，使其 CLP 为 1)或直接将违约信元丢弃。当用户信元流违约时，甚至还会导致连接级别的动作，即将连接释放。是否选用这一功能将由网络运营者决定。

5.8.4　整形

根据排队理论，一个排队系统的服务性能不仅与服务时间分布、服务规则、缓冲器长度有关，还与顾客到达的分布密切相关。在其它系统参数固定的情况下，顾客到达这一随机过程的统计特性越平滑，其服务质量就越好。在 ATM 网络中，业务流是高度突发的，其业务速率变化很大。因此，如果能适当地改善业务流进入网络的统计特性，无疑会改善业务的服务质量。业务量整形就是完成这样的功能。

下面列举了流量整形的几种实现方法：

- 缓冲；
- 间隔(spacing)；
- 降低峰值信元率；
- 限制突发长度；
- 限制业务源速率；
- 优先权排队；
- 帧处理(Framing)。

为了确保信元流不违反合同中的流量参数，可采用缓冲与漏桶算法相结合的方法，即缓冲违约的信元直至漏桶证实这些缓冲信元已经守约。

终端利用间隔方法保存某个队列中来自多个虚连接的信元，通过安排这些信元离开队列的时间来确保输出信元流守约，并且减少时延抖动。

降低峰值信元率方法可以通过控制发端的峰值信元率(低于流量合同中规定的峰值信元率)来实现，这是一种保守的方法，它可减少违约的可能性。

突发长度限制方法类似于降低峰值信元率方法，它要求业务源设置突发长度小于流量合同中的最大突发长度(MBS)。

限制业务源速率是流量整形的一种隐含形式，它发生在实际业务源速率受限时，如电路仿真中，业务源速率受到固有限制。

帧处理在 ATM 信元序列上附加类似的 TDM 结构，利用帧结构将具有时延抖动控制要求的信元流安排到下一帧。

5.8.5 信元丢失和优先级控制

ATM 信元头部有一信元丢失优先级(CLP)字段,是指在网络发生拥塞时该信元被丢弃的优先级。0 为高优先级,1 为低优先级。对于高优先级信元,网络应分配足够的资源,保证其可靠地按时到达;对于低优先级信元,如果网络发生拥塞,必要时可以丢弃。

优先权控制有助于高性能应用取得所要求的全方位 QoS 丢失参数和时延参数。这种控制可以采用优先权排队业务调度(Service scheduling)和公平排队等方法实现。一般来说,在交换机中存在着多个队列,以便那些不允许时延的信元能够安排到可以存在时延的信元流之前。

优先权排队可以定义在不同的 VPC 和 VCC 之间,以便同时满足时延优先权和丢失优先权。图 5.39 列举了这种控制方法。在本例中,优先权排队功能安排在交换机的输出缓冲器上。来自于多个输入的信元流查找其在内部的优先权值,根据其优先权值到达输出口一个对应的队列。ATM 输出口根据某种特定的调度(scheduling)算法为每个队列提供服务。最简单的一种调度算法可描述为:对于优先级最高的队列,只要其中存在信元,输出口就总是首先为其服务。这种算法确保最高优先权的缓冲器具有最低的丢失率和时延。另外还可选择其它一些调度算法以将时延抖动均匀地分布在多个队列上。例如,某种调度算法可以使每个队列的信元在其最大时延到达之前发送,这就使最低优先权队列的时延抖动变小。这种调度算法非常有益于低速的帧传输协议,如帧中继。

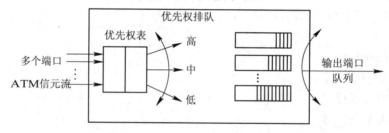

图 5.39 优先权排队

优先权队列与信元丢弃功能相结合可以保证每个优先权队列中的丢失和时延保持在一定的范围内,并为拥塞控制提供了一个工具。

5.8.6 流量控制与拥塞控制

在分组交换和程控交换中采用"窗口"法作为流量控制和拥塞控制的主要方法。所谓"窗口"法,即当分组网中的分组数量超过事先约定的数(称"窗口"数)时,分组交换机就让没有进入网络的分组在缓冲器中排队等待。在程控交换机内,当同时呼叫的用户数超过一定用户数(亦可称"窗口"数)时,拒绝接受呼叫,产生呼损。但 ATM 采用光纤传输,传输速率非常高,信元在光纤中的时延非常短。比如,传输速率为 155 Mb/s 的 1000 km 光纤来回传输时延大约为 10 ms,当控制发生时,在这 1000 km 长的线路上大约有 $3656(10/(53\times8/155\times10^3))$ 个信元正在传送中,对如此多的信元已无法控制。因此,传统的"窗口"法不适合 ATM 网络。

ATM 中的流量控制和拥塞控制措施可分为预防式和反应式两大类。预防式流量控制是在网络拥塞发生前对进入网络的业务量进行限制。预防式流量控制是一种预先告知网络通信能力的控制方法，影响网络带宽的利用率。反应式流量控制如同分组交换网络中的"窗口"法那样，当网络中信元数超过一定数量时，对进入的信元进行控制，如用信元速率适配法或选择性地丢弃信元。反应式流量控制是将网络拥塞发生点的信息返回到源节点，以便降低速率。

在拥塞状态下，用户提供给网络的净荷接近或超过了网络的设计极限，从而不能保证流量合同中规定的业务质量(QoS)。这种现象主要是因为网络资源受限或突然出现故障所致。造成 ATM 拥塞的网络资源一般包括交换机输入/输出口、缓冲器、传输链路、ATM 适配层处理器和呼叫接纳控制器(CAC)。发生拥塞的资源也称为瓶颈或拥塞点。

1．拥塞控制的因素

一些应用特性对拥塞的产生负有一定责任，如连接模式、重传策略、认证策略、响应机制和流量控制等。与应用特性相反，一定的网络特性对控制拥塞起到了积极作用，如排队策略、业务调度策略、信元废弃策略、路由选择、传播时延、处理时延和连接模式等。

拥塞可以发生在不同的时间层次，如信元转发级、突发级或呼叫级。拥塞也可以发生在单个资源空间或多个资源空间。检测拥塞被称为标识、反馈或标记。

对拥塞的响应既可发生在不同时间层次，如信元级、突发级和呼叫级；也可发生在空间层次，如收端或发端上的单个节点或多个节点。对拥塞的响应也称为拥塞控制、响应或动作。

2．拥塞控制的分类

拥塞控制方法包括拥塞管理、拥塞回避和拥塞恢复三种类别。每类控制机制可以工作在信元转发级、突发级和呼叫级。

拥塞管理工作在非拥塞区域，其目的是确保网络净荷不要进入拥塞区域。这种机制包括资源分配，丢弃型用户使用参数控制(UPC)，完全预约或绝对保证的呼叫接纳允许控制(CAC)以及网络工程。

拥塞回避是一组实时的控制机制，它可在网络过载期间避免拥塞和从拥塞中恢复。例如某些节点或链路出故障时，就需要这种机制。拥塞回避程序通常工作在非拥塞区域和轻度拥塞区域之间，或整个轻度拥塞区域。

拥塞恢复程序可以避免降低网络已向用户承诺的业务质量。当网络因拥塞开始经受严重的丢失或急剧增加时延时，应启动该拥塞恢复程序。拥塞恢复包括选择性信元废弃，UPC参数的动态设置，由严重丢失驱动的反馈或断开连接(disconnect)等。

思　考　题

5.1　ATM 技术有哪些特点？

5.2　为什么说 ATM 技术综合了电路交换和分组交换的特点？请简要说明原因。

5.3　试画出 ATM 信元的组成格式，并说明在 UNI 和 NNI 上信头格式有何不同。

5.4　信元信头中 CLP 起什么作用？

5.5　在信元头部，VPI/VCI 的作用是什么？

5.6　设计一个面向连接的网络，使得 VCI 在从远端到目的端的传输过程中可以保持一致。比较这种网络与 VCI 只在本地有效的网络之间的优劣。

5.7　什么是虚信道？什么是虚通道？它们之间存在什么样的关系？

5.8　给出图 5.40 ATM 复用后的输出结果。

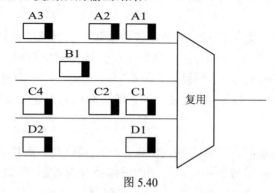

图 5.40

5.9　在 ATM 参考模型中，用户平面、控制平面和管理平面的作用分别是什么？

5.10　ATM 信元定界方法是基于 HEC 的搜索，为什么在捕捉状态时要逐个比特地进行，而在预同步和同步状态时要逐个信元进行？

5.11　如果用 AAL3/4 发送一个 1500 字节大小的包，要比通过 AAL5 发送它多花几个字节？

5.12　ATM 交换单元分为哪几种类型？它们的优缺点分别是什么？

5.13　VC 交换与 VP 交换在转发表上有何差别？

5.14　在 UNI 接口处最多可以定义多少个虚连接？在 NNI 接口处又最多可以定义多少个虚连接？

5.15　ATM 交换机有哪几个模块组成？分别完成什么功能？

5.16　Banyan 网络具有自选路由的功能。对照图 5.27，画出 010 从 5 号输入端口到输出端口选路的过程。

5.17　交换网络内部选路有哪两种方法？

5.18　区别内部阻塞与输出冲突的含义。

5.19　针对图 5.29 所示的 Batcher-Banyan 网络，任选几个原来在 Banyan 网络会遇到内部阻塞的输入信元，看它们现在通过 Batcher-Banyan 网络是否还会遇到阻塞。

5.20　内部缓冲与外部缓冲有何区别？内部缓冲有几种方式？外部缓冲又有几种方式？

5.21　提供端到端的传送能力的 ATM 虚连接有哪两种类型？

5.22　简要介绍 ATM 网络资源管理的两种方法。

5.23　为什么说呼叫接纳控制 CAC 是 ATM 特有的功能？

5.24　ATM 网络中流量控制和拥塞控制的方法是什么？

第 6 章 局域网交换技术

计算机硬件价格的急剧下跌以及性能的不断提升,使得局域网 LAN(Local Area Network) 在企业和各种组织机构中迅速普及。由于 LAN 在信息发布、资源共享、办公自动化等方面的作用,现代企业对它的依赖程度已经超过了电话系统。

另一方面,千兆以太网技术的成熟使得广域网和局域网之间的界限变得越来越模糊。以太网目前除了已在电信接入网占据了很大份额外,由于对 IP 良好的支持,它也成为电信部门构建未来宽带城域网和广域骨干网的首选技术之一。

本章介绍以以太网(Ethernet)为代表的局域网交换技术以及多层交换的概念。由于各类局域网交换技术和它们的设备应具有的功能之间的界限比较模糊,没有明确的标准来界定(制造商在这里起了决定作用),因而我们将关注经典的定义,以方便理解。

6.1 局域网的基本概念

6.1.1 局域网的体系结构

局域网的体系结构在 20 世纪 80 年代初由 IEEE 802 委员会开始制定,到目前为止已经产生了多个关于局域网的标准,它们统称为 IEEE 802 标准系列,著名的包括 CSMA/CD(习惯称为 Ethernet)、令牌环、令牌总线、无线局域网 WLAN 等。

与 OSI 比较,局域网主要的设计思想是在共享介质上以广播分组方式实现计算机间的通信,因而它不要求网络提供路由选择和中间交换等功能,因此 IEEE 802 参考模型没有定义网络层,只定义了数据链路层和物理层的功能。其中,数据链路层分为两个子层:介质访问控制 MAC(Medium Access Control)子层和逻辑链路控制 LLC(Logical Link Control)子层。引入独立的 MAC 子层的原因是,传统的第二层协议中没有定义共享介质的访问控制逻辑,而且独立的 MAC 子层也允许同一个 LLC 可以灵活地选择接入不同的物理网络。不同的局域网标准之间的差别主要在物理层和 MAC 子层,而在 LLC 子层则是兼容的。

按 OSI 的观点,有关传输介质的规格和网络拓扑结构的说明应比物理层还低,但对局域网来说这两者却至关重要,因而在 802 模型中包含了对两者详细的规定。图 6.1 是局域网参考模型与 OSI 参考模型的对比。

图中物理层的主要功能是:

(1) 信号的编/解码。

(2) 前缀的生成与删除(用于同步)。

(3) 比特的传输和接收。

(4) 传输介质的的规格说明等。

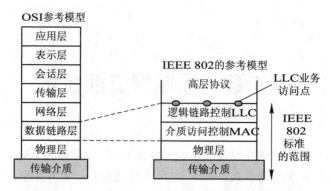

图 6.1　IEEE 802 的参考模型与 OSI 模型的比较

MAC 子层负责共享介质的访问控制，它与具体的物理介质有关，其主要功能包括：

(1) 发端传输时将上层来的数据封装成帧后进行发送(接收时执行相反的动作)。

(2) 差错检测。

(3) LAN 传输介质访问控制。

LLC 子层独立于具体的局域网类型(总线、令牌环、令牌总线等)，是各类局域网的公共部分，其主要功能有：

(1) 数据链路层逻辑连接的建立和释放。

(2) 提供与高层的接口。

(3) 差错控制、流量控制等。

由于在各种局域网技术中，Ethernet 技术占据了绝对的统治地位，因此本章重点介绍基于 Ethernet 的局域网交换技术。

6.1.2　Ethernet 标准

IEEE 802.3 定义了一种基带总线局域网标准，其速率为共享总线 10 Mb/s。该标准包含 MAC 子层和物理层的内容。

根据物理层介质的不同，Ethernet 可分为 10BASE-2(基带细同轴)、10BASE-5(基带粗同轴)、10BASE-T(基带双绞线)、10BASE-FL(基带光纤)几种类型。在 MAC 子层，共享介质的访问控制采用 CSMA/CD 协议(Carrier Sense Multiple Access with Collision Detection)。由于历史的原因，人们习惯上将采用 IEEE 802.3 标准的局域网称为 Ethernet。

1. CSMA/CD 协议

Ethernet 的 MAC 层采用带冲突检测的载波监听多路访问技术(CSMA/CD 协议)，它是一种典型的随机访问或竞争技术，即多站点共享一条物理介质时，每个站点传输信息时都没有预先安排的时间，并且何时传输信息不可预测，因此它是随机访问，并且每一次传输要和其它站点争用总线使用权，因此它又是一种竞争技术。由于信号传输时延的存在，总会发生两个或多个站点同时占用介质传输数据帧的冲突情况。为解决这一问题，CSMA/CD 采用了每个站点边发送边监听的技术，其规则是：

(1) 监听介质是否空闲，若空闲就传输，否则转第二步。

(2) 一直监听到信道空闲，然后马上传输。

(3) 在传输的过程中同时继续监听，若发现冲突，则发出一个短小的干扰信号，进行冲突强化，以使所有站点都知道发生了冲突并停止传输。

(4) 发送完干扰信号，等待一段随机的时间后，再重新传输(从第一步开始)。

实现冲突检测的方法很多，最简单的一种是比较接收到的信号的电压的大小。在基带传输时，当两个信号叠加在一起时，电压的波动值比正常值大一倍，因而只要检测到电压的波动值超过某一门限值时，就可判定发生了冲突，但该方法不适用于站点较远的情况。

另一种方法是在发送帧的同时也接收帧，将收到的信号进行逐比特的比较，若发现不符就判定发生了冲突。对于采用曼彻斯特编码的局域网，由于码字的过零点在正常情况下总在正中间位置，因此当发生碰撞时，通过检测过零点位置的变化就可以判断是否发生了冲突。

2. Ethernet 帧结构

图 6.2(a)描述了 MAC 地址的具体结构。图 6.2(b)描述了 802.3 协议的帧结构，它由以下字段组成：

(1) 前导码(preamble)：一个 0 和 1 交替的 7 字节串，接收者用它来建立位同步。

(2) 帧起始定界符 SFD(start of frame delimiter)：为 10101011 序列，指明帧的实际起始位置。

(3) 目的地址：指明该帧的接收者，标准允许 2 字节和 6 字节两种长度的地址形式，但 10 M 基带以太网只使用 6 字节地址。目的地址的最高位标识地址的性质，"0"代表这是一个单播地址，"1"则代表这是一个群地址，群地址用于实现多播通信(multicast)。目的地址取值为全"1"则代表这是一个广播帧。

(4) 源地址：指明发出该帧的源站点。

(5) 长度：指明 LLC 数据字段以字节为单位的长度。

(6) LLC 数据：由 LLC 子层提供的数据。

(7) 填充(PAD)：为保证帧的长度满足要进行的适当的冲突检测，802.3 标准规定帧的最小长度必须大于等于 64 字节，但又允许 LLC 数据字段长度为 0，因而在某些情况下必须增加填充字节。

(8) FCS：帧校验序列。

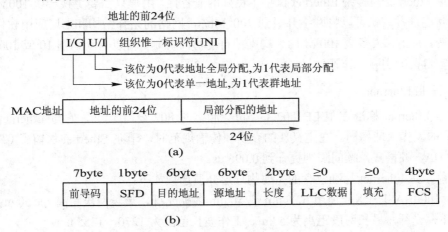

图 6.2　MAC 地址的结构和 802.3 的帧结构

(a) MAC 地址的具体结构；(b) 802.3 的帧结构

3．Ethernet 物理层介质

对于具体可选用的物理层的实现方案，IEEE 802.3 制定了一个简明的表示法：

<以 Mb/s 为单位的传输速率> <信号调制方式><以百米为单位的网段的最大长度>

例如 10BASE2 中的 10 代表传输速率是 10 Mb/s，BASE 代表采用基带信号方式，2 代表一个网段的长度是 200 米。

表 6.1 描述了 IEEE 802.3 10 Mb/s 物理层的介质选项。

表 6.1   IEEE 802.3 10 Mb/s 物理层的介质选项

传输介质	10BASE5	10BASE2	10BASE-T	10BASE-F
	同轴电缆(粗)	同轴电缆(细)	非屏蔽双绞线	850nm 光纤对
编码技术	基带(曼彻斯特码)	基带(曼彻斯特码)	基带(曼彻斯特码)	基带(曼彻斯特码)
拓扑结构	总线	总线	星型	星型
最大段长/m	500	185	100	500
每段最大节点数	100	30	—	33
线缆直径	10 mm	5 mm	0.4～0.6 mm	62.5/125 μm

4．百兆 Ethernet

100 兆 Ethernet 指 100BASE-T 或快速 Ethernet，IEEE 802.3 委员会于 1995 制定了快速 Ethernet 标准 802.3μ，新标准作为对 802.3 的补充和扩充，保持了和原有标准的兼容性。

快速 Ethernet 在 MAC 子层仍然使用 CSMA/CD 协议，帧结构和帧的最小长度也保持不变，但帧的发送间隔从 9.6 μs 减少到 0.96 μs，以支持在共享介质上的 100 Mb/s 基带信号的传输速率。

快速 Ethernet 标准也定义了多种物理介质的选项规范，它们都要求在两个节点之间使用两条物理链路：一条用于信号发送，另一条用于信号接收。其中：100BASE-TX 要求使用一对屏蔽双绞线(STP)或五类无屏蔽双绞线(UTP)；100BASE-FX 使用一对光纤；100BASE-T4 使用 4 对三类或 5 类 UTP，它主要是为目前存在的大量话音级的 UTP 设计的。

快速 Ethernet 与传统 Ethernet 保持了良好的兼容性，用户只需要更换一块 100M 网卡和相关的互连设备，就可以将网络升级到 100 Mb/s，网络的拓扑结构和上层应用软件均可以保持不变。目前，大多数 100 M 网卡均支持自动协商机制，可以自动识别 10 或 100 M 的网络，确定自己的实际工作速率。

5．千兆 Ethernet

千兆 Ethernet 标准在 IEEE 802.3 委员会制定的 802.3z 中定义，它与 Ethernet 和快速 Ethernet 的工作原理相同。在定义新的介质和传输规范时，千兆 Ethernet 保留了 CSMA/CD 协议和 MAC 帧格式，帧间隔则提升到 0.096 μs。

目前千兆 Ethernet 标准包含的主要物理层介质选项如下：

(1) 1000BASE-LX：使用 62.5 μm 或 50 μm 多模光纤，最长网段距离为 550 m；采用 10 μm 单模光纤，最长网段距离为 5 km。工作波长范围为 1270～1355 nm。

(2) 1000BASE-SX：使用 62.5 μm 多模光纤，最长网段距离为 275 m；采用 50 μm 多模光纤，最长网段距离为 550 m。工作波长范围为 770～860 nm。

(3) 1000BASE-T：使用 4 对五类 UTP，最长网段距离为 100 m。

上述选项中除 1000BASE-T 使用 4D-PAM5 编码方案外，其它都使用 8B/10B 方案。目前来看，千兆 Ethernet 技术主要应用于两个方面：

(1) 在局域网方面主要用于组建骨干网络。在局域网交换机到交换机的互连中使用千兆 Ethernet 接口，例如长距离使用光纤，短距离则使用铜线，以解决由于 100 兆 Ethernet 普及后，对骨干网带宽的压力。在局域网中的另外一个应用是交换机至信息服务器的连接，以解决信息访问瓶颈。

(2) 在广域网和城域网中，由于千兆 Ethernet 与 ATM 技术相比，不但技术简单，而且成本低，提供宽带的的能力也强于 ATM，与现有的企业、机构局域网互通简单，因而它目前也被广泛用于组建基于 IP 的城域网和 IP 广域骨干网。

6.1.3　共享介质局域网的缺点

如前所述，Ethernet 是一种共享介质技术，在 MAC 层中采用了 CSMA/CD 技术，其特点是：任何时候，网络只允许一个终端发送数据，其它终端则处于接收状态；网络实际上工作在串行方式下；整个网络的带宽为大家共享；适用于终端数目不多的低速数据业务环境。其它局域网技术如令牌环、令牌总线、FDDI 也具有相同的特点。

为更好的解释交换式局域网技术，我们先解释下面三个术语：

(1) 网段：指由连接在同一共享介质上、相互能听到对方发出的广播帧且处在同一冲突碰撞区域的站点组成的网络区域。

(2) 冲突域：指在共享介质型局域网中，会发生冲突碰撞的区域。在一个冲突域中，同时只能有一个站点发送数据。

(3) 广播域：当局域网上任意一个站点发送广播帧时，凡能收到广播帧的区域称为广播域，这一区域中的所有站点称为处在同一个广播域。

共享介质局域网最大的缺点是：当网络规模增大，用户数目增多时，数据传输时延会急剧上升。为解决这一问题，引入了网桥和路由器技术对网络进行分段，此时网桥和路由器的每一个端口连接一个网段，每个网段是一个独立的冲突域，不同网段内的通信相互不会影响，这在一定程度上解决了冲突增加导致的性能下降问题。

网桥出现在 20 世纪 80 年代早期，是一种用于连接相同或相似类型局域网(也称为同构网络)的双端口设备。网桥工作在 OSI/RM 的第二层(MAC 层)，由于所有设备都使用相同的协议，它所做的工作很简单，就是根据 MAC 帧中的目的 MAC 地址转发帧，且不对所接收的帧做任何修改。通过网桥互连在一起的局域网是个一维平面网络，即仍然属于同一个广播域。常规的网桥除了不能互连异构网络外，也不能解决局域网中大量广播分组带来的广播风暴问题。

路由器出现在20世纪80年代末，它是一种用于互连不同类型网络(也称为异构网络)的通用设备，工作在OSI/RM的第三层(目前均指IP层)。它能够处理不同网络之间的差异，例如编址方式、帧的最大长度、接口等方面的差异，其功能远比网桥复杂。通过路由器互连的局域网被分割成不同的IP子网，每一个IP子网是一个独立的广播域。

引入路由器主要有两个优点：一是利用网络层地址转发分组，路由器可以有效地隔离广播风暴，改善局域网的工作性能；二是利用路由器可以方便地实现管理域的独立。传统路由器的分组转发功能是由软件来实现的，因而主要缺点是分组的转发速度慢，当经由多个路由器通信时，传输时延较大。

通常在一个企业网中，路由器放置于网络的边缘，用于异构网络间的互连以及与广域网的连接。网桥则多位于网络的核心，用于同构网络的连接。集线器用于工作组终端的连接。图 6.3 是一个传统共享介质局域网的结构示意图。

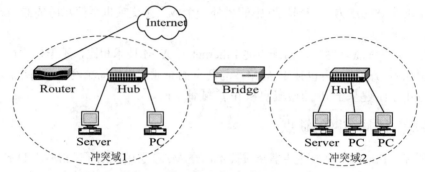

图 6.3　传统局域网的结构示意图

表 6.2 描述了集线器、网桥和路由器的主要差别。

表 6.2　集线器、网桥和路由器的差别

类　型	集线器 hub	网桥 bridge	路由器 router
工作的层次	OSI 第一层	OSI 第二层	OSI 第三层
协议支持	相同的协议	相同的协议	相同或不同的协议
主要功能	端系统的连接，将接收到的分组向所有端口广播发送	同构网络的连接，不修改分组，但将分组向指定端口发送	同构或异构子网的连接，根据路由协议维护路由表，向指定端口转发分组

6.1.4　交换型局域网

1. 背景

在 10 Mb/s 以太网技术占主流的 20 世纪 80 年代，共享介质型局域网的缺点还不突出。90 年代后，100 M/1000 M 以太网逐渐占据市场的主流，共享介质型局域网有限的带宽和过于简单的网络结构很难支撑大型、高性能的现代局域网。促使局域网由共享介质型向交换型转变的两个主要原因描述如下：

(1) 用户对更高带宽和服务性能的要求。随着广域网的宽带化，互联网的普及以及局域网规模的扩大，人们不再满足于简单的主机互连、文件、打印机共享等低速数据服务，而是要求以 Web 访问、实时音/视频流等多媒体大流量通信业务为主的高速数据服务。传统共享介质型 LAN 显然不能满足这种不断增长的需求，交换技术的引入则可以很好地解决带宽不足的问题。

(2) 现代局域网的规模和结构日趋庞大和复杂。传统局域网中，当网络规模扩大时，为减少访问冲突，通常采用网桥/路由器来对网络进行分段，但由于网桥只有两端口，而路由器工作在第三层，其路由能力强而分组的转发能力弱，这样导致采用集线器/网桥/路由器模式组建的企业级局域网络不但结构复杂，难以扩充，而且经过多级网桥/路由器转发分组的延时后，性能无法保证，因而要求在局域网中引入类似于广域网中的交换设备，以构建分级的主干网，优化局域网的网络结构，为企业内部各部门提供稳定可靠的服务。

　　局域网技术从共享式到交换式，从第二层/第三层交换到多层交换的发展变迁，有效地解决了共享介质式局域网带宽不足的问题，满足了人们对更高网络带宽和性能的需求，也促进了广域网与局域网的相互融合，它是计算机与通信技术发展的必然结果。我们可以看到，虽然多层交换技术最初是为 LAN 设计的，但随着 1 G/10 G 比特以太网标准和技术的成熟，目前它们已经被广泛用于广域网中。

2．多层交换的概念

　　多层交换的概念起源于局域网交换技术。在任何网络中，交换机的基本功能就是执行路由选择，转发业务流。交换机的体系结构和物理实现(例如：电路交换或存储转发，交换矩阵或 TDM 总线)共同决定了将输入端口的数据交换到输出端口的方式。

　　交换机为执行路由选择，需要读取输入端口中分组的目的地址，然后根据路由表进行分组的过滤和转发。以局域网为例，这一操作可以根据 MAC 地址(第二层)进行,也可以根据 IP 地址(第三层)进行，还可以根据特定应用的端口地址进行(第四层)。

　　在局域网中，最常见的是第二层交换机，它对分组的转发是以目的地 MAC 地址为基础进行的，而 MAC 层处于 OSI 参考模型的第二层，因而称为第二层交换。有时我们也将第二层交换设备叫做交换型集线器。按照这个观点来划分，帧中继交换机、ATM 交换机、FDDI 交换机等都是采用第二层交换技术的设备。而传统的电话交换机可以认为是基于第一层的交换设备，因为它在执行交换时，交换机已预先建立了内部连接，无需再读取每个分组中的地址信息来指导交换，所以该交换是基于物理层在输入/输出端口间同步进行的。

3．局域网交换机的分类

　　局域网交换机除了可按工作的层次来区分外，还可按所支持的网络协议分为以下 4 种：① 以太网交换机；② 令牌环交换机；③ FDDI 交换机；④ ATM LAN 交换机等。

　　按应用领域定位的不同，局域网交换机可分为：① 工作组级交换机；② 部门级交换机；③ 企业级交换机；④ 骨干(电信级)交换机。

　　它们之间在接口的类型和数目、端口的类型和数目、内部缓冲区的大小及交换矩阵的复杂度上都有不同，因而体现在成本、性能上就有很大差异。鉴于Ethernet在现在和未来应用中的绝对统治地位，我们将主要以Ethernet为背景介绍局域网交换技术。

6.2　第二层交换

6.2.1　基本概念

1．定义

　　第二层交换是指基于第二层MAC地址进行分组转发的多端口交换技术。它出现于20世纪90年代中期，其设计的主要目标是解决共享介质局域网带宽不足的问题。第二层交换从网桥技术发展而来。两者的相同之处在于：都是基于第二层MAC地址转发分组。不同之处主要有：

(1) 网桥是双端口的，而第二层交换机是多端口的，并且允许在多个端口对之间并行地传输数据，降低了碰撞的几率，有效地提高了局域网的带宽。

(2) 交换机的交换处理过程更多地采用了硬件，处理效率高于网桥。

(3) 网桥通常只支持相同类型局域网的互连，而交换机可以支持异构局域网之间的互连。

(4) 网桥具有更强的网络管理能力。

通常第二层交换机应具备以下基本功能：

(1) 根据MAC地址控制转发业务流。

(2) 在端口间建立交换式连接。

(3) 特殊服务功能: 例如报文过滤，流量控制，网络管理等。

2. 第二层交换的优点

与其它改善网络性能的办法相比，第二层交换的主要优点有:

(1) 由于交换机工作于第二层，功能比路由器简单得多，它只是根据 MAC 地址转发分组，对分组几乎不作修改，有效地解决了局域网中路由器转发分组时延大的问题。

(2) 多端口的交换机可以同时建立多个端口之间的并行连接，有效地解决了共享型局域网带宽不足的问题。

(3) 采用交换技术构建企业主干网，实现部门之间的互连，可以简化网络的结构，控制分组的转发段数，从而有效地改善大型企业局域网的服务性能。

(4) 采用局域网交换机改造原有共享式局域网，原有的软硬件无需改变。例如，在以太网中，工作站可以继续使用以太网的MAC协议来访问局域网。

6.2.2 工作原理

第二层交换机通常都有多个端口，每个端口都具有桥接功能，可以连接一个局域网，也可以连接一个高性能服务器。工作时，交换机读取分组的目的 MAC 地址，查找端口—MAC 地址映射表，找到目的端口后，将它们直接转发至相应的端口，而不是像集线器那样简单地将分组向所有端口广播。为避免在大数据流的情况下转发处理给连接至交换机的各网段造成拥塞，交换机内部都配备了高速交换模块，可以同时建立多个端口间的并行连接，每一路连接都可以拥有全部局域网带宽，这是局域网交换机与集线器之间的差别之一。

交换机中的端口—MAC 地址之间的映射表，通常都是由第二层交换机自动配置管理的。图 6.4 是第二层交换机的功能结构示意图。

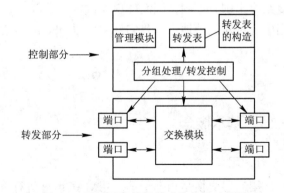

图 6.4   局域网交换机的功能结构示意图

1. 交换结构

交换机交换模块的物理结构主要有以下三种:

(1) 交换矩阵。这种方式的交换机内部有一个空分的交换矩阵，它连接所有的输入/输出端口，交换矩阵可以同时在多对端口间建立并行交换通路。交换机监视每个端口的状态，一旦有分组到达输入端口，交换机将根据目的MAC地址查表确定输出端口，然后建立两个端口间的交叉连接，传输数据。

(2) 总线结构。这种方式的交换机内部没有交换矩阵，而采用时分多路复用方式让所有端口共享一条内部公共总线的带宽，所有端口均与该总线相连。该方式需要为每端口配置专用缓冲区，同时总线的访问控制也采用ASIC实现。与交换矩阵方式相比，该方式能够实现更高的端口密度。

(3) 共享内存。该方式的交换机将所有的输入分组都先存入一个公共的缓冲区中，然后再查表转发其到指定的端口。该结构在小型交换机中很常见，其优点是便于同时支持不同类型和速率的局域网，缺点是共享内存管理复杂。

2．转发方式

第二层交换机在端口之间转发数据的方式有三种：直通方式；存储转发方式；自由分段方式。

1) 直通方式(cut-through)

采用直通方式的交换机利用目的 MAC 地址出现在分组开头的特点，一旦识别出目标地址，就立即将进来的分组转发到对应的端口。其正常工作流程如下：

(1) 检查进入端口的每个分组，并存储目的地址。

(2) 一旦收全 6 字节的目的地址，便以目的地址为关键字查找端口—MAC 地址表。

(3) 一旦得到目的端口地址，便启动交换控制逻辑建立出/入端口之间的交叉连接，将分组发往指定端口。

(4) 如果找不到目的地址，则在除接收端口外的所有端口广播该分组。

(5) 如果目的地址就在接收端口所连的网段中，则抛弃该分组。

(6) 数据传送完毕后，释放连接。

直通式交换机最大限度地减小了数据从一个端口交换至另一个端口的延迟。因为交换机仅读取分组中代表目的地址的 6 个字节，就决定向哪个端口转发，而不等待收完整个分组后再转发，所以交换机对错误分组不进行过滤。对现代局域网而言，由于差错率很低，通常不会造成问题。相对于其它方式，直通式交换机适用于网络链路质量好，错误分组较少的环境。

2) 存储转发方式(store-and-forward)

存储转发方式要求交换机接收一个完整的分组后再决定如何转发。入端口的一个分组先被完全接收，存储在缓冲区中，交换机通过CRC校验法检查分组是否正确。若正确，则执行交换逻辑，将分组发送到相应的端口。其工作流程如下：

(1) 接收并缓存整个分组。

(2) 执行CRC校验，判断分组是否正确。

(3) 若正确，则以分组中的目的地址为关键字查找端口—MAC地址表。

(4) 得到目的端口号后，启动交换控制逻辑建立出/入端口之间的交叉连接，将分组发往指定端口。

(5) 假如CRC校验错，则抛弃该分组。

存储转发式和直通式相比，各有优缺点。存储转发式由于在转发分组之前先缓存了整个分组，因而可以对分组做很多增值处理，例如：速率匹配、差错检测、协议转换等。但其缺点是转发分组的速度慢。

目前，交换机一般同时支持上述两种方式，并提供在两者之间进行切换的自适应算法。通常在初始阶段，交换机先工作于直通方式，并周期性地计算端口的错误分组率，错误率一旦超过一个上限值，交换机就会切换到存储转发方式。而当错误率回落到一个下限值时，交换机又切换回直通方式。

这种混合方式的优点是综合了直通式和存储转发式两者的优点，保证在差错率低时有很小的时延，但相应的控制逻辑也复杂，成本较高。

3) 自由分段方式(fragment-free)

自由分段式的转发工作方式与直通方式相似，但不同之处是，它转发分组之前先存储分组的前 64 字节，假如有错误，则丢弃分组，否则查表转发分组。采用这种方式的原因是，统计规律表明，大多数错误和冲突均发生在接收分组最初的 64 字节期间，因而此方法可以过滤掉 90%的坏包。

目前在网络中，存储转发式交换机占了主导地位，主要因为它在分组处理上具有更多的灵活性，较易解决交换机计算能力不足的问题。新一代的第二层交换技术都是基于存储转发方式的。

3．缓冲方式

为适配不同的速率和转发冲突问题，交换机内部都配置一定的缓冲区，缓冲区的分配主要有三种方式：

(1) 输入缓冲方式，为每个输入端口分配固定大小的空间；

(2) 输出缓冲方式，为每个输出端口分配固定大小的空间；

(3) 共享缓冲池方式，即交换模块中的输入或输出端口从公共缓冲池中按需分配。

这三种方式的复杂程度各不相同，比较而言：输入缓冲方式存在队头阻塞，不如输出缓冲方式；最灵活的是共享缓冲池方式，但管理的复杂度也最高。

4．工作原理

目前大多数局域网交换机都支持 IEEE 802 委员会提出的透明网桥技术(transparent bridging)，其主要特点是：无需网络管理员人工干预，交换机可以通过生成树计算、地址学习等机制获知网络中其它节点的地址信息，创建转发所需的端口—MAC 地址表。其工作过程分五部分：

(1) 学习(Learning)；

(2) 泛洪(Flooding)；

(3) 过滤(Filtering)；

(4) 转发(Forwarding)；

(5) 老化 (Aging)。

我们以图 6.5 为例说明其工作过程。

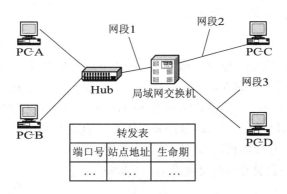

图 6.5 局域网交换机工作过程示例

(1) 最初，交换机接入网络，各网段与交换机的端口相连。

(2) 位于网段 1 上的站点 A 向另一网段上的站点 C 发送数据。

(3) 交换机从端口 1 收到站点 A 的第一个分组，通过其中的源 MAC 地址了解到站点 A 在网络中的位置，随后以 A 为目的地的分组，交换机将知道该如何转发。同时在转发表中为 A 创建一项，这一过程称为学习。所创建的项为：

端口号	站点地址	生命期
1	A	XX

(4) 由于交换机不知道站点 C 的位置，因此它将向除端口 1 外的其它所有端口转发该分组。交换机向所有端口发送分组以寻找特定站点的过程称为泛洪。

(5) 节点 C 收到分组后，向节点 A 发送分组进行响应。

(6) 站点 C 发出的分组将经过交换机，采用(3)中的学习过程，交换机将知道站点 C 的位置，并为其在转发表中创建一项，同时由于交换机已经知道站点 A 的位置，因此 C 到 A 的分组将基于转发表转发，而不是向所有端口转发，这一过程称为转发。所创建的项为：

端口号	站点地址	生命期
1	A	XX
2	C	YY

(7) 由于交换机已知 C 的位置，因此从 A 到 C 方向随后的分组将直接转发。

(8) 当站点 B 向 A 发信息时，交换机同样在转发表中记录 B 的位置信息，由于交换机已知 A 的位置，因此可以判断出 A、B 在同一网段，这时交换机将忽略该分组，不做动作，该过程称为过滤。在转发表中所创建的项为：

端口号	站点地址	生命期
1	A，B	XX
2	C	YY

(9) 另外，为了提高内存的使用效率，减少查表的时间，交换机每为一个站点在转发表中建立一项，就会为该项分配一个时间戳，该时间戳代表了该项的生命期，在规范中建议该值为 300 秒。一旦生命期为零，该项将被清除。另一方面，该项对应的站点一旦有分组

传递，生命期将被更新，此过程称为老化。

5．广播风暴与生成树

假如网络的拓扑结构是一棵树，那么上述地址学习机制是非常有效的。然而，在实际的网络中，为保证网络的可靠性，需要网络拓扑中配置一定的冗余路由，这样两个网段之间就可能存在多条可选路由，这就意味着网络中存在闭合环路。此举虽然增加了网络的可靠性，但由于交换机对目的地不明的分组采用了泛洪的处理方式，因此容易导致广播风暴(Broadcast Storms)和其它难以预料的问题。下面举例说明。

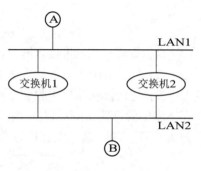

在图 6.6 中，我们假设开始时交换机 1 和交换机 2 不知道站点 A 和 B 的位置。

(1) A 向 B 发送分组，交换机 1 和交换机 2 在 LAN1 侧收到该分组，它们将 A 位于 LAN1 的信息加入自己的转发表中。然后，由于都不知道 B 的位置，交换机 1 和交换机 2 都将向 LAN2 转发该分组。

(2) 根据 CSMA/CD 协议，交换机 1 和交换机 2 将竞争信道。假定交换机 1 首先成功向 LAN2 转发分组，此时 B 和交换机 2 将收到该分组，其中交换机 2 会更新转发表中 A 的位置到 LAN2。

图 6.6　闭合环路问题

(3) 随后交换机 2 也成功地向 LAN2 转发该分组，此时 B 和交换机 1 又将收到该分组，其中交换机 1 也会更新转发表中 A 的位置到 LAN2，我们看到 B 重复收到了两次该分组，但更糟的问题还在后面。

(4) 此时，交换机 1 和交换机 2 在 LAN2 侧相互收到了对方发出的该分组，而它们都认为 A 目前已经在 LAN2 侧，因此将该分组又向 LAN1 转发。如不加控制，该过程将无限循环下去，引起"广播风暴"，导致网络性能急剧下降。

为解决上述问题，IEEE 在 802.1d 中定义了生成树算法(Spanning Tree)，以解决闭合环路中的广播风暴问题。

生成树算法使用了图论中的一个基本原理：对于一个连通图，都存在一个最小生成树，它既保证图的连通性，又消除了闭合环。

在网络中，使用生成树算法，相互之间存在多条路径的交换节点之间通过交换网桥协议数据单元 B-PDU(Bridge Protocol Data Unit)可以获得足够的信息来确定一条最优的路径，同时屏蔽其它路径。而当网络拓扑发生变化或交换机配置发生改变时，网络各节点可以通过生成树算法重新找到一个新的生成树，以适配这种变化。关于生成树算法 IEEE 802.1d 的详细内容本章不再做详细介绍。

6．主要缺点

第二层交换的主要的缺点是：通过交换机互连的网络是一个平面网络，实际上，所有网段属于同一个广播域。由于不能利用IP地址来帮助寻址，过滤广播分组，因此当交换机不知道目的地址时，将向全网广播分组，这会造成广播风暴。所以在局域网中，交换机不能完全取代路由器。现行的做法是：网络的核心层用交换机来构建，而在边沿则用路由器来互连各子网，同时局域网与广域网的互连也离不开路由器。

6.2.3　性能参数

交换式局域网的核心是交换机。交换机主要的技术性能参数有：

(1) 交换方式：直通、存储转发、自由分段、混合。

(2) 系统总的交换能力。

(3) 端口密度。

(4) 支持的端口类型。

(5) 支持的最大 MAC 地址数。

(6) 交换结构。

(7) 虚拟网支持。

(8) 网络管理能力。

(9) 可扩充性和可升级性。

6.2.4　组网示例

图 6.7 是一个以交换机为核心组建局域网的示例。

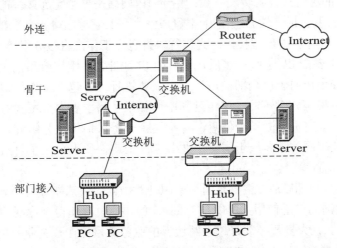

图 6.7　交换型局域网示例

6.3　第三层交换

6.3.1　基本概念

1. 定义

第三层交换是指基于第三层地址实现分组转发的技术。按此定义，路由器和X.25 分组交换机应属此列。但局域网中的第三层交换技术是指将第二层交换和第三层路由功能结合在一起的一种新技术，它既可以提供第二层交换的快速性，又可以提供第三层路由的灵活性，实际上是一种多层交换技术。第三层交换技术出现在 1995 年后，其主要的设计目标是：

在保持第三层路由灵活性的基础上，解决传统路由器在高速大业务流量环境下的性能瓶颈。

2．传统路由器的缺点

传统路由器在网络中的作用主要有三个：

(1) 不同网络间的互连。路由器通常放置于网络的汇聚点，例如，不同局域网间的互连(如以太网与令牌环网的互连)，不同 IP 子网络经由公众网的互连等。

(2) 抑制广播风暴。与网桥和第二层交换机不同，通过路由器互连的每一个 IP 子网都是一个独立的广播域。在分组转发时，路由器根据分组中的网络地址，可以有效地控制广播分组的作用域，从而抑制广播风暴。

(3) 实现不同子网的独立自治。路由器的隔离作用使得每一个 IP 子网可以作为一个独立的自治系统，自治系统内部可以实施自己的管理策略、路由策略等，与其它外部网络互不影响，这一特点使得 Internet 的管理变得简单，也符合计算机网络开放的精神。这些都是路由器优于第二层交换机的地方。

传统路由器容易成为网络性能瓶颈的原因主要在于：

(1) 功能远较交换机复杂。

(2) 基于软件的逐包式分组转发方式：由于 IP 网络是一个无连接型的网络，路由器把任何一个收到的分组(包括广播分组在内)都看成一个与其它分组毫无关联的独立分组，对其进行一次"拆打"处理。处理过程为：先进行"拆包"工作，将该分组第二层的信息去掉，查看第三层信息(主要指 IP 地址)；然后，以目的 IP 地址为关键字查路由表确定分组转发的下一跳，再检查安全访问表；全部被通过后，又要进行"打包"工作，即用第二层信息重新封装分组，最后将该分组转发。这一过程中，如果在路由表中查不到对应的网络地址，则路由器将向源地址主机返回一个信息，并把这个分组丢掉。在分组转发过程中，即使某些分组的目的地址相同，甚至属于同一个业务流，上述操作也会被重复执行，这导致路由器不可能具有很高的吞吐量。

20 世纪 90 年代中期以后，主要有两个原因使路由器的性能瓶颈变得异常突出：第一是 100M/1000M 以太网的广泛使用；第二是 Internet 的快速发展使得企业网的业务流量分布严重偏离 80/20 规则，且大多数必须跨越子网边界的业务流量往往是企业的关键业务，路由器的性能优劣对企业影响甚大。目前市场上高档路由器的最大处理能力约为每秒 25 万个包，而相应交换机的最大处理能力则在每秒 1000 万个包以上，二者相差 40 倍。路由器已成为制约网络整体性能的关键。第三层交换则试图减轻用传统路由器进行子网连接时同时产生的性能瓶颈。当然，多层交换技术并不是第二层交换与路由器的简单组合，而是二者的有机结合。

3．与路由器的主要区别

第三层交换与路由器的主要区别体现在以下几个方面：

(1) 第三层交换可以实现线速率的数据转发能力，而路由器做不到。

(2) 路由器除了必要的硬件支撑外，其复杂的路由处理与强大的功能主要是通过软件来实现的，而第三层交换则大量使用了硬件 ASIC(Application Specific Integrated Circuit)，例如第二层、第三层协议的处理、查表，分组转发等工作都由 ASIC 芯片完成，只将特定的管理功能，路由表的维护更新以及 IP 路由协议等功能由软件来实现。

(3) 第三层交换比路由器更智能。通常路由器工作时遵守协议透明性原则，它本身看不懂第二层的控制信息，它只处理第三层的控制信息，因此必须对每一个分组进行"拆打"。而第三层交换则可以直接理解第二层的控制信息，处理分组时，不需要进行"逐层拆打"。

(4) 在路由器中每一个分组都要在第三层进行处理，而在第三层交换机中，并不要求所有的分组都经过第三层处理后再转发。

撇开实现的细节，仅从功能的角度来看，可以认为第三层交换不过是一个更加快速、廉价的路由器。在网络中，所有路由器承担的角色均可由第三层交换机来替换，它能提供更好的服务性能。

通常第三层交换机应具备以下基本功能：

(1) 第三层分组转发功能。

(2) 第二层交换功能。

(3) 路由处理功能(路由确定、路由表的创建和维护主要依靠 BGP、OSPF、RIP 等)。

(4) 特殊服务(例如安全性、网管、优先级管理、地址管理、报文格式转换等)。

4．实现技术的分类

1) 分类

第三层交换技术在设计时可通过以下方法解决路由器的瓶颈问题：

(1) 用硬件 ASIC 来增强路由器的处理能力，主要是将最耗时的分组转发功能用硬件处理。

(2) 避免传统路由器对分组的重复解释，为减少路由次数，大多数第三层交换技术均采用"路由一次，交换多次"的设计思路。

(3) 尽量减少和限制特殊服务功能，它们往往对核心路由功能影响很大。

在设计时，各种策略往往互相配合使用，以改善服务性能，增强系统的可扩展性。可将第三层交换分为两个基本类型：

(1) 逐包式技术。该技术的基本思路是尽可能地采用 ASIC 硬件，以实现线速率路由器性能。它对每一个分组都要经过第三层路由处理，然后基于第三层地址转发。与传统路由器相比，由于数据转发和第二层的协议处理等均采用了 ASIC 处理，使得逐包式交换机可以达到线速交换。该方法的优点是没有采用新的协议和专有技术，可以和现有网络设备完全兼容。

(2) 流交换技术。该技术的基本思路是尽可能地避免路由器对分组的逐个处理。它通常按传统路由器的工作方式处理第一个分组，并分析分组头，以确定它是否标识了一个"流"，如果符合条件，则记忆其路由。建立路由以后，同一流中的后续分组将直接基于第二层(甚至第三层，取决于特定流交换技术的实现)的目的地址或流标识进行交换，而不再进行逐包路由计算，从而提高转发效率。流交换技术中关键的一个问题是用第一个分组的哪一个特征标识一个流，这个流可使其余的分组走捷径，即第二层路径。还有一个问题是决定是否建立流的策略，这些方面，不同的厂商有不同的实现技术，但通常的一个原则是，如果要创建穿越网络的路径承载流，该流应该足够长，以抵消建立捷径的开销。因为后续分组无需路由选择而是直接交换，所以流交换方法又称为"直通路由"技术。

2) 比较

这里我们将两种方式做一简单比较：

(1) 逐包式技术互操作性更好，它可以与传统路由器和第二层交换机很好地协调工作；而流交换技术由于使用了专用的技术，很难与原有的路由器和交换机协议兼容。

(2) 逐包式技术主要用于纯的第二层基于 MAC 帧的 IP 网中，而流交换技术则更为通用，既可用于 ATM 信元，也可用于基于 MAC 帧的网络环境，并且很多流技术都直接与 ATM 相关(如在 ATM 上传递 IP 分组)，可提供有保证的服务质量。

(3) 逐包式技术的安全性好于流交换技术。在基于流的网络中，由于后续分组直接转发，因此，当网络拓扑因为故障发生变化时，将很难处理。而逐包式技术则不存在类似的问题。

(4) 流交换的优势主要在于可以提供有保证的 QoS。

图 6.8 是基于流的第三层交换机的功能模块示意图。

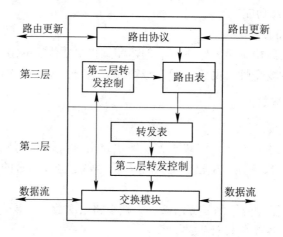

图6.8　基于流的第三层交换机的功能结构

6.3.2　主要的第三层交换技术介绍

1. 逐包式技术

采用逐包式技术的第三层交换机如前所述，各厂家的产品虽然实现上各不相同，但是在第三层是完全兼容的，可以实现完全的互操作，因而通常不再细分。逐包式技术的第三层交换机的工作过程与传统路由器的工作过程基本相同，按用途分为专为 Internet 设计的第三层交换机和用于企业网的交换机。它们主要的差别在于交换机的伸缩性和所使用的路由表查找算法。这一技术的主要代表有 3Com 公司基于 FIRE(灵活智能路由引擎)技术的交换，Bay 公司(已被北电网络收购)的 Accelar 系列，Extreme 公司的 Summit 系列等。关于逐包式技术的详细情况这里不再介绍。

2. 流交换技术

特定的源和目的地之间数据流的概念是所有流交换机制的核心。检测流的方法、识别属于特定流的分组的方法以及建立承载流的路径随实现机制的变化而不同。但主要的类型可大致分为两类：

(1) 以终端系统为中心的方法。该方法要求所有参与通信的终端系统进行相应软件的安装或修改。典型的代表有 3Com 公司的 Fast IP，Cabletron 公司的 Secure Fast 虚拟网络。

(2) 以网络为中心的方法。该方法不需要终端系统进行修改,它们在网络设备内提供相应功能。典型的代表有 Cisco 公司的 NetFlow LAN 交换、Tag Switching, Ipsilon 公司的 IP Switching, "ATM 论坛"的 MPOA 以及 IETF 的 MPLS 等。

从目前趋势来看,流交换更可能应用于广域网中,尤其在基于 IP 的宽带综合网中,因此本章我们只简单介绍适用于 LAN 环境的几种流交换技术的工作原理。

1) 3Com 公司的 Fast IP

Fast IP 属于端系统驱动的流交换方法,它采用了"路由一次,随后交换"的方法。另外,其实现还依赖下一跳解析协议 NHRP(Next Hop Resolution Protocol)。Fast IP 的设计者认为,只有端系统有足够的应用知识可对特定业务流的性能需求做出明智决策,而网络互连设备(即交换机或路由器)所做的决策更多的是基于推测而非应用需求的知识,因此由端系统进行检测和协商流捷径是更为有效的机制。

Fast IP 的工作原理描述如下:

(1) 发端系统 A 使用 NHRP 协议,发起一个快速 IP 连接请求。

(2) 路由器收到该请求,如果允许建立捷径,则按传统方式路由该请求分组,如果不允许,发端系统 A 将收不到 NHRP 响应,后续分组将按逐跳路由方式转发。

(3) NHRP 请求传到目的端系统 B,如果 B 也运行快速 IP,则它发送一个包含其 MAC 地址的 NHRP 应答。

(4) 交换机将沿 NHRP 应答的返回路径逆向建立交换路径,如果 A 接收到 NHRP 应答,它就重新定向后续分组到目的 MAC 地址,此后分组将直接通过第二层 MAC 地址转发而无须第三层路由器进行处理。如果由于两个端系统之间没有交换路径而无 NHRP 应答返回,则分组将按路由方式转发。

从上面的描述我们可以看到,Fast IP 交换路径的建立是逆向进行的,是基于第二层 MAC 地址,并依靠 NHRP 协议寻找目的 MAC 地址来建立第二层交换的端口映射表的。

2) Cisco 公司的 NetFlow

NetFlow 交换是一种网络中心式流交换方法。NetFlow 中的一个网络业务流由特定源和目的地 IP 地址定义。为改善性能,交换机内部配置一个高速缓冲存储器,每个流的第一个分组经路由处理后,其流标记信息被存储在高速缓冲存储器中,后续分组到达后,首先根据缓冲器中的信息进行匹配查找,一旦命中,立即转发,否则按通常的方式查路由表、逐跳方式处理。

根据 NetFlow 技术的工作过程,可以看到它不要求网络中的每一个交换机都实现 NetFlow,而且它是根据第三层地址来进行交换的。但是 NetFlow 不建立端到端的路径,分组的交换只有局部意义。

除上面介绍的两种技术外,目前已有的较有影响的流交换技术还有: "ATM 论坛"的 ATM 上的多协议 MPOA(Multi-Protocol over ATM),Cisco 公司的 Tag Switching, Ipsilon 公司的 IP Switching 等。从应用上来看,它们主要还是应用于 IP 骨干网。到目前为止,已有的流交换技术中主要的思想大多都反映在 IETF 的 MPLS 协议中了,MPLS 将成为下一代基于 IP 的宽带综合网络的交换技术标准。我们也把上述技术归到广域网的 IP 交换技术中,这里不再介绍。

6.4　第四层交换

1．概念

在 OSI/RM 中，第四层是运输层，其主要的任务是负责端到端的可靠通信。在 TCP/IP 协议栈中，TCP 和 UDP 位于该层。第四层交换就是利用第四层的信息做出比第二层和第三层交换更优化的选择。通常第二层和第三层提供的主要是关于网络和主机的信息，而不提供关于应用类型和属性的信息，这些是在第四层来提供的。如果需要根据业务属性和类别来提供不同的服务质量以及决定一些更复杂的网络控制策略，则必须依靠第四层信息。

第四层交换的简单的定义是：交换机不仅依据 MAC 地址和 IP 地址选择路由，而且要依据第四层特定应用的端口号来进行，以增加网络的灵活性，改善服务性能。在 TCP/IP 中，根据端口号可以确定一个端到端通信业务的类型，根据不同的业务类型，交换机可以为分组提供不同的服务质量。

2．端口的分配

在第 4 层中，TCP 和 UDP 分组头包含端口号，它们可以惟一区分每个分组属于哪些应用协议(例如 HTTP、SMTP、FTP 等)。网络节点利用这种信息可以区分所收到的 IP 分组类型，并把它交给合适的高层软件，或指导分组转发和排队。通常端口号和设备 IP 地址的组合称作"套接字 socket"。

端口的分配遵循约定的规律，1 和 255 之间的端口号被保留，它们称为"熟知"端口。也就是说，在所有主机 TCP/IP 协议栈实现中，这些端口的用途是相同的。除"熟知"端口外，标准 UNIX 服务分配在 256～1024 端口范围。这样，用户应用进程一般在 1024 以上分配端口号。已分配端口号的最新清单可以在 RFC 1700 上找到。TCP/UDP 端口号提供的附加信息可以为网络交换机所利用，这是第四层交换的基础。

3．主要功能

第四层交换机通常都支持多层交换，主要用于企业主干网和基于 TCP/IP 的宽带网，要求必须在支持高性能的前提下，为不同应用提供不同的 QoS 保证，保证企业关键应用的服务质量。其主要功能有：

(1) 线速率交换能力，尤其在千兆以太网中。

(2) 实现一个路由器的全部功能。

(3) 根据应用类型提供不同服务级别的能力。

(4) 网络流量管理能力。

4．工作过程

第四层交换通常经过以下三个步骤：

(1) 由 IP 分组的业务类型字段识别不同的应用数据流。

(2) 为不同的应用数据流提供优先级排队和调度。

(3) 为应用数据流建立捷径或快速转发。

采用第四层交换机制可以使网络中的关键业务获得有保证的服务质量，有利于实现基于 IP 的 QoS。

5．交换机制的实现

第四层交换机除了依据第二层和第三层的地址信息外，还要依据第四层的信息来对分组进行排队转发，因而协议处理的工作量高于第三层交换机。由于第四层交换机主要用在主干网上以改善网络性能，因此要求对分组的处理速度应象第三层交换机一样达到线路交换速率(无交换处理时延)，因而第四层交换功能通常都采用 ASIC 来实现，同时其内部往往配置大容量缓冲区，以针对不同的应用进行流量排队。

另一个实现时的主要问题是，进行第四层交换需要交换机有区分和存储大量转发表项的能力。位于核心网的交换机尤其如此。许多第二层和第三层交换机转发表的大小与网络设备的数量成正比。对于第四层交换机，这个数量必须乘以网络中使用的不同应用协议和会话的数量，因而转发表的大小随端点设备和应用类型数量的增长而迅速增长。第四层交换机设计者在设计产品时需要考虑表的这种增长。大的表容量对支持以线速发送第四层流量的高性能交换机来说至关重要。

总的来说，第四层的交换技术还处于起步阶段，也没有形成统一的标准，但第四层交换可以在局域网和广域网中提供灵活的不同粒度的服务级别，使得网络管理者能建立依据特殊应用类型的流量控制策略，这种功能对未来的网络将变得至关重要。

思 考 题

6.1　讨论在广播型网络中是否需要网络层？

6.2　在局域网中，竞争信道方案的一个缺点是多个站点试图同时访问信道而导致的容量浪费。讨论如何改进共享介质的多址接入技术，以减少由于碰撞带来的容量浪费。

6.3　解释网段、冲突域、和广播域的概念。对网桥而言，当收到一个帧，而不知其目的地时，该帧将被如何转发？后果是什么？

6.4　比较网桥、第二层交换机、路由器转发方式的区别？

6.5　描述局域网交换机的工作原理及转发表的构造过程。

6.6　多层交换基于路由器之间的区别是什么？

6.7　说明第四层交换的主要设计思想。与第三层交换比较，它的主要优点在哪里？

第 7 章　面向 IP 的交换技术

　　基于 IP 协议的 Internet 提供一种尽力而为的服务，这种尽力而为的服务能够满足大部分数据业务，但是对于某些需要提供具有服务质量 QoS 的新业务(比如多媒体通信、IP 电话等)，尽力而为的服务是无法忍受的。ATM 交换技术具有非常好的性能，如高吞吐量、低时延以及一定的 QoS 保障和业务量管理功能，并且具有定长标记的 VPI/VCI，非常适合于硬件实现高速交换。将 ATM(第二层)的高速交换技术与已经广泛应用的第三层路由技术(IP 技术)的优点结合起来就形成了 IP 交换技术。本书中将传统路由器查找路由表并将分组从入端口转发到出端口的过程，以及传统路由器分组转发与 ATM 快速交换相结合实现快速转发的过程称为面向 IP 的交换技术。本章首先介绍 TCP/IP 协议、IP 地址分类，并分析了传统路由器转发分组的工作原理，接着介绍 IP 与 ATM 结合出现的局域网仿真、经典的 IP over ATM、MPOA、IP 交换、CISCO 公司的标签交换以及 IETF 制定的多协议标记交换 MPLS。

7.1　TCP/IP 协 议

　　TCP/IP 协议是当今计算机网络最成熟、应用最广泛的互连技术，它拥有一套完整而系统的协议标准。该组协议具有支持不同操作系统的计算机网络的互连，支持多种信息传输介质和网络拓扑结构等特点。虽然 TCP/IP 不是国际标准，但它已成为被全球广大用户和厂商广泛接受的事实标准。

　　TCP/IP 协议是 20 世纪 70 年代末期由美国国防部高级计划研究署为实现 ARPA 互联网而开发的。于 1983 年正式作为美国军用标准发表。与此同时，为扩大 TCP/IP 的应用，开发商采取开放策略，以低价出售 TCP/IP 的使用权，鼓励厂商开发 TCP/IP 产品。由此，将 TCP/IP 带进了广阔的商业领域。

　　从 ARPNET 发展起来的 Internet 是全世界最大的一个计算机互联网络，它采用了 TCP/IP 协议集，TCP 和 IP 是其中最重要的两个协议。

7.1.1　TCP/IP 分层模型

　　关于协议分层，前面我们曾详细介绍了 ISO 开放系统互连 OSI 的网络体系结构模型，同样，TCP/IP 也采用分层体系结构。采用分层技术，可以简化系统的设计和实现，并能提高系统的可靠性和灵活性。

　　TCP/IP 共分五层。与 OSI 七层模型相比，TCP/IP 没有表示层和会话层，这两层的功能由最高层——应用层提供。同时，TCP/IP 分层协议模型在各层名称定义及功能定义等方面与 OSI 模型也存在着差异，如图 7.1 所示。

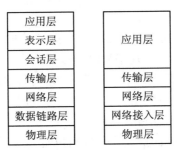

图 7.1　TCP/IP 分层模型与 OSI 模型的比较

TCP/IP 与 OSI 模型是不同的，OSI 模型来自于标准化组织，而 TCP/IP 则不是人为制定的标准，它产生于 Internet 网的研究和应用实践中。根据已经开发出的协议标准，可以将 TCP/IP 的通信任务划分为相对独立的五层结构：应用层、运输层、网络层、网络接入层和物理层。

物理层包含了数据传输设备(例如工作站、计算机)与传输媒体或网络之间的物理接口。这一层关心的是诸如传输媒体的性能、信号特性、数据速率等问题的定义。

网络接入层关心的是终端系统和与其相直接相连的网络之间的数据交换。发方计算机必须向网络提供目的计算机的地址，这样网络才能沿适当的路径将数据传送给正确的目的计算机。这一层所使用的具体软件取决于应用网络的类型。比如，电路交换、分组交换、局域网等不同类型的网络各使用不同的标准。

网络接入层关心的是连接在同一个网络上的两个端系统如何接入网络，并使数据沿适当的路径通过网络。当通信双方跨越不同网络时，分组如何在网络中选路、转发是网络层要完成的功能。

不论进行数据交换的是什么样的应用程序，通常都要求数据的交换是可靠的。也就是说，我们希望确保所有数据都能顺利到达目的应用程序，并且到达的数据与它们被发送时的顺序是一致的。用于可靠传递的机制就是运输层，传输控制协议(TCP)是提供这一功能的目前使用最广泛的协议。

应用层所包含的是用于支持各种用户应用程序的逻辑。对于各种不同类型的应用程序，如文件传送程序，需要一个独立的专门逻辑负责该应用的模块。

TCP/IP 是由许多协议组成的协议簇，其详细的协议分类如图 7.2 所示。图 7.2 中同时给出了 OSI 模型的对应层。对于 OSI 模型的物理层和数据链路层，TCP/IP 不提供任何协议，由网络接入层协议负责。对于网络层，TCP/IP 提供了一些协议，但主要是 IP 协议。对于运输层，TCP/IP 提供了两个协议：传输控制协议 TCP 和用户数据协议 UDP。对于应用层，TCP/IP 提供了大量的协议作为网络服务，例如 Telnet、FTP 等。

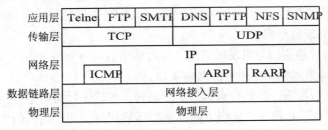

图 7.2　TCP/IP 协议簇

TCP/IP 的主要特点如下：

● 高可靠性。TCP/IP 采用重新确认的方法和"窗口"流量控制机制以保证数据的可靠传输。

● 安全性。为建立 TCP 连接，在连接的每一端都必须与该连接的安全性控制达成一致。IP 协议在它的控制分组头中有若干字段允许有选择地对传输的信息实施保护。

● 灵活性。TCP/IP 对下层支持其协议，而对上层应用协议不作特殊要求。因此，TCP/IP 的使用不受传输媒介和网络应用软件的限制。

● 互操作性。从 FTP、Telnet 等实用程序可以看到，不同计算机系统之间可采用文件方式进行通信。

7.1.2　TCP/IP 模型各层的功能

1．应用层

TCP/IP 应用层为用户提供访问 Internet 的一组高层协议，即一组应用程序，例如 FTP、Telnet 等。

应用层的作用是对数据进行格式化，并完成应用所要求的服务。数据格式化的目的是便于传输与接收。

严格地说，应用程序并不是 TCP/IP 的一部分，只是由于 TCP/IP 对此制定了相应的协议标准，所以将它们作为 TCP/IP 的内容。实际上，用户可以在 Internet 网之上(运输层之上)建立自己的专用程序。设计使用这些专用应用程序要用到 TCP/IP，但不属于 TCP/IP。

2．运输层

TCP/IP 运输层的作用是提供应用程序间(端到端)的通信服务。为实现可靠传输，该层协议规定接收端必须向发送端回送确认；若有分组丢失时，必须重新发送。该层提供了两个协议：

(1) 传输控制协议 TCP：负责提供高可靠的数据传送服务，主要用于一次传送大量报文的情况，如文件传送等。

(2) 用户数据协议 UDP：负责提供高效率的服务，用于一次传送少量报文的情况，如数据查询等。

运输层的主要功能是：

(1) 格式化信息；

(2) 提供可靠(TCP 协议)和不可靠(UDP 协议)传输。

3．IP 层

TCP/IP 网络层的核心是 IP 协议，同时还提供多种其它协议。IP 协议提供主机间的数据传送能力，其它协议提供 IP 协议的辅助功能，协助 IP 协议更好地完成数据报文传送。

IP 层的主要功能有三点：

(1) 处理来自运输层的分组发送请求：收到请求后，将分组装入 IP 数据报，填充报头，选择路由，然后将数据报发往适当的网络接口。

(2) 处理输入数据报：首先检查输入的合法性，然后进行路由选择；假如该数据报已到达目的地(本机)，则去掉报头，将剩下的部分即运输层分组交给适当的传输协议；假如该数据报未到达目的地，则转发该数据报。

(3) 处理差错与控制报文：处理路由、流量控制、拥塞控制等问题。

网络层提供的其它协议主要有：

(1) 地址转换协议 ARP：用于将 Internet 地址转换成物理地址；

(2) 逆向地址转换协议 RARP：与 ARP 的功能相反，用于将物理地址转换成 Internet 地址；

(3) Internet 报文控制协议 ICMP：用于报告差错和传送控制信息，其控制功能包括差错控制、拥塞控制和路由控制等。

4．网络接入层

网络接入层是 TCP/IP 协议软件的最低一层，主要功能是负责接收 IP 分组，并且通过特定的网络进行传输，或者从网络上接收物理帧，抽出 IP 分组，上交给网络层。

网络接入主要有两种类型：第一种是设备驱动程序(例如，机器直接连到局域网的网络接入)；第二种是专用数据链路协议子系统(例如 X.25 中的网络接入)。

7.2　IP 编址方式

我们知道，不同的物理网络技术有不同的编址方式，不同的物理网络中的主机有不同的物理地址。因此，为了做到不同的物理结构的互连互通，必须解决地址的统一问题，即在互联网上采用全局统一的地址格式，为每一个子网，每一个主机分配一个全网惟一的地址，为此，制定了 IP 地址。

7.2.1　传统分类编址方式

一个 IP 地址由 4 个字节共 32 位的数字串组成，这 4 个字节通常用小数点分隔。每个字节可用十进制或十六进制表示，如 129.45.8.22 和 0x8.0x43.0x10.0x26 就是用十进制和十六进制表示的 IP 地址。IP 地址也可以用二进制表示。

一个 IP 地址包括两个标识码(ID)，即网络 ID 和主机 ID。

同一个物理网络上的所有主机都有同一个网络 ID，网络上的每个主机(包括网络上的工作站、服务器和路由器等)只有一个主机 ID 与其对应。据此把 IP 地址的 4 个字节划分为两个部分：一部分用以标明具体的网络段，即网络 ID；另一部分用以标明具体的节点，即主机 ID。

在这 32 位地址信息内有 5 种定位的划分方式，这 5 种划分方式分别对应于 A、B、C、D 和 E 类 IP 地址，这样设计是为了不同规模(大规模、中等规模和小规模)组织的需要，具体见表 7.1。

表 7.1　IP 地址分类

网络类型	特征地址位	开始地址	结束地址
A 类	0xxxxxxxB	0.0.0.0	127.255.255.255
B 类	10xxxxxxB	128.0.0.0	191.255.255.255
C 类	110xxxxxB	192.0.0.0	223.255.255.255
D 类	1110xxxxB	224.0.0.0	239.255.255.255
E 类	1111xxxxB	240.0.0.0	255.255.255.255

A 类：一个 A 类 IP 地址由 1 个字节的网络地址和 3 个字节的主机地址组成，网络地址的最高位必须是"0"(每个字节有 8 位二进制数)。

B 类：一个 B 类 IP 地址由 2 个字节的网络地址和 2 个字节的主机地址组成，网络地址的最高两位必须是"10"。

C 类：一个 C 类地址是由 3 个字节的网络地址和 1 个字节的主机地址组成，网络地址的最高三位必须是"110"。

D 类：用于多播。第一个字节以"1110"开始。因此，任何第一个字节大于 223 且小于 240 的 IP 地址是多播地址。全零(0.0.0.0)地址对应于当前主机。全"1"的 IP 地址 (255.255.255.255)是当前子网的广播地址。

E 类：以"1111"开始，为将来使用保留。

凡是主机段，即主机 ID 全部设为"0"的 IP 地址称之为网络地址，如 129.45.0.0。凡是主机 ID 部分全部设为"1"的 IP 地址称之为广播地址，如 129.45.255.255。网络 ID 不能以十进制"127"作为开头，在此类地址中，数字 127 保留给诊断用，如 127.1.1.1 用于回路测试；同时，网络 ID 的第一个 8 位组也不能全置为"0"，全"0"表示本地网络；网络 ID 部分全部为"0"和全部为"1"的 IP 地址被保留使用。

传统分类编址方式使得同一物理网络上的所有主机共享一个相同的网络前缀——网络 ID 在互联网中选路时，只需检查目的地址的网络 ID，就可以找到目的主机所在的物理网络。

7.2.2　子网编址方式

20 世纪 80 年代，随着局域网的流行，如果按传统分类编址方式为每个物理网络分配一个独特的前缀，那么会迅速耗尽地址空间，因此人们开发了一种地址扩展来保存网络前缀，这种方法称为子网编址(Subnet Addressing)，它允许多个物理地址共享一个前缀。

子网划分是用来把一个单一的 IP 网络地址划分成多个更小的子网(subnet)。这种技术可使一个较大的分类 IP 地址能够被进一步划分。子网划分基于以下原理：

(1) 大多数网络中的主机数在几十台至几百台，甚至更高，而 A 类地址主机数为 2^{24}，B 类地址主机数为 2^{16}。A 类地址一般只能用于特大型网络。为了充分利用 Internet 的宝贵地址资源，可以将主机地址进一步细分为子网地址和主机地址，即主机属于子网，以有效地提高 Internet 地址资源的利用率。

(2) 采用子网划分和基于子网的路由选择技术，能够有效降低路由选择的复杂性，提高选路的灵活性和可靠性。

子网划分的方法如图 7.3 所示。在 Internet 地址中，网络地址部分不变，原主机地址划分为子网地址和主机地址。与传统的分类地址一样，地址中的网络部分(网络前缀+子网)与主机部分之间的边界是由子网掩码来定义的。

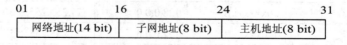

图 7.3　子网划分的原理

图 7.4 给出一个子网划分的例子。B 类地址 187.15.0.0
被分配给了某个公司。该公司的网络规划者希望建立一个
企业级的 IP 网络，用于将数量超过 200 个的站点互相连
接起来。由于在 IP 地址空间中"187.15"部分是固定的，
因此只剩下后面两个字节用来定义子网和子网中的主机。
他们将第三字节作为子网号，第四字节作为给定子网上的
主机号。这意味着该公司的企业网络能够支持最多 254 个
子网，每个子网可以支持最多 254 个主机。因此，这个互
联网络的子网掩码为 255.255.255.0。

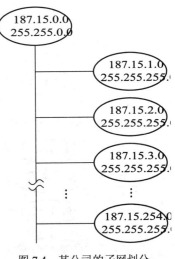

图 7.4　某公司的子网划分

这个例子说明了为整个网络定义统一子网掩码
255.255.255.0 的情况。它意味着每个子网中最大的主机数
只能是 254 台。假如主机数目达到 500 台，或者主机数目
非常少，那么采用固定长度子网掩码就非常不方便。

7.2.3　无分类编址方式——CIDR

Internet 的高速发展给原先的 IP 地址模式带来很多问题，主要有：

(1) 剩余的 IP 地址将要耗尽，尤其是 B 类地址。某些中等规模的机构已经申请了 B 类
地址，自己的主机数目又不是很多，这样没有充分发挥 B 类地址容量大的优势，势必造成 B
类地址的浪费，使得可用的 B 类地址趋于耗尽。

(2) Internet 上的路由信息严重超载。随着网络技术的高速发展，路由器内路由表的数
量和尺寸也高速增长，降低了路由效率，增重了网络管理的负担。

20 世纪 90 年代，人们设计出了另外一种扩展方式，即忽略分类层次并允许在任意位置
进行前缀和后缀之间的划分，这种方法称为无分类编址(Classless Addressing)，它允许更复
杂地利用地址空间。

无分类编址是为解决 IP 地址趋于耗尽而采取的紧急措施。其基本思想是对 IP 地址不分
类，用网络前缀代替原先的分类网络 ID。用网络前缀代替分类，前缀允许任意长度，而不
是特定的 8、16 和 24 位。无分类地址的表示方法为 IP 地址加"/"再加后缀，例如
192.168.120.28/21 表示一个无分类地址，它有 21 位网络地址。

无分类编址网络中的路由器选路时采用无分类域间选路 CIDR(Classless Inter-Domain
Routing)技术。从概念上讲，CIDR 把一块相邻接的地址(比如 C 类地址)在路由表中压缩成
一个表项，这样可以有效降低路由表快速膨胀的难题。

图 7.5 很好地说明了这个概念。图中，16 个 C 类网络地址组成了一个地址空间块，连
接到路由器 2，另外 16 个 C 类地址组成了另一个地址空间块，连接到路由器 3，路由器 2、
路由器 3 连接到路由器 1。在路由器 2 和路由器 3 中，路由表只维持连接到本子网的 16 个
C 类网络地址的表项，而在路由器 1 中，路由表更简单，只维持到路由器 2、路由器 3 两个
网络的地址表项，并不是把所有的 32 个 C 类网络地址分别分配不同的表项。在向互联网络
发布时，只使用了一个单一的 CIDR 向网络发布 192.168.0.0/16(16 表示网络地址长度为
16 bit)。

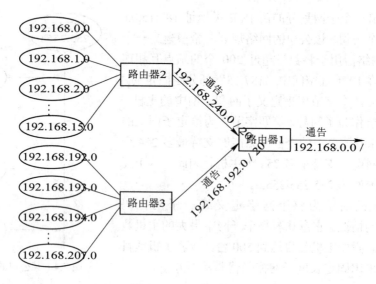

图 7.5　CIDR 汇聚示例

　　CIDR 允许任意长度的网络前缀，相应的掩码长度也变成可变长度，称为可变长子网掩码 VLSM(Variable-Length Subnet Mask)。VLSM 能够把一个分类地址网络划分成若干大小不同的子网。在上面的例子中，若主机数目为 500 台，分配一个子网掩码为 255.255.254.0 的子网就可以支持最多 512 个主机地址。若另外一个场合主机数目为 100 台，分配一个子网掩码为 255.255.255.128 的子网就可以支持最多 128 个主机地址。

　　因此，CIDR 与 VLSM 结合起来能更有效地管理地址空间，让分配给每个子网的主机地址的数量都符合实际需要。

　　目前，互联网上的 B 类地址即将耗尽。按 CIDR 策略，可采用申请几个 C 类地址取代申请一个单独的 B 类地址的方式来解决 B 类地址的匮乏问题。所分配的 C 类地址不是随机的，而是连续的，它们的最高位相同，即具有相同的前缀，因此路由表就只需用一个表项来表示一组网络地址，这种方法称为"路由表汇聚"。

　　除了使用连续的 C 类网络块作为单位之外，C 类地址的分配规则也有所改变。世界被分配成几个区域，每个区分配一部分 C 类地址空间。具体分配情况为：

　　(1) 欧洲：194.0.0.0～195.255.255.255；

　　(2) 北美洲：198.0.0.0～199.255.255.255；

　　(3) 中南美洲：200.0.0.0～201.255.255.255；

　　(4) 亚洲和太平洋：202.0.0.0～203.255.255.255。

　　这样，每个区域都分配了大约 32×10^6 个地址。这种分配的好处是，现在任何位于欧洲之外的路由器都得到了一个发往 194.x.x.x 或者 195.x.x.x 的 IP 分组，从而可以简单地把它传递给标准的欧洲网关。在效果上这等同于把 32×10^6 个地址压缩成一个路由选择表项。

　　作为降低 IP 地址分配速度以及减少 Internet 路由表中表项数的一种方法，CIDR 技术在过去的几年内已经被广泛认同。现在在分配网络地址时，均分配一个 CIDR 块，而不是像前面描述的那种传统的分类地址。

7.3　传统路由器的工作原理

互联网(Internet)是当今世界上规模最大、用户最多、影响最广泛的计算机互联网络。一个互联网包含多个独立的网络，网络之间由路由器互连。

网络中的设备用它们的网络地址(TCP/IP 网络中为 IP 地址)互相通信。不同网络号的 IP 地址不能直接通信，需要路由器或网关(gateway)将它们连接起来后才能通信。

通常人们将具有集中处理结构的、不涉及多层交换技术的、没有采用专用 ASIC 芯片的路由器称为传统路由器。其处理能力一般是每秒几十万个包，最大吞吐能力约 1 Gb/s 左右。

路由器互连与网络协议有关，本书所讨论的是仅限于 TCP/IP 协议的网络。

7.3.1　路由器完成的功能和硬件结构

路由器主要完成两个功能：①寻找去往目的网络的最佳路径，由路由协议完成；②转发分组，即对每一个经过路由器的分组都需要经过一系列操作，包括转发决策、交换分组、输出链路的调度等。

路由器通过端口与每个独立的子网相连。路由器从子网送过来的 IP 分组中提取目的主机的 IP 地址，与子网掩码进行运算后获得目的 IP 地址的网络号部分，再根据 IP 分组中目的 IP 地址的网络号部分选择合适的端口，把 IP 分组送出去。

1. 路由器的功能结构

路由器的功能结构如图 7.6 所示，它由控制部分和转发部分组成。转发部分由端口、交换结构组成；控制部分由路由处理、路由表、路由协议组成。下面简单介绍每一部分的功能。

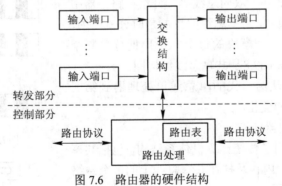

图 7.6　路由器的硬件结构

1) 端口

端口包括输入端口和输出端口，是物理链路和分组的出、入口。图 7.7 为端口的内部结构图。

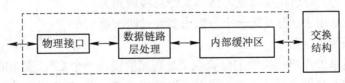

图 7.7　端口的内部结构

端口具有如下功能:

(1) 进行数据链路层的封装和解封装。

(2) 在路由表中查找输入分组的目的地址从而决定目的端口(称为路由查找),路由查找可以使用一般的硬件来实现,或者通过在每块线卡上嵌入一个微处理器来完成。

(3) 为了提供 QoS(服务质量),端口要对收到的分组分成几个预定义的服务级别。

(4) 有时可运行诸如 SLIP(串行线网际协议)和 PPP(点对点协议)这样的数据链路级协议或者诸如 PPTP(点对点隧道协议)这样的网络级协议。

(5) 参与对公共资源的仲裁。

在路由器中,多个端口和其它一些电路合起来形成线卡。一块线卡一般支持 4、8 或 16 个端口。

2) 交换网络结构

交换网络结构在多个端口之间提供分组转发的通路。它的物理结构主要有三种:共享总线、共享内存和空分交换开关。

3) 路由处理器

路由处理器运行系统软件和各种路由协议,计算、维护和更新路由表。它的部分功能既可以用软件实现,也可以用硬件实现。

2. 路由器的交换结构

从概念上来说,路由器中使用的交换网络结构主要有共享总线、共享存储器、空分交换开关等。评价一个交换结构的优劣参数有吞吐率、分组丢失率、分组传输延迟、缓存容量大小以及总线实现的复杂度。

1) 共享总线

共享总线有总线、环、双向总线等。分组在路由器中通过共享总线传输。通常,共享总线的机制是时分复用的,即在共享介质上的某一个模块的每个一个周期分享一个时间片传输它的数据。图7.8是共享总线结构图。

共享总线经历了从第一代的单总线单处理器到第三代的多总线多处理器的变化。

(1) 单总线单处理器结构。

最初的路由器采用了传统计算机体系结构,包括共享中央总线、中央 CPU、内存及挂在共享总线上的多个网络物理端口,如图 7.9 所示。

中央 CPU 完成除所有物理端口之外的其它所有功能。数据分组从一个物理端口接收进来,经总线送到中央 CPU,由中央 CPU 做出转发决定,然后又经总线送到另一个物理端口发送出去。每发送一个分组需要经过两次总线,这是整个系统的瓶颈。

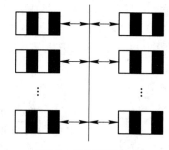

图7.8　共享总线结构

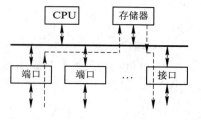

图 7.9　单总线单处理器结构

这种单总线单处理器结构的主要缺点是处理速度慢,一个 CPU 要完成所有的任务,从而限制了系统的吞吐量。另外一个缺点是系统容错性差,若 CPU 出现故障,则导致系统完全瘫痪。但该结构的优点是系统价格低。目前的接入路由器基本上都是这种结构。如 Cisco2501 路由器就是第一代路由器的典型代表，其 CPU 是 Motorola 的 68302 处理器。

(2) 单总线对称式多处理器结构。

第二代路由器开始采用了简单的并行处理技术，即做到在每个接口处都有一个独立的 CPU，专门负责接收和发送本接口的数据包，管理接收、发送队列，查询路由表，做出最终转发决定等。而主控 CPU 仅完成路由器配置管理等非实时功能，如图 7.10 所示。

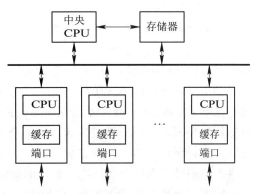

图 7.10　单总线多处理器结构

分组到达端口后，不用再送往处理机进行路由查找，而是直接在转发缓存中进行路由查找，根据查找结果将分组直接转发到输出端口。这样，每个分组只占用一次总线，使总线的利用率提高了一倍。

这种体系结构的优点是本地转发/过滤数据包的决定由每个接口负责处理的专用 CPU 来完成，对数据包的处理被分散到每块接口卡上。第二代路由器的主要代表有北电的 Bay BCN 系列，其中大部分接口 CPU 采用的是性能并不算高的 Motorola 60 MHz 的 MC68060 或 33 MHz 的 MC68040。

(3) 多总线多 CPU 结构。

第三代路由器至少包括第二代以上总线和第二代以上的 CPU。这种路由器的结构非常复杂，性能和功能也非常强大。这完全可以从该类路由器的典型之作 Cisco7000 系列中看出。在 Cisco7000 中共有 3 类 CPU 和 3 条总线，分别是接口 CPU、交换控制 CPU、路由 CPU 及控制总线(CxBUS)、数据总线(DxBUS)、系统总线(SxBUS)，如图 7.11 所示。

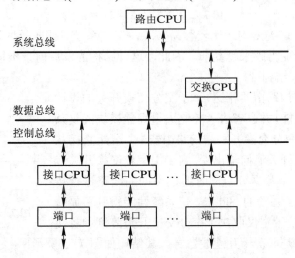

图 7.11　多总线多 CPU 路由器结构

共享总线有一个共同的特征：共享总线在某一时刻只允许一个端口发送数据，影响了吞吐量。从一个简化模型来说，一个路由器有 N 个输入端口和 N 个输出端口，所有的端口速率为每秒 S 个分组(假定分组长度固定)。一个分组时间指的是端口发送一个分组需要的时间，即 1/S 秒。如果总线运行的速度足够高，为 N×S 个分组/秒，则分组在总线上传输时没有冲突。如果总线的速率低于 N×S 个分组/秒，则需要在输入端口增加队列进行缓冲。

如果能允许多个端口同时发送数据，系统的吞吐量将会大大增加。

2) 共享存储器

在共享存储器结构的路由器中，使用了大量的高速 RAM 来存储输入数据，并可实现向输出端的转发。在这种体系结构中，由于数据首先从输入端口存入共享存储器，再从共享存储器传输到输出端口，因此它的交换带宽主要由存储器的带宽决定。

如图 7.12 所示，接收的分组首先由串行转换为并行，并顺序写入一个双端口的随机访问存储器 RAM(Random Access Memory)中。它们的分组头和内部的路由标签传输给一个存储器的控制器，由控制器来决定读取哪个分组到输出端口。从原理上来说，这是一个输出排队，但是所有的输出缓存都属于一个公共的缓冲池。因此各个输出端口的输出缓存可以共享。但是同上面的总线结构类似，如果要实现输出排队，存储器的操作速度必须 N 倍于端口速度，而这是受物理条件限制难以扩展的。存储器的控制器控制分组头时也必须有很高的运行速率。多播和广播实现也很复杂：一个多播的分组要复制多份(消耗更多的内存)或者从内存中读取多次(分组必须保留在存储器中直到输出到所有的端口)。

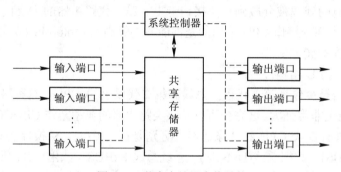

图 7.12　共享存储器交换结构

当规模较小时，这类结构还比较容易实现，但当系统升级扩展时，设备所需的连线大量增加，控制也会变得越来越复杂。因此，这种结构的发展前景不很乐观。

3) 空分交换开关结构

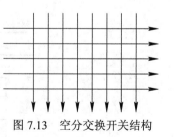

图 7.13　空分交换开关结构

与共享存储器结构路由器相比，基于空分交换开关的设计则有更好的可扩展性能，并且省去了控制大量存储模块的复杂性，降低了成本。在空分交换开关结构路由器中，分组直接从输入端经过空分交换开关流向输出端。它采用空分交换开关代替共享总线，允许多个数据分组同时通过不同的线路进行传送，从而极大地提高了系统的吞吐量，使系统性能得到了显著提高。系统的最终交换带宽仅取决于空分交换开关阵列和各交换模块的能力，而不是取决于互连线自身。其结构如图 7.13 所示。

空分交换开关结构具有很多优点。它具有高速特点的原因有二：一是从线卡到交换结构的连接是点对点的连接，具有很高的速率；二是能够多个通道同时进行数据交互。多个点的开关同时闭合就能在多对端口之间同时进行数据传输。事实上，空分开关被称为内部无阻塞的。

就目前来看，这种方案是高速新路由器的最佳方案。

7.3.2　路由器的工作原理

路由器工作于 OSI 参考模型的下三层：物理层、数据链路层和网络层，完成不同网络之间的数据存储和转发。我们假定通过路由选择协议及路由选择算法在路由器中已经建立好路由表，那么路由器如何通过路由表对 IP 分组进行转发呢？下面就介绍路由器的工作原理。

1．路由表介绍

路由表的结构如表7.2所示。

表7.2　路由表构成

目的IP地址	掩码	端口	下一跳地址	路由费用	路由类型	状态

(1) 目的 IP 地址：目的网络 ID 号或者目的 IP 地址。

(2) 掩码：掩码应用到分组的目的地址，以便找到目的地的网络地址或子网地址。

(3) 端口：路由器的每一端口连接一个子网。

(4) 下一跳地址：指向下一个路由器的端口地址。

(5) 路由费用：在 RIP 中，是指到达目的 IP 网必须经过的路由器数目；在 OSPF 中，是指路由器为某一路由选择的最佳成本。在任何时候到指定目的 IP 网都存在着不止一条路由的可能性，但是正常情况下路由器仅使用其中的一条，即成本最低的那条。

(6) 路由类型：有下面几种直接的，即目的子网直接连接到路由器；静态的，即人工输入的路由；RIP(Route Information Protocol)路由，即通过 RIP 协议学习到的路由；OSPF(Open Shortest Path First)路由，即通过 OSPF 协议学习到的路由。

(7) 状态：指出路由是否有效或者路由的优先级。

2．最长匹配查找原则

前面介绍了无分类域间路由 CIDR，它是为解决地址资源紧缺、减少路由表的规模而设计的。这样，路由表中存放的不是一个个具体的 IP 地址，而是可变长度的网络前缀。路由器在对 IP 分组寻址时，采用最长的网络前缀匹配 LPM(Longest Prefix Matching)。

最长匹配查找是在路由表中查找与分组的目标地址具有最长匹配位数的网络地址。具体做法是读取路由表中的每一项路由，然后从左到右依次与分组的目标网络地址进行逐位比较。当遇到第一个不匹配位时，则该路由的比较过程结束。

例如，假设路由表中有三个表项"202.x.x.x"、"202.168.x.x"和"202.168.16.x"(x 表示任意)。在路由器中，路由表项是按照降序的顺序进行存储的，以本例来说，它的存储顺序为"202.168.16.x"、"202.168.x.x"、"202.x.x.x"。如果有一个 IP 分组，它的目的地址为202.168.16.5，按照最长匹配查找原则，首先与"202.168.16.x"进行比较，并在内存中记录下匹配的位数，然后与"202.168.x.x"进行比较，并马上发现前面的匹配效果比后面的好，一旦得出这个结论，路由器就不会继续向下进行比较了，也就是说，该路由的比较过程结束了。那么这个分组应该从与"202.168.16.x"相连的端口输出。

3．路由查找方法

路由器在转发分组处理时的瓶颈之一是在路由表中进行路由查找。有两个原因导致路由查找困难：首先，路由表可能有成千上万的表项，输入的每个分组如果对每一个路由表项进行匹配，效率很低；第二个原因是一个输入分组有可能匹配多个路由表项，需要从中找出最长前缀匹配的表项。

路由查找算法有精确匹配查找和最长匹配查找，对于分类IP地址一般采用精确匹配查找，对于CIDR一般采用最长匹配查找。最长匹配路由查找的思想是把路由表项存储在树中，从而使得寻找最长匹配成为寻找从根到匹配节点的最长的路径。一般来说，基于树的算法是从树的根节点开始，使用目的地址中的后若干位来匹配当前节点的子节点，直到找到一个匹配为止。因此，在最坏情况下查找路由表所花费的时间和找到的最长前缀匹配的长度成正比。基于树的算法的主要思想是大多数节点只需要保存很少的子节点而不用保存所有可能的值。这类算法节约了内存，付出的代价是需要做更多次数的内存查找。

在路由器中采用缓存技术来提高路由查找速度，有以下两种方法：路由缓存和转发引擎。

1) 路由缓存

传统上所有路由查找由中央 CPU 集中处理，这样导致 CPU 的负荷非常大，成为影响路由器性能的瓶颈。因此，解决办法之一是将路由器中央 CPU 的部分功能转移到接口卡上，每个接口卡有自己独立的 CPU 和存储器，接口卡将数据包转发用到的路由信息存储到存储器中，称为路由缓存。每个接口卡只存储自己最近一段时间用到的路由信息而不是整个路由表。当数据包进入接口卡，首先在路由缓存中查找目的 IP 路由信息，如果查到，则直接转发到输出端口上；如果在路由缓存中查找不到，则将目的 IP 分组头发往中央路由表，并将反馈的结果在路由缓存中更新，后续 IP 分组在接口卡上直接转发。因此路由缓存可以大大提高转发速度，提高转发效率。

2) 转发引擎

路由缓存通过在接口卡上增加专用 CPU 来提高转发速度，带来好处的同时也增加了接口卡的成本(专用 CPU、Cache 存储器)。随着路由器端口数目的增加，成本也随之增长。解决的办法是将每个接口卡上的转发功能分离出来,形成专门的转发引擎(Forwarding Engine)，将多个转发引擎并行连接到总线上，可以获得很高的吞吐量，如图 7.14 所示。

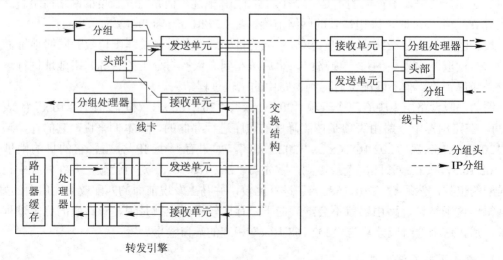

图 7.14 转发引擎的工作过程示例

工作过程：

(1) IP 分组到达入端口后，提取出分组头，加上一个标签(含入端口号)；

(2) 含有标签的分组头经过交换结构分配到转发引擎 FIFO 队列，该队列为所有转发引擎共享；

(3) 转发引擎进行检错，检错无误后，进行路由查找，然后产生一个新的标签，它包含与下一跳路由器相连端口的地址信息(含出端口号)；

(4) 将变换后的分组头通过交换网络转发回原来的端口(标签起的作用)；

(5) IP 分组被直接转发到连接下一条路由器的输出端口。

4. 路由器的分组转发过程

图 7.15 为实际的 3 个路由器互连网络。路由器 A 的端口 1 连接 128.7.254.0 子网，端口 2 连接 128.7.253.0 子网，端口 3 连接路由器 B 的端口 1，端口 5 连接路由器 C 的端口 1，路由器 C 的端口 2 连接路由器 B 的端口 2，路由器 B 的端口 3 连接 128.7.234.0 子网，PC_A 的 IP 地址为 128.7.254.10，连接到子网 128.7.254.0，PC_B 的 IP 地址为 128.7.253.15，连接到子网 128.7.253.0，PC_C 的 IP 地址为 128.7.234.18，连接到子网 128.7.234.0。表 7.3 为路由器 A 遵循的路由表示例，我们以 PC_A 到 PC_B、PC_A 到 PC_C 两种情况讨论分组在路由器 A 转发分组的过程。

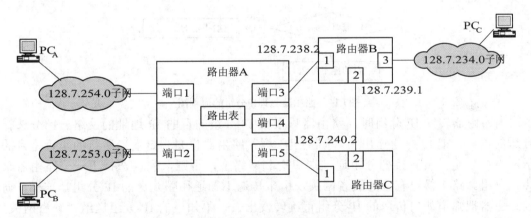

图7.15　路由器互连网络

表7.3　路由器A中的路由表举例

目的IP地址	子网掩码	端口	下一跳地址	路由费用	路由类型	状态
128.7.254.0	255.255.255.0	1		1	Direct	UP
128.7.253.0	255.255.255.0	2		1	Direct	UP
128.7.234.0	255.255.255.0	3	128.7.238.2	2	Static	UP
128.7.234.0	255.255.255.0	5	128.7.240.2	3	Static	UP
⋮	⋮	⋮	⋮	⋮	⋮	⋮

第一种情况——PC_A 到 PC_B：PC_A 的 IP 分组到达路由器 A 的端口 1，首先分析分组信息，解析分组头，提取目的 IP 地址，以目的 IP 地址为索引，在路由表中使用最长匹配原则

进行查找，得出目的网络，直接连接到端口 2，路由费用为 1。将该 IP 分组进行链路层封装，并从端口 2 转发出去。

第二种情况——PC$_A$ 到 PC$_C$：PC$_A$ 的 IP 分组到达路由器 A 的端口 1，首先分析分组信息，解析分组头，提取目的 IP 地址，以目的 IP 地址为索引，在路由表中使用最长匹配原则进行查找。有两条路由可供选择：一条从端口 3 连接到下一跳 IP 地址为 128.7.238.2 的路由器 B，路由费用为 2；另外一条从端口 5 连接到下一跳 IP 地址为 128.7.240.2 的路由器 C，路由费用为 3。路由器选择路由费用最小的路由作为最佳路由，因此，将该 IP 分组进行链路层封装，并从端口 3 转发出去。

IP 分组在路由器内进行转发的流程如图 7.16 所示。

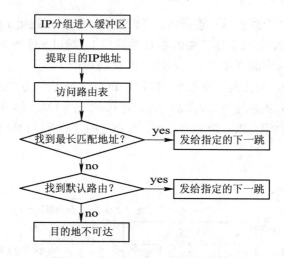

图7.16　路由器处理IP分组的流程图

当路由器转发 IP 分组时，路由器只根据 IP 分组的目的 IP 地址的网络号部分选择合适的端口，把 IP 分组送出去。同主机一样，路由器也要判定端口所接的是否是目的子网，如果是，就直接把分组通过端口送到网络上，否则，也要选择下一个路由器来传送分组。路由器也有它的缺省网关，用来传送不知道往哪儿送的 IP 分组。这样，通过路由器把知道如何传送的 IP 分组正确转发出去，不知道的 IP 分组送给"缺省网关"路由器。这样一级级地传送，IP 分组最终将送到目的地，送不到目的地的 IP 分组则被网络丢弃了。

7.3.3　路由及路由协议介绍

路由器在运行过程中需根据网络的变化情况实时修改路由选择方式。典型的路由选择方式有两种：静态路由和动态路由。

静态路由是在路由器中设置的固定的路由表。除非网络管理员干预，否则静态路由不会发生变化。由于静态路由不能对网络的改变作出反映，因此它一般用于网络规模不大、拓扑结构固定的网络中。静态路由的优点是简单、高效、可靠。在所有的路由中，静态路由优先级最高。当动态路由与静态路由发生冲突时，以静态路由为准。

动态路由是网络中的路由器之间相互通信，传递路由信息，利用收到的路由信息更新路由表的过程。它能实时地适应网络拓扑结构的变化。如果路由更新信息表明网络拓扑发生了变化，路由软件就会重新计算路由，并发出新的路由更新信息。这些信息通过各个网络，使得各路由器重新启动其路由算法，并更新各自的路由表以动态地反映网络拓扑变化。动态路由适用于网络规模大、网络拓扑复杂的网络。

静态路由和动态路由有各自的特点和适用范围，因此在网络中动态路由通常作为静态路由的补充。当一个分组在路由器中进行寻径时，路由器首先查找静态路由，如果查到，则根据相应的静态路由转发分组；否则再查找动态路由。

路由协议(routing protocol)是路由器能够与其它的路由器交换有关网络拓扑和可到达性的信息。任何路由协议的首要目标都是保证网络中所有的路由器都具有一个完整准确的网络拓扑数据库。这一点是十分重要的，因为每一个路由器都要根据这个网络拓扑信息数据库来计算各自的转发表。正确的转发表能够提高IP分组正确到达目的地的概率；不正确或不完整的转发表意味着IP分组不能到达其目的地，更坏的情况是它可能在网络上循环一段较长时间，白白地消耗了带宽和路由器上的资源。

路由协议可以分为域内(intradomain)和域间(interdomain)两类。一个域通常又可以被称为一个自治系统AS(Autonomous System)。AS是一个由单一实体进行控制和管理的路由器集合，采用一个惟一的AS号来标识。自治域内部采用的路由选择协议称为内部网关协议，常用的有RIP、OSPF；外部网关协议主要用于多个自治域之间的路由选择，常用的是BGP和BGP-4。

1. RIP

RIP 是一个几乎在任何一个 TCP/IP 主机或路由器中都实现的最普通距离向量路由协议。事实上在 20 世纪 80 年代中期，随着一些 UNIX 版本的发行，RIP 就已经被广泛传播开了。RIP 在功能上的主要特征包括以下几个方面：

(1) RIP 具有距离向量路由算法。

(2) RIP 把转发跳(hop)的级数作为一个参数。

(3) 路由器每 30 秒将整个路由数据库广播一次。

(4) 支持 RIP 的路由器网络的最大网络直径是 15 跳(hop)。

(5) RIP 不支持 VLSM。

目前在许多中小型的企业网中，RIP 的配置和运行十分简单。它属于内部或域内路由协议。为了弥补 RIPv1 的一些不足，RIPv2 也被开发出来了。RIPv2 的操作过程与 RIPv1 的十分类似，但它增加了对 VLSM 的支持。这给那些在管理 IPv4 地址空间时需要更大灵活性的网络管理员提供了用一个 OSPF 来支持 VLSM 的替代方案。RIPv1 和 RIPv2 分别在 RFC1058 和 RFC1723 文件中描述。

2. OSPF

今天，OSPF 是一个众所周知的、采用链路状态路由算法的协议。OSPF 也是一个内部/域内路由协议。市场上所有(如果不是全部也是绝大部分)的路由器都支持 OSPF。OSPF 在功能上的主要特点包括：

(1) 包含链路状态路由算法(Dijkstra)，有时被称为最短路径优先(SPF)算法。

(2) 支持多条到达相同目的地的等价通路。

(3) 支持可变长的子网掩码 VLSM。

(4) 支持分层路由。

(5) 只有在网络拓扑结构发生变化时，才会有链路状态的发布。

(6) 具有可扩展性。

图 7.17 中给出了一个由若干区域构成的 OSPF 网络的例子。在 OSPF 中，区域的概念用来定义在一个自治系统(AS)中的路由器和网络的集合。在 OSPF 网络中，必须存在一个区域 0 用来定义网络骨干区域。如果配置了多个区域，那么所有的非 0 区域都必须通过一个区域边界路由器 ABR(Area Border Router)连接到区域 0。在一个区域中，路由器相互发布和交换链路状态通告 LSA(Link State Advertisement)，并为该区域建立一个统一的映射图，称为链路状态数据库。区域之间通过区域边界路由器相互传递有关某一特定网络和拓扑的概括信息。因而路由器可以保存有关其所在区域中的所有网络及路由器的完整信息，以及有关在区域外网络及路由器的特殊信息。路由器中有足够的信息来引导分组通过合适的区域边界路由器到达另一个区域中的网络。

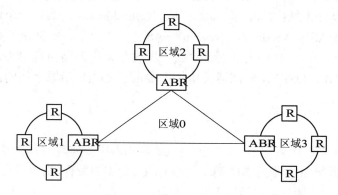

图7.17   OSPF网络的例子

OSPF 的目的是计算出一条经过互联网的最小费用的路由，这个费用基于用户可设置的费用量度。用户可以将费用设置为表示时延、数据率、现金花费或其它因素的一个函数。OSPF 能够在多个同等费用的路径之间平均分配负载。

每个路由器都维护一个数据库，这个数据库反映了该路由器所掌握的所属自治系统的拓扑结构，该拓扑结构用有向图表示。

图 7.18 是一个用 6 个路由器将 5 个子网连接起来的互联网示例。网络中的每个路由器都维护一个有向图的数据库，该数据库是通过从互联网的其它路由器上得到的链路状态信息拼凑而成的。路由器使用 Dijkstra 算法对有向图进行分析，计算到所有目的网络的最小费用路径。图 7.18(a)是网络拓扑图，图 7.18(b)是网络有向图。在有向图中，每个路由器接口的输出侧都有一个相关联的费用，这个费用是系统管理员可以配置的。图 7.18(b)中的弧被标记为相应的路由器到输出接口的费用，没有标记费用的的弧的费用为 0。从网络到路由器的弧的费用永远为 0(这是一个约定)，比如 N1 到 R1、R2、R3，N2 到 R3，N3 到 R4、R5、R6，N4 到 R5 以及 N5 到 R6 始终为 0。

图 7.18(c)为路由器 1 经过运算得到的生成树。需要注意的是，从 R1 到达 N3 的路径有两条，分别为 R1—R4—N3 和 R1—N1—R2—R5—N3，两条路经的费用分别为 10 和 14，费用为 10 的路径被保留下来，另外一条路径则被删除。

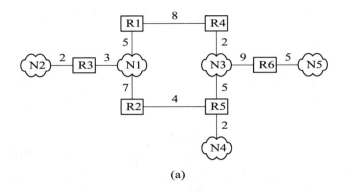

(a)

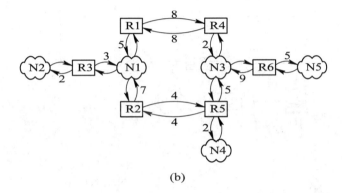

(b)

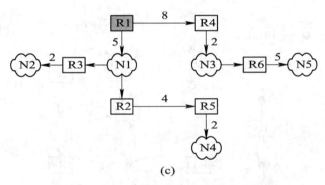

(c)

图 7.18　简单互联网络最短路径的计算过程

(a) 网络拓扑图；(b) 网络有向图；(c) 路由器 1 的生成树图

表 7.4 为路由器 R1 运算后得到的路由表。

表 7.4　路由器 R1 的路由表

目的站	下一跳	费　　　用
N1	—	(R1—N1) 5
N2	R3	(R1—N1—R3—N2) 7
N3	R4	(R1—R4—N3) 10
N4	R2	(R1—N1—R2—R5—N4) 11
N5	R4	(R1—R4—N3—R6—N5) 15

　　下面我们再介绍一个复杂的例子，如图 7.19 所示。具体运算过程不再详细叙述。

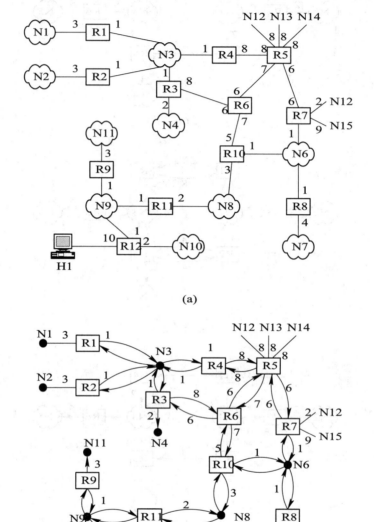

图 7.19　复杂网络的拓扑结构和有向图

(a) 网络拓扑图；(b) 有向图

　　我们以路由器 6 为例，经过计算获得以路由器 6 为根的生成树，如图 7.20 所示。这个树给出了到达任何一个目的网络或主机的完整路由，而我们只需要考虑到目的地的下一跳。因此，路由器 6 计算得到的路由表如表 7.5 所示。

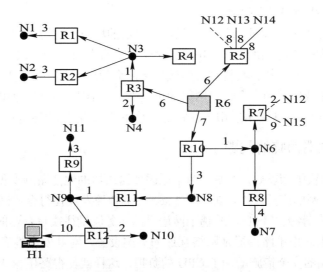

图 7.20　路由器 6 的生成树

表 7.5　路由器 6 的路由表

目的站	下一跳	距离	目的站	下一跳	距离
N1	R3	10	N11	R10	14
N2	R3	10	H1	R10	21
N3	R3	7	R5	R5	6
N4	R3	8	R7	R10	8
N6	R10	8	N12	R10	10
N7	R10	12	N13	R5	14
N8	R10	10	N14	R5	14
N9	R10	11	N15	R10	17
N10	R10	13			

3．BGP

BGP 属于外部或域间路由协议。BGP 的主要目标是为处于不同自治系统 AS 中的路由器之间进行路由信息通信提供保证。BGP 也常常被称为路径向量路由协议，因为 BGP 在发布到一个目的网络的可达性的同时，还包含了 IP 分组到达目的网络过程中所必须经过的 AS 的列表。路径向量信息是十分有用的，因为只要简单地查找一下 BGP 路由更新中的 AS 编号就能有效地避免环路的出现。

BGP 的主要功能特点包括：

(1) BGP 是通径向量(path vector)路由协议。

(2) 通过对选择路由器的影响以及控制到其它 BGP 路由器的通路分布来实现对基于策略的选路的支持。

(3) 为了保证 BGP 路由器之间可靠地进行路由信息的交换，BGP 中采用了 TCP 协议。

(4) 支持 CIDR 汇聚及 VLSM。

(5) 对网络拓扑结构没有限制。

在一个 AS 内进行 IP 分组选路时，只使用普通的域内路由协议如 OSPF 等，而不使用 BGP。在网络启动的时候，相邻的 BGP 路由器之间互相打开一个 TCP 连接，然后交换整个路由数据库。以后，只有拓扑结构和策略改变时才会使用 BGP 发送更新消息。一个 BGP 更新消息可以声明或撤消到一个特定网络的可达性。在 BGP 更新消息中也可以包含通路的属性，属性信息可被 BGP 路由器用于在特定策略下建立和发布路由表。

7.3.4　传统路由器面临的问题

20 世纪 90 年代中期以后，主要有两个原因使路由器的性能瓶颈变得异常突出：第一是 100M/1000M 以太网的广泛使用，第二是 Internet 的快速发展使得企业网的业务流量分布严重偏离 80/20 规则，且大多数必须跨越子网边界的业务流量往往是企业的关键业务，性能优劣对企业影响甚大。由于路由器是网络互连的关键设备，对其安全性有很高的要求，因此路由器中各种附加的安全措施增加了 CPU 的负担，这样就使得路由器成为整个互联网上的"瓶颈"。

每个独立的传统路由器在转发每一个分组时，都要进行一系列的复杂操作，这些操作大大影响了路由器的性能与效率，降低了分组转发速率和转发的吞吐量，增加了 CPU 的负担。以 Internet 为例，尽管它已经采用了 CIDR 等地址汇聚技术，但其主干路由仍然达到了 6 万多条，路由表项的查找成为 Internet 主干路由器最沉重的负担。

为了解决传统路由器所面临的问题，满足在互联网上的分组快速转发以及快速传递的需求，有两种思路：第一种是提高路由器处理及转发分组的速度，即单节点解决方案，比如采用硬件专用电路 ASIC(Application Specific Integrated Circuit)提高路由识别、路由查找、路由计算和路由转发的速度；第二种是提高分组在整个互联网的传递速度，即全网的解决方案。经过路由器的前后分组间的相关性很大，具有相同目的地址和源地址的分组往往连续到达，这为分组的快速转发提供了实现的可能与依据。后面要介绍的 ATM 与 IP 相结合的几种方式，就是以此思路为基本出发点的。

7.4　IP 与 ATM 结合的技术

传统 Internet 的主要缺点是不能提供可靠的 QoS，对实时语音、多媒体业务的支持能力弱，而这些问题在面向公众运营时却是必须解决的。ATM 技术是 1990 年初由传统电信部门专门为 B-ISDN 开发的技术，目前已经成熟稳定。ATM 除了可以提供高速交换的能力外，其综合业务和可靠的 QoS 能力使其仍然成为一种颇具潜力的骨干网技术。将 ATM 技术应用于 Internet 可以解决带宽问题，也可以简单地将 ATM 的 QoS 能力引入 Internet，满足各种实时业务的性能要求。因此，IP over ATM 方案成为传统电信运营商构建宽带 IP 网的主要选择之一。

在 IP over ATM 方案中，IP 层主要实现多业务汇聚和数据的封装，ATM 层负责提供端到端的 QoS。

IP 与 ATM 技术相结合的主要难点在于：ATM 是面向连接的技术，而 IP 是无连接的技术，并且两者都有自己的编址方案和选路规程，相互间的协调配合较复杂。目前，关于 IP over

ATM 的方案，ITU-T、IETF、ATM-Forum 等标准化部门和许多制造商已提出了很多，其中有一些已经成为标准，根据这些方案中 IP 与 ATM 之间的结合方式来划分，可分为重叠模式(Overlay Model)和集成模式(Integration Model)两种。图 7.21 描述了 IP over ATM 技术的分类。

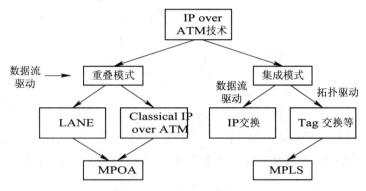

图 7.21　IP over ATM 技术分类

ATM 与 IP 的结合有两种方式：第一是两者重叠，这样虽然可以保证 QoS，但是会增加协议的复杂度；第二是两者集成，这种方案能够最大限度地同时利用 ATM 与 IP 的优点。

7.4.1　IP 与 ATM 结合的模型

为实现 ATM 与 IP 相结合，ITU-T SG13 网络总体组把相应的解决方案分为两种模型：重叠模型和集成模型，它们的不同在于使用或不使用 ATM 论坛协议和组件。

1. 重叠模型

重叠模型产生于 20 世纪 90 年代初。那时，业界的主流仍然相信 ATM 将是未来网络的主导技术，因此设计者的出发点是考虑今后如何更易于向基于 ATM 的 B-ISDN 过渡。其基本思想是：IP 与 ATM 各自保持原有的网络结构和协议结构不变，通过在两个不同层次的网络之间进行数据映射、地址映射和控制协议映射，来实现 IP over ATM。

在该模式中，从 IP 层的角度来看，ATM 层只是另一个异构的网络而已，它们通过 IP 协议实现网间互连，ATM 网络作为传送 IP 分组的数据链路层来使用；从 ATM 层来看，IP 层产生的业务只是它承载的一种业务类型，它使用 AAL5 适配 IP 分组，将其封装成 ATM 信元，使用标准 ATM 信令建立端到端的 VC 连接，并在其上传送已封装成 ATM 信元形式的 IP 业务流。

IP 交换的重叠模型由运行 IP 路由协议并具有 IP 地址的 IP 设备和运行 ATM 信令及路由协议并具有 ATM 地址的 ATM 设备(IP 主机、IP 路由器、ATM 交换机等)组成。由于 IP 和 ATM 分别运行各自独立的协议，IP 和 ATM 分别保留各自的地址格式，也就是说，一套设备有两套完全不同的地址，因此，网络中需设置专用服务器完成高层 IP 地址到 ATM 地址的解析工作。

重叠模型的网络结构如图 7.22 所示，ATM 交换机构成核心网，路由器则位于核心网周围。由路由器构成的 IP 网络负责路由表的维护并确定下一跳路由器地址，然后将 IP 分组转换成 ATM 信元，经由 ATM 核心网建立的 VC 传送到选定的下一跳路由器。重叠模型的一个例子是后面叙述的多协议上的 ATM——MPOA。

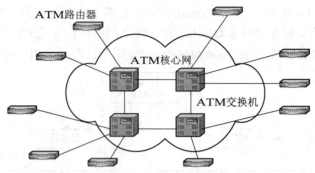

图7.22　IP over ATM重叠模型的网络结构

该模式的优点是与标准的 ATM 网络及业务兼容；缺点是 IP 的传输效率低，地址解析服务器太易成为网络瓶颈，不能充分发挥 ATM 在 QoS 方面的优势，因而不适宜用来构造大型骨干网。

2. 集成模型

集成模型是为解决重叠模型性能低、可靠性差的问题而于 20 世纪 90 年代后期产生的。此时，关于 IP 与 ATM 谁主沉浮的争论已基本尘埃落定，设计者考虑的是如何设计一个高性能的基于 IP 的宽带综合网，已不用再考虑保持 ATM 网络的独立性以便今后向 B-ISDN 演进的问题。对集成模型而言，只是将 ATM 技术中合理的成分为我所用而已，如 ATM 基于定长标记的交换、ATM 的硬件交换结构等。集成模型的基本思想是：让核心网的 ATM 交换机直接运行 IP 路由协议；将其看作 IP 层的对等层，而不是为其提供服务的下一层设备；使用 IP 服务的用户终端只需要一个 IP 地址来标识，网络无需再进行 IP 地址到 ATM 地址的解析处理，也不再使用 ATM 信令建立端到端的 VC。

图 7.23 描述了该模型的基本网络结构。在网络中，ATM 交换机仍然基于 VPI/VCI 实现分组转发，但不同点在于，一般纯 ATM 网络和重叠模型中的 ATM 交换机的 VPI/VCI 表是由标准的 ATM 信令建立和维护的，而集成模型中 ATM 交换机的 VPI/VCI 转发表是由 IP 路由协议和基于 TCP/IP 的其它标记分发控制协议创建和维护的。因此在集成模型中，ATM 交换机实际上是一个多协议标签交换路由器，因而在图中将其记为 LSR(Label Switching Router)。LSR 节点先使用 IP 进行寻址和选路，然后在选好的路径上使用 ATM 交换进行分组转发。

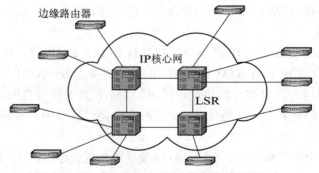

图7.23　IP over ATM 集成模型的网络结构

集成模型的优点是综合了第三层路由的灵活性和第二层交换的高效性，IP 分组的传输效率高，可以充分发挥 ATM 面向连接的全部优点；缺点是协议较为复杂，与标准 ATM 技术不兼容，从技术特点上来看，集成模型更像多层交换技术。目前，IP over ATM 的主流是采用集成模型，它适合于组建大型 IP 骨干网。

集成模型主要包括 Ipsilon 公司的 IP 交换技术(IP Switching)，Cisco 公司的标签交换技术(Tag Switching)，IETF 制定的多协议标记交换技术标准 MPLS(Multi-Protocol Label Switching)也属于此类。

3．重叠模型与集成模型的比较

表 7.6 对重叠模型与集成模型进行了比较。

表 7.6　重叠模型与集成模型的比较

属　　性	重　叠　模　型	集　成　模　型
寻址	独立的 IP 和 ATM	单一的 IP
路由协议	IP 路由和 ATM 路由	只有 IP 路由
地址解析	需要	不需要
QoS 保障	效率低	效率高
多播	差	好
技术应用	LANE、IPOA、MPOA	IP 交换、标记交换、MPLS

无论是重叠模型还是集成模型，它们都必须满足下面一些条件：

(1) 实现的方法与 IP 协议版本无关；

(2) IP 与 ATM 结合的网络技术必须有良好的扩展性能，以支持大型网络；

(3) IP 与 ATM 结合的网络技术必须能有效地在网络上支持多播，并且要保证多播的扩展性能；

(4) IP 与 ATM 融合的网络技术必须具有良好的网络性能。

7.4.2　IP 与 ATM 结合的驱动方式

IP 与 ATM 结合的驱动方式有两种：数据流驱动和拓扑驱动。所谓驱动方式，就是何时以何种方式来建立虚连接。

数据流驱动就是在数据流到来时，临时判定流的性质，如有必要就建立 ATM 的虚连接来传送这一数据流。为此，要选定 VC，并将流的标识与 VCI 相关联。

拓扑驱动就是将用控制协议预先生成和保持的 IP 路由映射到 ATM 的虚连接 VC。

数据流驱动与拓扑驱动的不同主要体现在通路是否预先建立上。数据流驱动是由用户数据流来临时驱动的，要由数据流分类功能(即按一定准则)来判别需要建立 ATM 连接的流。例如，文件传送适宜于建立 ATM 连接，短的域名服务器查询消息适宜于无连接的传送。在流的判别和 ATM 连接的建立过程中，该数据流的分组仍然由第三层选路，ATM 连接建立后分组才通过已建立的虚连接传送。这样，一方面产生了建立时延，另一方面又可能导致数据流中各个分组的失序。由于是临时驱动，还要用周期刷新的方法来控制 ATM 连接的释放。刷新意味着继续保持连接，即当不进行刷新时连接就自动释放。

拓扑驱动是用控制协议在网络的入口、出口预先建立好虚连接，当数据到达网络入口时，数据沿已经建立好的通路传送，通常没有建立时延，不会产生失序，也不需要周期刷新。

7.4.3　基于 ATM 的局域网互连——局域网仿真

现有的局域网是一种非常成熟的技术，价格低廉，使用非常普及，基于局域网的高层应用遍地开花。虽然 ATM 技术是通信网发展的趋势，但按目前的情况，传统的局域网还将在很长的一段时间内使用，ATM 要成为局域网的主流技术，就必须解决与现有局域网综合的问题。

为了使现有的大量局域网(包括以太网 802.3 和令牌环网 802.5)上的应用能够在 ATM 上继续使用，以实现现有局域网和 ATM 之间的互操作性，关键的问题是在现有局域网和 ATM 网上使用相同的网络层协议，如互联网协议(IP)和互联网分组交换协议(IPX)。

虽然 ATM 技术有非常好的性能指标，但大多数局域网用户仍希望在向 ATM 演化的过程中继续使用现有的局域网业务，即提供平滑过渡方案。为此，"ATM 论坛"定义了一种 ATM 业务，称为局域网仿真 LANE(LAN Emulation)。

LAN 仿真技术的基本思想是利用 ATM 仿真以太网或令牌环网，使 ATM LAN 看起来像是一个由路由器互连的逻辑共享介质的局域网，通过在属于同一逻辑 LAN 的 ATM 节点间建立 ATM 多址组的方式仿真共享 LAN。为在节点间传输数据，需要一个地址解析服务器 (ARP Server)，其基本功能是解析 MAC 地址到 ATM 地址，以在节点间建立点到点 (point-to-point)的 VCC。

局域网仿真对局域网隐藏了 ATM 交换结构，局域网终端感觉不到 ATM 的存在，因此无需修改终端设备的软/硬件，就可以利用 ATM 网络的各种优点。更重要的是，它使得传统的局域网适配器、NDIS(网络设备接口规范)和 ODI(开放数据链路接口)驱动设备以及所有第二层和第二层以上的协议可以继续使用。需要注意的是，局域网仿真 LANE 只能同时仿真一种局域网(如以太网或令牌环)，而不能同时仿真这两种局域网。另外，LANE 在一些细节上和真正的局域网并不一样，例如 LANE 中没有冲突，也没有令牌。

LANE 的优点是可以大大简化网络配置和维护，并且支持各种连网协议，如 IP、IPX、AppleTalk 等，尤其重要的是在仿真局域网 ELAN 中的拥塞问题远远小于传统的局域网。传统局域网采用共享媒体的系统结构，当网络上的用户增加、业务量过多时，网络性能会急剧恶化。为解决这个问题，人们将传统局域网分段，形成几个小规模的局域网，然后接到 ATM 网络中，并配置到同一个 ELAN。此时每个传统局域网上的用户数减少，用户可占用的数据带宽增加。ELAN 中多数业务都是独立的点对点的数据传送，这样可以充分利用 ATM 的带宽降低网络拥塞。

但局域网仿真还存在如下问题：

(1) 局域网仿真没有解决路由选择的问题，因此，不同 ELAN 之间的通信仍然需要路由器用来。路由器用来在各个入口和出口间平衡业务量，当它通过用户网络接口 UNI 连接到 ATM 网上时，必须具有很高的吞吐量(如 100 000 帧/秒)才能充分体现 ATM 的优越性，传统的路由器很难达到这么高的要求，因而形成 ELAN 之间通信的瓶颈。除了吞吐量问题，桥接器/路由器还会引入很大的时延。

(2) 局域网本身有自己的一套地址解析协议，可实现 IP 地址和 MAC 地址的映射。局域网仿真的地址解析协议实现 MAC 地址与 ATM 地址的转换，即在局域网地址解析上又增加了一层地址映射，由此增加了建立连接的时延。

(3) 局域网仿真不能利用 ATM 网络提供的服务质量 QoS(Quality of Service)特性。要实现 QoS，就要求网络层的结构反映到 ATM 网络中。后面讨论的 IP Over ATM 方案可从网络层接入 ATM，因此它可以利用 ATM 提供的 QoS 服务。

7.4.4 经典的 IP over ATM

Classical IP Over ATM 简称 IPOA，是 Internet 工程任务组(IETF)制定和发布的解决方案。IPOA 的基本思想是：将 ATM 网络当作局域网来处理，即在传输 IP 分组时把 ATM 网络看作是另一种异型网络，即与在以太网、令牌环网以及 X.25 分组交换网等物理网络上传输 IP 分组的情况类似。

IPOA 与局域网仿真类似，同样是在网络层以上隐去了 ATM 本身的复杂性，而给用户提供了一种应用编程接口(API)，以使现行的 IP 能够运行在 ATM 上。IPOA 与局域网仿真不同的是，局域网仿真是建立在 MAC 层上，而 IPOA 则是建立在 IP 地址与 ATM 地址的直接映射上，这样可以简化地址转换协议。完成此过程的基础是 IP 地址解析协议(IP ARP)。

IPOA 解决了 QoS 问题，它在结构上与局域网仿真有许多相似之处。它们的主要区别是：局域网仿真是从 MAC 层接入 ATM 的，而 IPOA 是从 IP 层直接映射到 ATM 上的。

1. 网络结构

在 IPOA 中引入了逻辑 IP 子网 LIS(Logical IP Subnetwork)的概念。 LIS 是根据用户和网络管理者的要求，对连接到同一 ATM 网络的任意 IP 节点(IP 主机或路由器)进行组合而形成的逻辑 IP 子网。一个 LIS 中的所有 IP 节点都必须和 ATM 网络直接相连，并且共享相同的 IP 网络子网和掩码，从而构成一个独立的 IP 子网。

LIS 中的 IP 节点与它们的物理位置无关，不同的 LIS 之间相互独立。属于同一 LIS 的 IP 节点可以建立点到点的 ATM VCs，并在其上直接通信；不同 LIS 的 IP 节点之间则必须通过互连两个 LIS 的路由器进行通信。在 IPOA 中，VC 不能穿越 LIS 的边界建立，但在 IP 层看来，一个 LIS 只相当于一跳，而不管其中经过了几个 ATM 交换机。图 7.24 描述了 IPOA 的网络结构。

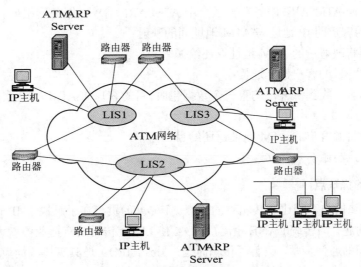

图 7.24 IPOA 的网络结构示意图

　　为解决 IP 地址到 ATM 地址的直接映射，在每个 LIS 域内，都必须设置一个 ATM 地址解析服务器 ATM ARP Server，它负责建立、更新 LIS 域中所有节点的 IP 地址和对应的 ATM 地址表，并完成 IP 到 ATM 地址的映射。对于 ATM ARP Server 而言，每个 IP 节点就是一个 LIS 客户机，它必须具有一个 ATM 地址和它所在的 LIS 中的 ATM ARP Server 的 ATM 地址，只要一接入 LIS，它就立即建立到 ATM ARP Server 的 VC 连接。ATM ARP Server 检测到来自一个新主机的连接，就向该节点发反向 ARP 请求，获取新增节点的 IP 地址和 ATM 地址，并登记到映射表中。

2. 工作过程

　　一个 IP 节点在发送数据之前，由于它只知道目的 IP 节点的 IP 地址，而不知其 ATM 地址，所以它首先必须通过 ATM ARP 协议获取目的 IP 节点的 ATM 地址，然后才能建立 ATM VC 连接，并在其上传送数据。其过程如图 7.25 所示。

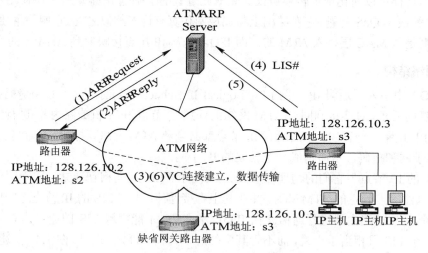

图7.25　IPOA工作过程示意图

　　(1) 源客户向 ATM ARP 服务器发送一个 ATM ARP 请求，服务器根据目的客户的地址信息，完成目的客户的 IP 地址与 ATM 地址间的映射；

　　(2) 服务器将映射后的 ATM 地址返还给源客户；

　　(3) 源客户与目的客户建立连接；

　　(4) 当目的客户收到源客户的第一个数据包时，目的客户向 ATM ARP 服务器发送请求，以确定源客户的地址；

　　(5) 服务器将源客户的 ATM 地址返还给目的客户；

　　(6) 目的客户与源客户建立连接。

3. IPOA 的优缺点

　　IPOA 与局域网仿真相比有其相对的优点。IPOA 的贡献在于解决了 IP 地址到 ATM 地址的直接映射问题，与传统 LANE 相比，IPOA 使 LIS 上传送的广播业务量大大减少，同时也简化了主机间的通信步骤，改善了传输时延。另外，IPOA 还具有协议简单，传输效率高，可在 LIS 支持 QoS 等优点，但它同时也还存在如下一些问题：

　　(1) 在基于 RFC 1577 的 IPOA 中，不支持 IP 广播和多播的应用。

(2) RFC 1577 只适用于处理 IP 协议，对于其它协议无效。因此，其适用范围较局域网仿真要窄。

(3) 只规定了在一个 LIS 内的通信协议，如果一个 ATM 网上连接有多个 LIS，则 ATM 交换只在每一个 LIS 内建立。不同 LIS 间的通信，即使它们连接在同一个 ATM 网络上，数据也必须通过路由器传送。因此，这对大型网络来说仍然存在路由器瓶颈，即很难支持大型网络，这种限制现在看来是没有道理的。

正是由于这些问题的存在，使得基于 ATM 的 IP 在性能上还有待提高。目前，无论是"ATM 论坛"还是 IETF，均在寻求解决的方法。例如，为了适应多协议处理的需要，产生了基于 ATM 的多协议模式。

7.4.5　基于 ATM 的多协议传输

基于 ATM 的多协议传输 MPOA(Multiple Protocol Over ATM)是在局域网仿真 LANE 和 IP Over ATM 之后第三种以 ATM 网络支持传统局域网的方案。MPOA 克服了 LANE 和 IPOA 中的一些缺点，它可以提供一种高性能、低时延并能承载多种高层协议的网络互连方式，进一步利用了 ATM 提供的各种服务性能。

1. MPOA 与 LANE、IPOA 的比较

局域网仿真(LANE)的目的是在 ATM 网络中提供传统的局域网业务，但较现有 LAN 提供的业务的范围更广、速率更高。但是 LANE 网络由于采用的是传统路由器模式，限制了其 LAN 的入网速率(因为 LANE 路由器在链路层执行 MAC 地址判决，并要完成相应的路由选择)，因此其最高工作速率比一般的局域网 ATM 交换机的交换速率要低一个数量级；另外，在 LANE 中规定了以太网和令牌环网两种适配模式，而在同一个 LANE 中一般只允许存在一种格式的局域网形式，多种局域网的互连必须采用传统路由器方式解决，这就缩小了 LANE 的使用范围。

与 LANE 相比，IPOA 是通过完成 IP 地址和 ATM 地址解析(ARP)来完成 ATM 技术的应用的。IP 地址作为网络地址可以直接用于网络寻径，在数量上也远远低于 MAC 地址，所以从寻径的角度而言，这种方式的效率高于 LANE；另外，在 IPOA 中是将 IP 协议作为 ATM 网络协议的上层，这样处理 IP 和 ATM 协议的关系就是完成 IP 协议和 ATM 协议的适配，而不是 IP 协议和 ATM 协议同等层之间的转换，由这些特点构成的 IPOA 可以利用 ATM 网络的服务质量 QoS，因此它能支持多媒体业务。但是，IPOA 只支持 IP 协议，并不支持其它的网络层协议，如 IPX、DECnet 等，因此它的使用受到了很大的限制。另外，IPOA 不能提供广播和多播的信息传输。

MPOA 业务的基本功能是在 ATM 网络框架上实现点到点的网络层连接。这种连接可以是 ATM 主机间的连接，也可以是 ATM 主机与传统局域网间的连接。MPOA 提供一种网络结构，可以有效地将网桥、路由器与 ATM 网络结合，支持多种协议、多种网络技术以及虚拟局域网。MPOA 吸收了"ATM 论坛"和 IETF 的许多协议，采用了 IETF 的下一站解析协议(NHRP)与"ATM 论坛"的局域网仿真协议，并将其修改成更适合 MPOA 的格式。

2. MPOA 的网络结构

MPOA 的基本思想就是将传统多协议路由器中的分组转发功能和路由功能分开到

MPOA 客户端 MPC 和 MPOA 服务器 MPS 中。地址管理和网络拓扑检测由 MPS 完成，而
分组转发由客户端 MPC 通过 ATM 交换结构实现。MPOA 的网络结构如图 7.26 所示。

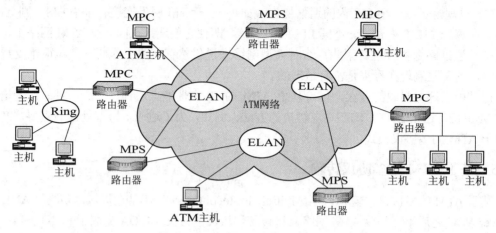

图7.26　MPOA的网络结构示意图

有几个概念要解释一下：

(1) MPOA 客户：简称 MPC，是 MPOA 定义的逻辑组成部件之一。其主要功能是作为
互联网络上 MPOA 捷径的入口点和出口点，发起和接收来自网络层的建立 ATM VC 连接的
消息，并执行分组转发功能。MPC 工作时会监视第三层的 IP 数据流，假如根据预先设定的
策略，它发现创建一条捷径可以使数据流受益，则 MPC 使用 NHRP 协议向 MPS 请求，该
请求包含被叫的 IP 地址，MPS 则通过 NHRP 协议获取对应的 ATM 地址，并返回给主叫
MPC，随后 MPC 使用得到的 ATM 地址建立到被叫端的 ATM 连接。MPC 能够保留它与 MPS
相互通信时取得的捷径信息，当该捷径长期空闲时将被自动删除。MPC 的功能通常在网络
边缘设备(网桥、路由器)或直接连接到 ATM 网络的主机上实现。

(2) MPOA 服务器：简称 MPS，也是 MPOA 定义的逻辑组成部件之一。它为 MPC 提供
建立 ATM VC 连接所需的信息，在 MPS 内部包含一个完整的下一跳服务器 NHS，NHS 负
责将来自 MPC 的请求和响应通过标准的路由协议传递到目的网络。通常，MPS 功能在路由
器中实现。

(3) NHRP：IETF 定义的 NHRP 协议，允许下一跳客户在不同的逻辑子网间发送要求地
址解析的查询。查询是通过使用下一跳服务器 NHS 沿着标准的路由协议(如 OSPF、BGP)
发现的路径传播的，这样使得子网间可以建立 ATM VC 连接，让指定的数据流不需要使用
中间的路由器转发。

3．MPOA 的工作原理

MPOA 中数据转发与路由计算是分开的。MPS 负责路由计算，并给 MPC 发出正确的
路径转发目标。当 MPC 收到分组时，它会根据分组的网络层地址首先查自己的缓存中有无
对应映射，如果没有，则向 MPS 查询出对应的 ATM 地址，然后建立一条 SVC；如果本地
MPS 不知道正确的 ATM 地址，它将通过 NHRP 向其它的 MPS 查询。因此，MPOA 模型同
时具备第二层和第三层的功能，即包含了路由与交换两种功能，使得第三层的服务需求能
映射到底层的 ATM 上。在 MPOA 中有 QoS 要求的数据流将在申请建立的 SVC 中传送，一

般小业务量数据在缺省通路上传送。

MPOA 的基本工作原理是：首先数据包到达 MPOA 客户机 MPC，MPC 检查数据包的目的地址，然后根据下面不同的原始条件，确定实现连接的具体方法。

(1) 如果分组不需要路由，就可以通过传统的 LANE 方式解析目的端的 ATM 地址，建立与目的端的虚连接。

(2) 如果分组需要路由，MPC 就需要查询分组的网络层的目的地址，向 MPS 查询，解析出该网络层地址所对应的 ATM 地址，或者直接从高速缓存中查询地址的映射信息，然后建立一条到目的端的虚连接。

(3) 如果本地的 MPS 不知道对应的 ATM 地址，它会通过下一跳解析协议，将对该地址的查询请求发送到其它的 MPS 上以获得目的端的 ATM 地址(该地址是主机地址或边缘设备的地址)。

分组经过建立后的虚连接传送。分组到达出口时，要接受检查，如果在出口缓存中找不到匹配信息，分组就会被丢弃掉。如果找到了合适的匹配，就要使用缓存中的地址信息对分组进行第二层封装，然后将分组转发到正确的目的地。

4．MPOA 的优缺点

MPOA 是建立在现有技术的基础上的，这些技术包括局域网仿真(LANE)、下一跳解析协议(NHRP)、多播地址解析服务器。由于它不限定与特定的网络互连协议，因此它是在 ATM 环境下支持传统网络的一种通用机制。MPOA 能够以统一的方式支持第二层和第三层的网络互连，因此 MPOA 能够在 ATM 环境中实现扩展性较好的连接。MPOA 能够快速有效地处理长数据流和短数据流，又将路由选择和第三层转发分离开来，减少了参与互联网路由计算的数量，从而提高了可扩展性。MPOA 实现了独立地理位置的标准虚拟子网，使边缘设备不需要运行互联网路由选择协议，从而降低了边缘设备的复杂程度。MPOA 使用 NHRP 的扩展协议——高速缓存条目插入协议，能够通过删除最后一跳，在整个 ATM 中实现端到端的直通连接。总之，MPOA 是一种功能很强的机制。

由于 MPOA 仍需要地址解析部件，因此分布在整个网络中的高速存储数据库之间必须保持同步，这就增加了建立连接的时延以及设计和实现协议的复杂程度。此外，MPOA 还有待于深入研究和发展，制定统一的标准。

7.4.6　IP 交换

1996 年，Ipsilon 公司提出了 IP 交换(IP switching)的概念。它将一个 IP 路由处理器捆绑在一个 ATM 交换机上，去除了交换机中所有的"ATM 论坛"信令和路由协议，ATM 交换机由与其相连的 IP 路由处理器控制。IP 交换机作为一个整体运转，执行通常的 IP 路由协议，并进行传统的逐级跳方式的 IP 分组转发。当检测到一个大数据量、长持续时间的业务流时，IP 路由处理器就和与其邻接的上行节点协商，为该业务流分配一个新的虚通路和虚信道标识(VPI/VCI)来标记属于该业务流的信元，同时更新 ATM 交换机中转发表对应的内容。一旦这个独立的处理过程在路由通路上的每一对 IP 交换机之间都得到执行，那么每一个 IP 交换机就可以很简单地把转发表中的上行和下行节点的表项入口正确地连接起来，这样，最初的逐级跳选路方式的业务流最终被转变成了一个 ATM 交换的业务流。

1. IP 交换机的构成

IP 交换机是一个能够在第三层转发 IP 分组并具有一个使分组也能在第二层被交换的设备或系统。它具有区分哪些分组将在第三层被转发以及哪些分组将在第二层被交换的控制机制，然后通过一条第二层交换路径重定向一些或所有分组。

IP 交换机的结构如图 7.27 所示，它由两个逻辑上分离的模块组成，这两个模块是 ATM 交换模块和 IP 交换控制器。

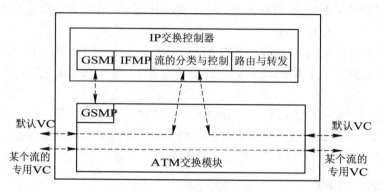

图7.27　IP交换机的结构

(1) ATM 交换模块：利用了 ATM 具有固定长度信元、高速交换信元以及便于用硬件实现的特性。

(2) IP 交换控制器：主要由 IP 路由软件和控制软件组成，它负责标识一个流，并将其映射到 ATM 的虚连接上。ATM 交换机与 IP 交换控制器通过一个 ATM 接口相连，用于控制信号和用户数据的传送。

(3) GSMP：是通用交换管理协议。此协议使 IP 交换控制器可从内部完全控制 ATM 交换模块，管理其交换端口，建立和撤销通过交换机的连接等。

(4) IFMP：是 Ipsilon 流管理协议。该协议用于在 IP 交换机间共享流标记信息，以实现基于流的第二层交换。

IP 交换的基本概念是流的概念。一个流是从 ATM 交换机输入端口进来的一系列有先后关联的 IP 分组，它将由 IP 交换控制器的路由软件来处理。

IP 交换的核心是把输入的数据流分为两种类型：一种是持续期长、业务量大的用户数据流，比如 FTP、Telnet、HTTP 以及多媒体音频、视频数据等；另外一种是持续期短、业务量小、呈突发分布的用户数据流，比如 DNS 查询、SMTP 数据、SNMP 数据等。

对于持续期长、业务量大的用户数据流在 ATM 交换机硬件中直接进行交换；对于多媒体数据，它们常常要求进行广播和多播通信，把这些数据流在 ATM 交换机中进行交换，也能利用 ATM 交换机硬件的广播和多点发送能力。对于持续期短、业务量小、呈突发分布的用户数据流，通过 IP 交换控制器中的 IP 路由软件完成转发，即采用和传统路由器类似的逐跳的存储转发方式。采取这种方法省去了建立 ATM 虚连接的开销。

对于需要进行 ATM 交换的数据流，必须在 ATM 交换机内建立虚连接 VC。ATM 交换要求所有到达 ATM 交换机的业务流都用一个 VCI 来进行标记，以确定该业务流属于哪一个 VC。IP 交换机利用 Iplison 流管理协议(IFMP)来建立 VCI 标签和每条输入链路上传送的业务流之间的关系。

2．IP 交换机的工作原理

IP 交换同时支持传统的逐跳分组转发方式和基于流的 ATM 直接交换方式，其工作过程可大致分为三个阶段。

(1) 逐跳转发 IP 分组阶段。任意 IP 分组流，最初都是在两个相邻 IP 交换机间的缺省 VC 上逐跳转发的，该缺省 VC 穿过 ATM 交换机并终接于两个 IP 交换控制器上。在每一跳，ATM 信元先重新组装成 IP 分组，送往 IP 交换控制器，IP 交换控制器则根据 IP 路由表决定下一跳，然后再 IP 分组拆分为 ATM 信元进行转发。

同时，IP 交换控制器基于接收 IP 分组的特征，按照预定的策略进行流分类决策，以判断创建一个流是否有益。

(2) 使用 IFMP 将业务流从默认 VC 重定向到一个专用的 VC 上。如果分组适合于流交换，则 IP 交换控制器用 IFMP 协议发一个重定向信息给上游节点，要求它将该业务流放到一个新的 VC 上传送(即上游节点的出口 VC 同时是下游节点的入口 VC)。如果上游节点同意建立 VC，则后续分组在新的 VC 上转发，同时下游节点也进行了流分类决策，并发送了一个重定向信息到上游，请求为该业务流建立一条呼出 VC。新的 VC 一旦被建立，后续业务流将在新的 VC 上转发。

(3) 在新的 VC 上对流进行第二层交换。ATM 交换机根据已经构造好的输入/输出 VC 的映射关系，将该流的所有后续业务量在第二层进行交换，而不会再涉及到 IP 交换控制器。同时，一旦建立了一个流，IP 分组就不需要在每一跳进行组装和分拆操作，因而大大提高了 IP 分组的转发效率，尤其是由长数据流组成的网络业务将从 IP 交换受益最多。

图 7.28 描述了 IP 交换的工作原理。

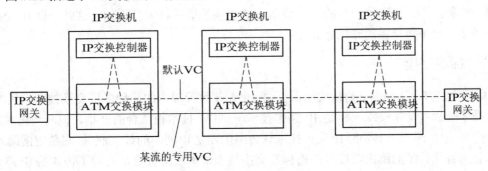

图 7.28 IP 交换的工作原理

3．IP 交换中所使用的协议

IP 交换中使用了 GSMP 和 IFMP 两种协议。GSMP 用于 IP 交换控制器中，完成直接控制 ATM 交换的功能。IFMP 用于 IP 交换机、IP 交换网关或 IP 主机中，它把现有网络或主机接入到由 IP 交换机组成的 IP 交换网中，用来控制数据传送。

1) GSMP 协议

GSMP 是交换结构的一部分，用于 IP 交换控制器。GSMP 是一种异步协议，它把 IP 交换控制器设置为主控制器，而把 ATM 交换机设置为从属被控设备，使 IP 交换控制器用来控制 ATM 交换机的工作。IP 交换控制器利用该协议向 ATM 交换机发出下列要求：

(1) 建立和释放穿过 ATM 交换机的虚连接。

(2) 在点到多点连接中，增加或删除端点。

(3) 控制 ATM 交换机端口。

(4) 进行配置信息查询。

(5) 进行统计信息查询。

(6) IP 交换控制器利用 GSMP 协议实现 ATM 交换机为某个用户流建立新的 VPI/VCI 的功能。

2) IFMP 协议

IFMP 协议可以在两台 IP 交换机之间的点到点链路上运行，它用于 IP 交换机间标记绑定的流间通信，采用下游标记分配模型来实现。它可以在 IP 交换网关或支持 IFMP 的网络接口卡之间请求分配一个新的 VPI/VCI，即 IFMP 协议给某个流附加一个标签，使该流的路由更加有效。

IFMP 是软状态协议；除非更新，否则其状态会自动超时结束。这就是说，流的绑定信息有一个有效期，一旦上游交换机获知该期限，则应周期性地更新。

IFMP 包含两个协议：邻接协议和改发协议。邻接协议用于发现相邻节点以及实现两节点间链路状态的同步；改发协议则用于 VCI 分配与 ATM 连接建立和释放过程。

4．IP 交换的优缺点

由于 IP 交换机把输入的用户业务流分成两大类，节省了建立 ATM 虚电路的开销，因此提高了效率。

IP 交换的缺点是只支持 IP 协议，同时它的效率依赖于具体用户的业务环境。对于大多数业务为持续期长、业务量大的用户数据，能获得较高的效率。但对于大多数业务为持续期短、业务量小、呈突发分布的用户数据，IP 交换的效率将大打折扣，这时一台 IP 交换机只相当于一台中等速率的路由器。

7.4.7 标签交换

标签交换(Tag Switching)是 Cisco 公司 1996 年秋天提出的一种多层交换技术。虽然 IP 交换技术与标签交换技术一样是 IP 路由技术与 ATM 技术相结合的产物，但两个技术的产生却有着完全不同的出发点。IP 交换技术认为路由器是 IP 网中的最大瓶颈，它希望借助 ATM 技术完全替代传统的路由器技术；而标签交换技术最本质的特点是兼容了传统的 IP 路由协议，在一定程度上将数据的传递从路由变为交换，提高了传输效率。

标签交换的基本目标是提高骨干路由器的转发性能，它使用了简单定长标签替换转发功能，并把不同的网络层选路服务(例如单播、组播、分类服务 COS 等)与这种标签替换转发的机制联系起来，同时保持与介质无关。

标签交换核心的概念是"标签"，标签的长度固定，每个标签与第三层的路由信息直接关联，这样通过定长的标签而不是变长的 IP 地址前缀就可以将 IP 分组或 ATM 信元传送到网络中的目的地。标签与 IP 地址的不同点在于：IP 地址是全网有效的，要求保证 IP 地址的全网范围的惟一性；而标签是局部有效的，只需在任一交换节点保持其惟一性即可。

固定长度标签的优点是：

(1) 交换机使用固定长度的标签作为索引查找分组转发表，可以产生非常快速而有效的转发决策，也更适合用硬件方式来实现交换。

(2) 标签与第三层的路由信息相关联，使得与标签相关联的交换路径可以预先建立，提高了网络的交换性能和稳定性。

1．标签交换的基本概念

1) 标签

标签是分组中包含的一个短的固定长度的分组头字段。标签可以是 ATM 信元的 VPI/VCI、帧中继 PDU 的 DLCI 头或者分组中第二层和第三层寻址信息之间插入的"薄垫片"标志。

2) 标签交换

标签交换指把网络层的信息与标签关联在一起并使用标签替换机制进行分组转发的体系结构、协议和过程。

3) 标签边缘路由器

标签边缘路由器 TER(Tag Edge Router)位于核心网络的边缘，它负责将标签添加到分组上，并执行增值的网络层服务。

4) 标签交换路由器

标签交换路由器 TSR(Tag Switch Router)可以对所有被标签的分组或信元进行第二层交换，同时它也可以支持完整的第三层 IP 路由功能。

2．标签交换的网络结构

标签交换的一个重要的结构特征是把标签交换转发操作从网络层的控制功能中分离出来。二者的分离是一个深思熟虑的设计，使得网络运营者能够把若干当前和未来的业务与简单和可扩展的转发机制联系起来。例如将目的地选路、组播选路以及显式选路等特定业务与一组标签联系起来，当这些标签在网络中分配时，将形成针对每一种业务的端到端的交换通路。尽管这些业务可能不同，但是基本的转发机制仍然保持不变。这样，如果引入新的网络层控制功能，就不必重新优化或者升级转发通路上的组件和设备。当发生不可预见的必要的网络层的变化时，已有的投资可以得到保护。例如，突然需要引入 IPv6 以获得更大的地址空间时，不需要对现有的转发通路进行任何修改。

标签交换具备以下特点:

(1) 标签交换以面向连接的方式承载无连接的业务。

(2) 标签交换将 ATM 的第二层(数据链路层)交换的快速性、性能管理和质量管理的功能与第三层(网络层)路由的扩展性和灵活性相结合，提高了网络性能，简化了网络结构。

(3) 标签交换是拓扑驱动的 IP 交换协议。标签交换网络建立直通路径，直通路径是根据控制信息而不是数据流来建立的，换句话说，虽然在标签交换式通路上可能没有去往特定目的网络的数据流，但是仍然需要分配交换机资源。一旦确实有分组去往该目的网络时，就可以在已经存在的直通路径上立刻转发，而无需进行数据流分类以判断是否建立直通路径。因此，标签交换没有建立交换通路的时延，因为交换通路已经存在。

(4) 入口和出口的 TSR 设备需要执行标准的第三层处理。入口的 TSR 设备在发往网络中的分组上添加标签时查询转发表，而出口的 TSR 设备删除标签并按照选路协议计算下一跳的转发分组。

(5) 对每个分组,内部 TSR 设备不再进行第三层处理。可以推测,这将提高转发性能并能够把标签与若干不同的网络层业务联系在一起。

(6) 标签交换使处于边缘的路由器能够将每个分组的第三层地址映射为简单的标签(Tag),然后把打过标签的分组转化为 ATM 信元。打过标签的信元被映射到虚电路上,在网络内部的 TSR 之间快速交换。

3. 标签交换的工作原理

标签交换机有两种组件:转发组件和控制组件。转发组件根据分组中携带的标签信息和交换机中保存的转发表完成分组的转发。控制组件负责在交换机之间维护标签转发信息。

在标签交换机中,标签转发信息库 TFIB(Tag Fowarding Information Base)用于存放标签转发的相关信息,每个入口标签对应一个信息项,每个项内包括输出标签、输出端口号、输出链路层信息等子项。

1) 转发组件

当标签交换机收到一个携带标签的分组时,转发组件的工作流程如下:

(1) 从分组中提取出标签;

(2) 将该标签作为标签转发信息库(TFIB)的查询索引,检索该分组所对应的项;

(3) 用该信息项中的输出标签和链路层信息(如 MAC 地址)替换分组中原来的标签和链路层信息;

(4) 将装配后的分组从所指定的输出端口送出。

2) 控制组件

控制组件完成标签分配和维护规程,也就是负责 TFIB 的标签信息的生成和维护。标签的分配和维护主要用标签分配协议 TDP(Tag Distributed Protocol)来实现。

标签转发信息库(TFIB)是根据路由表形成的,除了增加输出标签子项外,每个信息项在 TFIB 中所处的位置还进行了有序化处理,即以输入标签为索引进行一定的计算便可得到该信息项在 TFIB 中的位置。定长的标签以其位置固定的优点,非常方便采用硬件方式完成对 TFIB 的检索和数据的转发。

3) TDP 协议

TDP 与标准的网络层 IP 路由协议(OSPF、BGP 等)配合,在标签交换网络中的相邻的各设备间分发标签信息,TDP 提供了 TSR 与 TER 以及 TSR 与 TSR 之间进行标签信息交换的方式。TER 和 TSR 使用标准的 IP 路由协议建立它们的 FIB,获取目的地的可达性信息。在 FIB 的基础上,相邻的 TSR 和 TER 使用 TDP 相互分发标签值,创建标签交换需要的 TFIB。TSR 将依据 TFIB 执行标签交换。TDP 规定了 3 种标签分配方式:下游节点标签分配、下游节点按需分配标签和上游节点标签分配。

所谓上游和下游是从某个路由器的角度考虑的,指向某个目的地址的路由方向称为下游,反之称为上游。

4) 标签分配的依据

在 TER 中可以根据下列几类信息为 IP 分组加上标签值:

(1) 目的地址前缀:此类标签以路由表中的路由为基础分配。它允许来自不同源地址而流向同一目的地的业务流发送时共享同一标签,从而节省标签和资源。

(2) 边缘路由：此类标签在核心网的 TER 对之间分配标签。某些情况下，此方法使用的标签比地址前缀技术使用的要少。

(3) 业务量调节：给 IP 分组加上一个标签，使它沿指定的但与 IP 路由算法选择的路径不同的路径传输，从而使管理员可以平衡网络负荷，进行流量工程管理。

(4) 应用业务流：该方法标签的分配同时考虑源地址和目的地址，比如可以根据源地址和目的地址之间已登记的 QoS 需求来分配标签，它可以提供更为精细的 QoS 保证能力。

5) 标签交换的工作过程

标签交换的工作过程可简单的用四个步骤来描述，如图 7.29 所示。

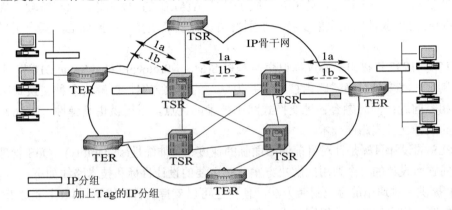

图 7.29　标签交换的工作过程

(1) 1a：使用现有路由协议(如 OSPF、BGP)建立目的网络可达性；1b：使用 TDP 协议在 TER 和 TSR 间分布标签信息。

(2) 在 IP 骨干网的边缘，入口 TER 接收 IP 分组，完成任何第三层特殊服务，并为分组打上标签。

(3) 在 IP 骨干网内部，TSR 使用标签而非 IP 地址进行分组的快速转发。

(4) 当分组穿过网络到达另一边时，出口 TER 移去标签，并将分组传给其目的地子网。

4. 标签交换的优缺点

(1) 标签交换能扩展现有网络的规模，能对路由器和 ATM 构成的网络实现更为简单的管理，它已将 ATM 交换机变成了路由器，形成了更加统一的网络模型，并增加了网络部件间配置的共同性。

(2) 具有一定的服务质量保证，但需要特殊质量保证的业务需要实现标签交换协议或人为向网络申请，因此使用不够灵活。

(3) 具有支持多媒体应用中所需的 QoS 和组播能力，但组播需要预先配置，灵活性较差。

(4) 支持路由信息层次化结构，并通过分离内部路由和外部路由使网络具有较强的扩展能力和可管理性。

(5) 标签交换采用拓扑驱动的解决方案，将目的地前缀算法与标准路由协议相结合，最有效地使用了现有连接，无需在数据流到达时才建立通道，没有建立时延，减少了数据转发时延。

7.5　多协议标记交换技术——MPLS

各种 IP 与 ATM 融合的技术如 LANE、IPOA、MPOA、标签交换(TAG Switch)等都只能解决局部的问题。这些技术虽然利用了 ATM 高速交换的特性,但要么没有充分利用 ATM 的 QoS 特性,要么就是过于复杂和标准不完善。例如 LANE 只能应用于较小规模的网络,不能支持像 Internet 这样的大型网络。IPOA 在不同子网间的互连仍需要使用传统的路由器,因而吞吐量和延迟仍然存在,此外它只限于处理 ATM 上的 IP 业务,只支持较小规模的网络。MPOA 经实验证明也只能支持中小型网络。标签交换作为厂家标准,其应用受到很大的限制。

IETF 于 1997 年提出多协议标记交换 MPLS(Multi-Protocol Label Switch)技术,希望通过标准的制定,将多种交换式路由技术合并为单一的解决方案,以解决多种交换式路由技术的互不相容问题;同时融合各种交换式路由技术的优点,以提供更具弹性、扩充性以及效率更高的一种交换式路由技术。

MPLS 的设计目标是针对目前网络面临的速度、可伸缩性(scalability)、QoS 管理、流量工程等问题而设计的一个通用的解决方案。其主要的设计目标和技术路线如下:

(1) 提供一种通用的标记封装方法,使得它可以支持各种网络层协议(主要是 IP 协议),同时又能够在现存的各种分组网络上实现。

(2) 在骨干网上采用定长标记交换取代传统的路由转发,以解决目前 Internet 的路由器瓶颈问题,并采用多层交换技术保持与传统路由技术的兼容性。

(3) 在骨干网中引入 QoS 以及流量工程等技术,以解决目前 Internet 服务质量无法保证的问题,使得 IP 技术可以真正成为可靠的面向运营的综合业务服务网。

总之,在下一代网络中为满足网络用户的需求,MPLS 将在寻路、交换、分组转发、流量工程等方面扮演重要角色。

7.5.1　MPLS 的一些基本概念

(1) 标记。标记是一个短小、定长且只有局部意义的连接标识符,它对应于一个转发等价类 FEC(Forwarding Equivalence Class)。一个分组上增加的标记代表该分组隶属的 FEC。标记可以使用标记分配协议 LDP(Label Distributed Protocol)、RSVP 或通过 OSPF、BGP 等路由协议搭载来分配。每一个分组在从源端到目的端的传送过程中,都会携带一个标记。由于标记是固定长的,并且封装在分组的最开始部分,因此硬件利用标记就可以实现高速的分组交换。

从标记起的作用来看,它与 ATM 信元中的 VPI/VCI、帧中继帧中的 DLCI、X.25 分组中的 LCN 功能相同,都起局部连接标识符的作用。对于那些没有内在标记结构的介质封装,则采用一个特殊的数值填充。图 7.30 给出 4 字节填充标记的格式,它包含一个 20 bit 的标记数值、一个 3 bit 的 COS 数值、一个 1 bit 的堆栈指示符和一个 8 bit 的 TTL 数值。

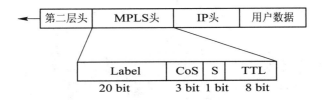

第二层头	MPLS头	IP头	用户数据

Label	CoS	S	TTL
20 bit	3 bit	1 bit	8 bit

图7.30　MPLS的标记结构

(2) 标记边缘路由器(LER)。它位于接入网和 MPLS 网的边界的 LSR 中，其中入口 LER 负责基于 FEC 对 IP 分组进行分类，并为 IP 分组加上相应标记，执行第三层功能，决定相应的服务级别和发起 LSP 的建立请求，并在建立 LSP 后将业务流转发到 MPLS 网上。而出口 LER 则执行标记的删除，并将除去标记后的 IP 分组转发至相应的目的地。通常 LER 都提供多个端口以连接不同的网络(ATM、FR、Ethernet 等)，LER 在标记的加入和删除，业务进入和离开 MPLS 网等方面扮演了重要的角色。

(3) 标记交换路由器(LSR)。LSR 是一个通用 IP 交换机，它位于 MPLS 核心网中，具有第三层转发分组和第二层交换分组的功能。它负责使用合适的信令协议(如LDP/CR-LDP或RSVP)与邻接 LSR 协调 FEC /标记绑定信息，建立 LSP。对加上标记的分组，LSR 将不再进行任何第三层处理，只是依据分组上的标记，利用硬件电路在预先建立的 LSP 上执行高速的分组转发。

(4) 标记分发协议(LDP)。它是 MPLS 中 LSP 的连接建立协议，用于在 LSR 之间交换 FEC/标记关联信息。LSR 使用 LDP 协议交换 FEC/标记绑定信息，建立从入口 LER 到出口 LER 的一条 LSP。但是 MPLS 并不限制已有的控制协议的使用，如 RSVP，BGP 等。

(5) 标记交换路径(LSP)。一个从入口到出口的交换式路径，在功能上它等效于一个虚电路。在 MPLS 网络中，分组传输在 LSP(Label-Switched Path)上进行。一个 LSP 由一个标记序列标识，它由从源端到目的端的路径上的所有节点上的相应标记组成。LSP 可以在数据传输前建立(control-driven)，也可以在检测到一个数据流后建立(data-driven)。

(6) 标记信息库(LIB)。保存在一个 LSR(LER)中的标记映射表，在 LSR 中包含有 FEC/标记关联信息和关联端口以及介质的封装信息。

(7) 转发等价类(FEC)。FEC 代表了有相同服务需求的分组的子集。对于子集中所有的分组，路由器采用同样的处理方式转发。例如最常见的一种是 LER，它可根据分组的网络层地址确定其所属的 FEC，根据 FEC 为分组加上标记。

在传统方式中，每个分组在每一跳都会重新分配一个 FEC(例如执行第三层的路由表查找)。而在 MPLS 中，当分组进入网络时，为一个分组指定一个特定的 FEC 只在 MPLS 网的入口做一次。FEC 一般根据给定的分组集合的业务需求或是简单的地址前缀来确定。每一个 LSR 都要创建一张表来说明分组如何进行转发，该表被称为标记信息库 LIB(Label Information Base)，表中包含了 FEC 到标记间的绑定关系。

MPLS 核心网之所以基于标记而不是直接使用 FEC 进行交换，主要的原因在于：

(1) FEC 长度可变，甚至是一个策略描述，基于它难以实现硬件高速交换。

(2) FEC 是从网络层或更高层得到的，而 MPLS 的目标之一是支持不同的网络层协议，直接使用 FEC 不利于实现一个独立于网络层的核心交换网。

(3) FEC-标记策略也增强了 MPLS 作为一种骨干网技术在路由和流量工程方面的灵活性和可伸缩性，如下图 7.31 所示。

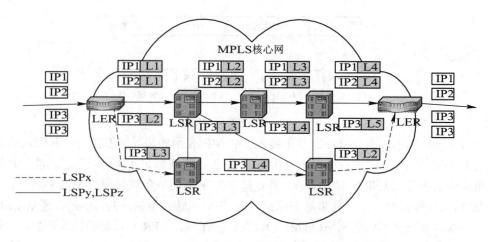

图 7.31　FEC-标记与 LSP 的关系示意图

如上图所示，地址前缀不同的分组通过分配相同的标记而映射到同一条 LSP 上；同样，地址前缀相同的分组也可由于 QoS 的要求不同而映射到不同的 LSP 上。这极大地增强了核心网流量工程的能力。

7.5.2　网络体系结构

MPLS 网络进行交换的核心思想是在网络边缘进行路由并打上标记，在网络核心进行标记交换。图 7.32 是一个 MPLS 网络的示意图。

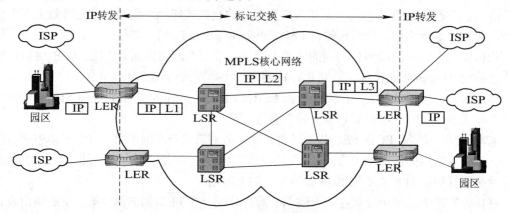

图 7.32　MPLS 网络结构示意图

组成 MPLS 网络的设备分为两类，即位于网络核心的 LSR 和位于网络边缘的 LER。构成 MPLS 网络的其它核心成分包括标记封装结构以及相关的信令协议，如 IP 路由协议和标记分配协议等。通过上述核心技术，MPLS 将面向连接的网络服务引入到了 IP 骨干网中。

MPLS 属于多层交换技术，它主要由两部分组成：控制面和数据面，其主要特点是：

(1) 控制面：负责交换第三层的路由信息和分配标记。它的主要内容包括：采用标准的 IP 路由协议，例如 OSPF、IS-IS(Intermedia System to Intermedia System)和 BGP 等交换路由信息，创建和维护路由表 FIB(Forwarding Information Base)；采用新定义的 LDP 协议、或已有的 BGP、RSVP 等交换、创建并维护标记转发表 LIB(Label Information Base)和 LSP。在 MPLS 中，不再使用 ATM 的控制信令。

(2) 数据面：负责基于 LIB 进行分组转发，其主要特点是采纳 ATM 的固定长标记交换技术进行分组转发，从而极大地简化了核心网络分组转发的处理过程，提高了传输效率。

(3) 另外，在控制面，MPLS 采用拓扑驱动的连接建立方式创建 LSP，这种方式与 PSTN、X.25、ATM 等传统技术采用的数据流驱动的连接建立方式相比，更适合数据业务的突发性特点。原因有两方面：一方面 LSP 基于网络拓扑预先建立，另一方面核心网络需要维持的连接数目，不直接受用户呼叫和业务量变化的控制和影响，核心网络可以用数目很少的、基本相对稳定的 LSP 服务众多的用户业务，这在很大程度上提高了核心网络的稳定性。

控制面由 IP 路由协议模块、标记分配协议模块组成。根据不同的使用环境，IP 路由协议可以是任何一个目前流行的路由协议，例如 OSPF、BGP 等。

数据面主要由 IP 转发模块和标记转发模块组成，其中 IP 转发是指执行传统的 IP 转发功能，它使用最长地址匹配算法在路由表中查找下一跳。在 MPLS 中，该功能只在 LER 上执行。MPLS 标记转发则根据给定分组的标记进行输出端口/标记的映射，转发功能通常用硬件实现，以加快处理速度和效率，而控制面的功能主要由软件来实现。

MPLS 网络执行标记交换需经历以下步骤：

(1) LSR 使用现有的 IP 路由协议获取到目的网络的可达性信息，维护并建立标准 IP 转发路由表 FIB。

(2) LSR 使用 LDP 协议建立 LIB。

(3) 入口 LER 接收分组，执行第三层的增值服务，并为分组标上标记。

(4) 核心 LSR 基于标记执行交换。

(5) 出口 LER 删除标记，转发分组到目的网络。

7.5.3　MPLS 路由器的工作原理

MPLS 路由器的结构如图 7.33 所示。MPLS 路由器的一个重要特征就是实现控制组件与转发组件的分离。控制组件负责在相邻 LSR 之间交换路由状态信息、更新路由表，这部分工作需要由 OSPF、BGP 等路由协议完成。控制部件的另一部分工作就是要建立和维护转发表，建立和维护转发表实质上就是为各个数据流建立和维护标记交换路径。

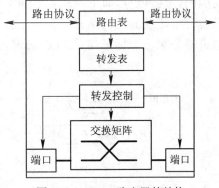

图 7.33　MPLS 路由器的结构

转发组件的工作则相对简单，当分组到达时，转发组件以分组头部的标记为索引检索转发表，再对分组进行标记交换，即转发分组。显然，由于标记采用固定长度，有利于通过硬件实现，和传统的路由表查找相比，标记索引的时间开销几乎可以忽略不计，因此可以大大提高路由器的分组转发效率。

每个 LSR 路由器工作时，都必须维护两张表：一张表为路由表，用于存放 FEC 到标记之间的映射信息；另外一张为转发表。当一个具有标记的分组进入 LSR 时，LSR 根据分组头中所携带的标记信息检索转发表，如果查找成功，则把分组转发到相应的输出端口；如果不成功，则丢弃该分组。

前面介绍了传统路由器转发分组的过程：在传统 IP 转发机制中，每个路由器分析包含在每个分组头中的信息，然后解析分组头，提取目的地址，查询路由表，决定下一跳地址，计算头校验，减值 TTL，完成合适的出口链路层封装，最后发送分组。或者简单地说，每个路由器处理每个分组的过程是：分析分组的网络层头字段，根据目的地址前缀为分组分配一个 FEC，然后将 FEC 映射到下一跳路由器。

MPLS 采取的方法是在标记边缘路由器 LER(入口路由器)处，为 IP 数据流分配一个标记。在 MPLS 网络内部，LSR 之间基于标记进行快速交换，到了出口，LER 路由器将标记剥掉，还原 IP 数据流。与传统路由器转发分组相比，MPLS 的转发效率大大提高，数据通过网络的时延大大减少。

7.5.4　MPLS 标记的分配方法

MPLS 标记的分配方法有两种：下游标记分配和上游标记分配。

1．下游标记分配

下游分配的策略是指标记的分发沿着数据流传输的逆行方向进行。下游 LSR 为某个 FEC 分配一个标记，该 LSR 用所分配的标记作为本地交换表的索引。可以证明，这是单播通信量最自然的标记分发方式。以数据流驱动分配为例，当 LSR 构造自己的路由表时，它可以为每个路由表目的地自由地分配任意的标记，实现也很容易。然后，它将所指定的标记传递给上游邻节点，告诉上游 LSR 对以它为下一跳路由的流分配该标记为输出标记。这样当携带该标记的数据分组从上游传递过来时，就可以用该标记作为交换表索引指针，查到相应的输出标记和输出接口。

我们举例说明下游分发的过程。如在图 7.34 中，对于某个到达的数据流(或称 FEC)，LSR1、LSR2、LSR3 均需要分配一个标记与之绑定，但该绑定信息的传递却是由 LSR3 发起的，具体过程如下：首先 LSR3 分配一个标记与该 FEC 绑定，然后它把该绑定信息沿着分组转发的逆向路径分发给 LSR2；LSR2 接收到 LSR3 的绑定信息后，同样根据本地策略分配一个标记与该 FEC 绑定，并把该信息传输给上游的 LSR1，依此类推。

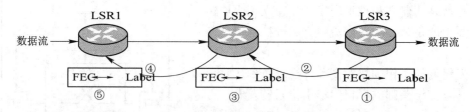

图 7.34　下游标记分发

下游标记分发又可分为下游标记请求分发和标记主动分发。下游标记请求分发是指下游 LSR 在接收到上游 LSR 发出的"标记与 FEC 绑定请求"信息后，检查本地的标记映射表，如果已有标记与该 FEC 绑定，则把该标记绑定信息作为应答反馈给上游 LSR，否则在本地分配一个标记与该 FEC 绑定，并作为应答返回给上游 LSR。

下游标记主动分发是指在上游 LSR 未提出任何标记绑定请求的情况下，下游 LSR 把本地的标记绑定信息分发给上游 LSR。

2．上游标记分配

上游标记分配是指标记的分发沿着数据流传输的方向进行。这时，上游 LSR 为下游 LSR 选择一个标记，下游 LSR 将用该标记解释分组的转发。在产生标记的 LSR 上，该标记不是本地交换表的索引，而是交换表的查找结果，即本地的输出标记。这种分发机制适合于多播情况，因为它允许对所有输出端口使用同样的标记。

7.5.5　标记交换路径(LSP)的建立

标记交换路径的建立是一系列 LSR 执行标记分发操作的结果，有三种建立方式：数据流驱动、拓扑驱动和请求驱动。这三种方式各有其特点，适用于不同的场合。

1．数据流驱动下的 LSP 建立

流量驱动方式是在实际数据流分组到达时进行标记的分配并在线地建立 LSP 的方式。这种方式的一个特点是需要在线地标识和识别一个转发等价类，一个典型的方法就是把具有相同源地址、目的地址以及各自的端口号的数据分组映射到某个 FEC，也即意味着把属于同一个数据流的分组映射到一个 FEC。

假设某个数据流的传输路径为：HI、RI、RZ、…、Rn、HZ，其中 HI、HZ 分别为数据源和目的地，RI、RZ、…、Rn 为具有标记交换功能的标记交换路由器。于是流量驱动方式的基本操作过程为：

(1) 对于该数据流的前 N 个分组，各标记交换路由器按照普通路由器的方式进行分组转发。

(2) 根据数据流的特性(如数据流类别、源地址/源端口、目的地址/目的端口、协议类型以及到达速率等)，各标记交换路由器进行数据流到转发等价类的映射并触发一条标记交换路径的建立(标记交换路径的建立过程将在下一节详述)。

(3) 一旦标记交换路径建立完成，该数据流随后的分组(从第 N+1)将在该标记交换路径上传输。

(4) 如果数据传输结束或者有较长时间该标记交换路径上没有数据传输，则各 LSR 将撤销该标记交换路径，回收标记以供其它数据流使用。

数据流驱动的方式可以针对单个数据流也可以针对多个数据流(或称汇聚流)，这取决于采用何种策略把分组映射到转发等价类。我们也应注意到，流开始的 N 个分组仍然是按普通第三层路由的方式被转发，只有当标记交换路径建立完成后，后面的凡是具有资格(不管是属于哪个数据流)的分组均可享受相同的待遇，即在同一标记交换路径上被交换。N 究竟为多大，取决于标记交换路径建立完成的时间以及分组到达的速率。

流驱动的方式能有效地利用标记空间，适用于 LSR 的标记空间有限、网络数据流较多而生命期又不是太长的情况，因为当某个数据流结束传输后，LSR 能及时地回收其标记以供新流使用。但由于需要在线建立 LSP，因而流量驱动的方式在数据传输的最初阶段可能有相对较大的延时(此时延发生在 LSP 尚未建立的阶段)。

2．拓扑驱动下的 LSP 建立

标记交换路径建立的另一种方式为拓扑驱动。拓扑驱动以网络的拓扑结构为基础进行

标记的分配。我们知道，网络上各路由器需要了解当前网络的状况，以帮助决定分组的转发路径，这些工作是由路由协议(OSPF、BGP)辅助完成的。如各路由节点利用 OSPF 定期地向其它节点分发网络状态信息，各节点根据收到的信息在本地生成或维护一个网络拓扑图并以此为根据计算路由。如果网络状态发生变化(某条链路或某个节点出现故障)，则需要更新本地的网络拓扑图，并重新计算路由。拓扑驱动以路由表为基础，沿路由方向逐跳进行标记的分配，由于去往不同目的地址的路由事先已计算好，拓扑驱动的标记分配方式相当于一种"预分配"的方式，与实际到达的分组无关。

3. 请求驱动下的 LSP 建立

标记交换路径建立的第三种方式为请求驱动。请求驱动方式的具体执行过程是：在数据传输之前，由控制信令(如扩展的 RSVP 协议)发出请求，各标记交换路由器接收到请求后即进行标记分配直至标记交换路径的建立。资源预留协议是在集成服务体系结构中提出的用于在网络中为应用预留资源的信令，通过对其做适当的扩充即可作为建立标记交换路径的控制信令。

利用扩展的 RSVP 建立标记交换路径的过程如下：发送方在发送数据前，首先沿路由方向逐跳向下游节点发送一个路径(PATH)消息，并请求下游为该数据流分配一个标记。当接收方接收到 PATH 消息后，根据自己的资源情况，判断是否有足够的资源，如果能满足要求，则在本地分配一个与该数据流相对应的标记，并沿着数据传递路径的相反方向(向上游节点)发送一个包含了该标记的预留(RESV)消息。上游节点接收到该预留消息后，与接收方做相同的资源操作，直至整个标记交换路径的建立。

4. MPLS 网络中 LSP 的建立过程

在 MPLS 网络中，标记交换路径 LSP 的形成可分为三个过程：

(1) 网络启动后在路由协议如 OSPF、BGP、IS-IS 等的作用下，在各路由器节点中建立路由表，如图 7.35 所示。

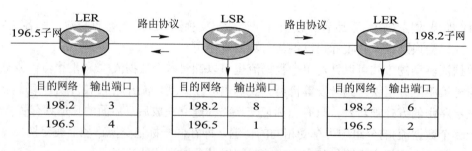

图7.35   路由表的形成

(2) 根据路由表，各路由器节点在路由分布协议 LDP 控制下建立标记转发信息库 LIB，如图 7.36 所示。

(3) 将入口 LSR、中间 LSR 和出口 LER 的输入/输出标记相互映射拼接起来后，就构成了从不同入口 LER 到不同出口 LER 的 LSP，如图 7.37 所示。

标记交换路径 LSP 一旦建立成功，随后的数据分组即可在建立好的 LSP 上传输。

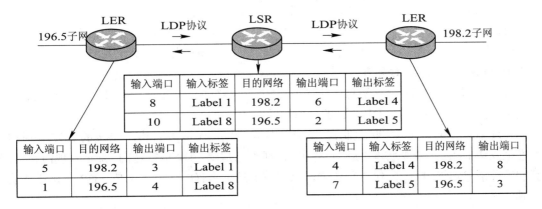

图7.36　标记转发信息库LIB的形成

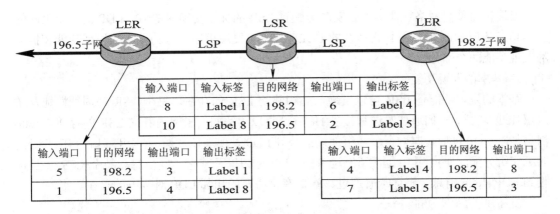

图7.37　标记交换路径LSP的形成

MPLS 的工作流程可以分为以下几个阶段：

第一步：在网络的边沿，IP 分组到达一个 LER 时，LER 首先分析 IP 分组头的信息，并且按照它的目的地址和业务等级加以区分，然后给此 IP 分组封装 MPLS 标记。转发分组时，LER 检查标记信息库中的 FEC，然后将分组从标记信息库所规定的下一个端口发送出去。

第二步：在网络的核心，当一个带有标记的分组到达 LSR 时，LSR 提取入端口标记，同时以它作为索引在标记信息库中查找。当 LSR 找到相关信息后，取出端口的标记，并由出端口标记替代入端口标记，从标记信息库中所描述的下一跳端口送出分组。

第三步：数据包到达 MPLS 域的另外一端。在这一点，LER 剥去封装的标记，仍然按照 IP 包的路由方式将数据包继续传送到目的地。

7.5.6　标记分发协议

标记分发协议(LDP)是在 MPLS 网络中定义的、专门用于标记交换路由器(LSR)之间交换"标记/转发等价类(FEC)"绑定信息，以便建立和维护标记交换路径(LSP)的控制信令。

使用 LDP 进行交换标记和流映射信息处理的逻辑相邻 LSR 被称为 LDP 对等体，相应的通信层面称之为 LDP 对等层。

LDP 中定义的消息可以分为四大类：

(1) 发现消息：用于公告和表示在网络中一个 LSR 的存在。

(2) 会话消息：用于在 LDP 对等方之间建立、维护和终止 LDP 会话的一组消息。

(3) 公告消息：当某个 LSR 创建、改变和删除了标记/转发等价类映射消息后，它利用公告消息通知其他 LDP 对等方。

(4) 通知消息：LSR 用该消息向对等方通知某个事件的发生，如某些事件发生错误、对其它消息的处理情况以及 LDP 会话的状态等。

发现消息提供了这样一种机制，LSR 通过向位于同一子网内的其它 LSR 的 LDP 端口周期性地发送 Hello 消息表明本 LSR 的存在。发现消息是以 UDP 包发送的。除了发现消息外，其它三种消息均采用 TCP 包进行传输，以保证消息正确有序传输，这是 LDP 正确工作的基础。

1. LDP 的发现机制

发现机制使得网络管理员不必实时地配置 LSR 的标记交换对等方。LDP 的发现机制的基本功能是使 LSR 能发现其它潜在的 LDP 对等方。发现机制又分为基本的发现功能和扩展的发现功能两个部分。

1) 基本的发现功能

基本的发现功能是 LSR 可以发现与之相邻的 LSR 的存在。每个 LSR 都周期性地发送 LDP Hello 消息，它们通过发送和接受 Hello 消息以了解同一子网内其它 LSR 的存在。Hello 消息是以 UDP 包形式向一个多播组地址的公开 LDP 发现端口发送的(公开端口由 IETF 专门的工作组分配注册)，其中包含了发送者的 LDP 标识以及其它一些信息。某个 LSR 一旦接收到 LDP Hello 消息，则意味着通过该端口有个潜在的相邻 LDP 对等方的存在。

2) 扩展的发现功能

扩展的发现功能是 LSR 定位某个与之并不直接邻接的 LSR 的存在。

LSR 周期性地发送 LDP Hello 消息，Hello 消息同样以 UDP 包向公开的 LDP 发现端口发送。和基本的发现功能中的消息不同的是，此处的 Hello 消息中指定了接收方的 IP 地址(而不是多播地址)。目的方接收到发起方的 Hello 消息后，可以应答也可以忽略，如果选择前者，它将周期性地发送 Hello 消息给发起方，发起方接收到目的方应答后，它将把目的方视为潜在的 LDP 对等方。

利用扩展的发现功能，每个 LSR 可以发现与之并不直接相邻的 LDP 对等方。

通过发现机制，各 LSR 可以发现其它可能的 LDP 对等方，并且可以获知各 LDP 对等方的标记空间。

2. LDP 会话的建立和维护

1) LDP 会话的建立

通过 LDP Hello 消息的交互，两个 LSR(即两个 LDP 对等方)即可建立 LDP 会话，以便传输标记/转发等价类绑定消息。建立两个 LDP 会话包括传输连接的建立和会话初始化两个阶段，下面我们将分别讨论。首先假设 LSR1 和 LSR2 为 LDP 对等方，它们的标记空间分别为 LSR1：a 和 LSR2：b，下面的过程从 LSR1 的角度描述。

(1) 运输层连接的建立：分为以下三个步骤：

第一步，如果 LSR1 和 LSR2 之间没有建立用于交换标记空间 LSR1：a 和 LSR2：b 的

LDP 会话，则 LSR1 将试图建立一个新的 TCP 连接以用于该 LDP 会话。

第二步，LSR1 通过比较自己和 LSR2 的地址以确定它在整个会话中扮演主动还是被动的角色。比较的规则很简单：把它们的地址视为证书，地址大的一方将扮演主动角色。

第三步，如果 LSR1 是主动方，它将向 LSR2 的公开 LDP 端口发起一个 TCP 连接；如果 LSR1 是被动方，它将等待 LSR2 向自己公开的 LDP 断口发起 TCP 连接。

(2) 会话初始化：LSR1 和 LSR2 之间建立 TCP 连接后，它们将通过交换 LDP 初始化信息以协商会话参数。协商的参数包括：LDP 协议版本、标记分配/分发方法、计数器的值。如果 LSR 基于 ATM 技术，则还包括 VPI/VCI 的范围。如果 LSR 基于帧中继技术，则还包括 DLCI 的范围等等。

只有参数协商的成功才意味着 LSR1 和 LSR2 之间的 LDP 会话建立的完成。在初始化过程中，如果 LSR1 是会话的主动方，它将向 LSR2 发送一个初始化消息以启动会话参数的协商过程。如果 LSR1 是会话的被动方，它将等待 LSR2 发起参数的协商过程。

对于会话的被动方，其操作如下：

第一步，一旦接收到对等方(主动方)发起的初始化消息，它将从该消息中取出标记空间信息，与从以前对等方的 Hello 消息中获得的标记空间信息相比较。如果匹配成功，说明该会话与相应的标记空间相连。随后，被动方将检查初始化消息中的有关会话参数是否可以接受。如果可以接受，被动方将向主动方发回一个"接受"的应答信息，把自己的相应参数以及保持活跃的状态信息通知给主动方；如果不可以接受，被动方将以"会话拒绝或参数错误"回应主动方，同时关闭该 TCP 连接。如果匹配不成功，被动方将向主动方返回一个"会话拒绝或无 Hello 消息"的错误信息，并关闭该 TCP 连接。

第二步，如果接收到一个"保持活跃"的消息，则说明该会话是可操作的。

第三步，如果接收到一个错误通知消息，表明会话的另一方要求拒绝该会话，被动方将关闭该 TCP 连接。

对于会话的主动方，其操作如下：

第一步，如果接收到一个错误通知消息，表明会话的另一方要求拒绝该会话，主动方将关闭该 TCP 连接。

第二步，如果接收到初始化消息，它将检查其中的会话参数是否可接受。如果是，它将返回一个"保持活跃"的消息；否则，它将返回"会话拒绝或参数错误"消息并关闭该连接。

第三步，如果接收到一个"保持活跃"的消息，表明会话的另一方已接受了它的会话参数。

第四步，当接收到"初始化可接受"以及"保持活跃"消息，表明会话是可操作的。

2) 维护 Hello 邻接点

一个 LDP 会话相关联的对等方之间可能有多个 Hello 邻接点,这种情况发生在一对 LSR 之间有多条连接而这些连接共享同一标记空间之时。例如在一对有多条 PPP 链路的路由器之间，它们发送的 Hello 消息中携带相同的 LSP 标识。

在 LDP 中，一个 LSR 通过定期接收到对等方发来的 Hello 消息来判定该对等方仍希望使用相应的标记空间。LSR 为每个 Hello 邻接点维护一个计时器，如果 LSR1 没有接收到某个对等方(LSR2)的 Hello 消息而导致相应的计时器过期，LSR1 将认为该 LSR2 不再希望使用该标记空间或者认为 LSR2 出现故障,LSR1 将从本地的 Hello 邻接表中删除 LSR2。当与 LDP 会话相关联的最后一个邻接点被删除后,LSR1 将发出一个通知消息并关闭相应的 TCP 连接以终止该 LDP 会话。

3. LDP 会话的维护

LDP 通过定期的接收 LDP 协议数据单元(PDU)来维护会话的完整性。对于 LSR1,一旦它接收到与某个 LDP 会话有关的会话另一方(LSR2)发出的 LDP 协议数据单元,LSR1 即重置该会话的活跃计时器。如果 LSR1 没有接收到某个对等方(LSR2)的 Hello 信息而导致相应的计时器过期,LSR1 将认为连接或 LSR2 出现故障,LSR1 将关闭连接并终止该会话。

一个 LSR 可以在任何时候终止一个 LDP 会话,此时,它将发出一个"终止"消息给会话另一方。

7.5.7 LANE、IPOA、MPOA、标签交换、MPLS 的比较

在阐述了几种 IP 和 ATM 相互融合的标记交换技术之后,我们将它们做一比较性归纳总结,如表 7.7 所示。

表 7.7 各种标记交换技术的比较

性能属性	LANE	IPOA	MPOA	Tag Switching	MPLS
数据传递方式	MAC 帧	IP 分组	IP 分组、MAC 帧	IP 分组、MAC 帧	IP 分组、MAC 帧、ATM
网络弹性	差	差	一般	强	很强
支持协议	多协议	IP	多协议	多协议	多协议
实现复杂性	中	简单	复杂	中	中
QoS	差	差	差	支持	支持
媒介支持	ATM	ATM	ATM	多种	多种
广播/多播	可以利用 BUS 实现	不支持	可以利用 MARS 实现	支持	支持
IP 与 ATM 结合模型	重叠模型	重叠模型	重叠模型	集成模型	集成模型
地址解析服务	需要	需要	需要	不需要	不需要
交换路径的建立	流驱动	流驱动	流驱动	拓扑驱动	拓扑驱动
标准化机构	ATM 论坛	IETF	ATM 论坛	Cisco	IETF、ITU-T、MPLS 论坛
健壮性	中	差	中	较强	强
技术成熟性	成熟	成熟	成熟	厂家标准	IETF 草案,逐步成熟
应用领域	局域网	局域网	局域网/城域网	城域网	城域网/骨干网

从表 7.7 可以看到,从支持 IP 的角度来看,集成模式在性能和扩展性等方面优于重叠模式,更适于用来组建面向电信运营的宽带综合 IP 网络。

集成模型中根据流的建立方式的不同又分为基于数据流(flow-based)的方式和基于拓扑(topology-based)的方式。其中:IP 交换属于基于数据流的方式,因为无论执行 ATM 交换还

是 IP 转发,都依赖于数据流的特性;标签交换和 MPLS 属于基于拓扑的方式,因为 ATM-VC 的建立直接与网络的拓扑结构和路由器传送分组时选择的路由相关。这两种方式比较如下:

(1) 基于数据流方式的 IP 交换可以为业务流提供与 ATM 一样的 QoS 保证,但必须为每一个业务流分配一个虚电路,这样会占用过多的 IP 地址。另外,基于业务流创建流时,要求沿途所有交换机都要进行流检测,并通过 IFMP 协议通信,这样很容易产生拥塞。因此用 IP 交换创建流的方法开销大,不适用于业务密集的大型骨干网络。

(2) 基于拓扑方式的标签交换和 MPLS 交换在建立路由表时同时预先建立标签/标记映射,它既能支持短期、小业务量的标记/标签交换,也能支持长期、大业务量的标签/标记交换。另外,标签/标记交换的控制信令(TDP、LDP 协议)只在网络拓扑结构发生改变时才发送消息,其流的创建、维护开销较小,因此该技术更适于在大型骨干网上应用。

IETF 提出的 MPLS 技术的一个很重要的目标就是提供一个集成模式的国际标准,来解决未来大型骨干 IP 网络中不同厂商设备间的兼容性问题。由于 MPLS 具有基于定长标记的快速交换、便于用硬件实现以及良好的服务质量保证等优点,因此它被业界认为是当今数据网络领域内最有前途的网络解决方案之一。

思 考 题

7.1　路由器的工作原理和特点是什么?

7.2　IP 地址分为几类? 如何表示? IP 地址的主要特点是什么?

7.3　当某个路由器发现一数据报的校验有差错时,为什么采取丢弃的办法而不是要求源站点重发此数据报?

7.4　画图说明 TCP/IP 协议的分层模型。

7.5　画图说明 TCP/IP 协议的组成。

7.6　如图 7.38 所示,一台路由器连接 3 个以太网。根据图中的参数回答下列问题:

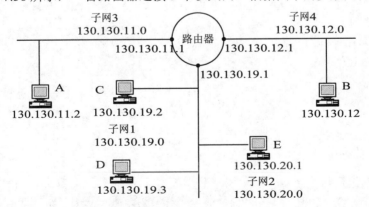

图 7.38　题 7.6 用图

(1) 该 TCP/IP 网络使用的是哪一类 IP 地址?

(2) 写出该网络划分子网后所采用的子网掩码。

(3) 系统管理员将计算机 D 和 E 按照图中所示结构接入网络,并使用所分配的地址对 TCP/IP 软件进行常规配置后,发现这两台机器上的应用程序不能够正常通信,指出原因并改正。

(4) 如果你在主机 C 上要发送一个 IP 分组，使得主机 D 和 E 都会接收它，而子网 3 和子网 4 的主机都不会接收它，那么 IP 分组应该填写什么样的目标 IP 地址？

7.7　简述 RIP、OSPF 和 BGP 路由协议的主要特点。

7.8　比较 IP over ATM 中重叠方式和集成方式的优缺点。

7.9　简要叙述 IPoA 的基本思想及其优缺点。

7.10　简要叙述 MPoA 的基本思想及其优缺点。

7.11　简要叙述 IP 交换机的结构及每个模块完成的功能。

7.12　简要叙述 IP 交换机的工作过程。

7.13　标记交换的特点是什么？

7.14　标记分配的依据是什么？

7.15　标记交换的过程有哪些？

7.16　MPLS 的设计目标是什么？

7.17　试画图比较传统路由器与 MPLS 中的 LSR 在 IP 分组转发时处理方式的不同之处，并指出导致两者转发效率不同的主要原因是什么。

7.18　试从交换技术、信令技术、网络管理、QoS 等方面比较 IP、ATM、MPLS 三者之间的区别。

7.19　请说明 MPLS 中标签的含义和作用。与 MPLS 相比，在电路交换、FR、X.25、ATM 中，哪些设施起了与标签相似或相同的作用？

7.20　MPLS 中的，FEC 的含义是什么？FEC 的引入为 MPLS 带来了哪些好处？

7.21　在 MPLS 中，传统路由协议和 LDP/RSVP 协议各起什么作用？

7.22　M PLS 基于拓扑的连接建立方式与电路交换、X.25、ATM 等采用的基于数据流(或称基于呼叫的)的连接建立方式比较有什么优点？缺点又是什么？画图说明 MPLS 的连接建立和数据分组转发过程？

第 8 章 交换新技术介绍

从当前信息技术发展的潮流来看，建设高带宽、大容量、业务发展不受限的宽带网络已成为现代信息技术发展的必然趋势。为了适应这种需求，通信的两大组成部分——传输与交换，都在不断地发展与变革。

IP 和 ATM 分组转发和交换技术是当前网络建设中的热点。IP 的灵活特性和 ATM 的快速交换能力各有千秋，因此宽带网络中的交换技术把 IP 转发和 ATM 交换技术相互融合。1997 年 IETF 提出的 MPLS 既可以支持多种网络协议，又可以兼容多种链路层技术，可能会是未来宽带网络的核心交换技术。

20 世纪 90 年代初，为了快速、灵活地为用户提供新业务，传统电路交换机的结构发生了一次重大变化，即业务控制从交换中分离出来，这使业务提供商可以摆脱对交换机制造商的依赖，甚至远程用户也可以参与新业务的生成。这种思想为后来各种网络引入新业务提供了很好的借鉴，但它的开放性不能满足多种异构网络融合的需要，因此在 90 年代后期又出现了交换机结构的第二次重大变化，即业务与交换、呼叫控制与连接控制的分离，软交换技术就是这种分离方案的体现。软交换是一个开放的网络体系结构，它解决了在异构网络环境下多业务交换的难题，是下一代网络业务层面的主要控制技术。

传输线路光纤化及波分复用技术实用化为高速大容量的传输提供了有效的途径，由此带来的是对交换系统的压力。由于受电子器件物理极限的制约，传统的电子交换机容量有限，再想提高只能使用光交换机。

第 7 章已经介绍了 MPLS 技术，所以本章只介绍软交换和光交换技术。本章首先介绍交换节点功能的演进，然后介绍软交换和光交换技术。

8.1 节点功能的变迁

8.1.1 业务控制和交换的分离

1980 年，传统电信网已建设成为四通八达的高速公路，但遗憾的是路面上传送的业务匮乏，不能满足人们想灵活、便捷地获取和发布信息的要求；同时人们也越来越意识到，电信市场应该从垄断走向开放。由于传统的电信业务生成方式是基于交换机的，因此业务提供者对交换网络具有强烈的依赖性，要想改变这种局面，就必须对原来的电信业务的生成及提供方式进行变革，智能网的出现解决了上述问题。

1. 智能网

传统的电话业务中，用户的所有信息都存储在其物理接入点所对应的本地交换机上，用户和接入点之间具有严格的一一对应关系，故称之为基于接入用户线的业务。这种结构决定了业务提供由交换系统完成，如缩位拨号、叫醒业务、呼叫转移等。由于交换机数量十分庞大，而且型号各异，交换机的原理、结构、设计方法和软件都各不相同，因此，每增加一种新业务，必须对网络中所有交换机的软件进行修改，这样做不但工作量大，而且涉及面广。有些交换机在设计上还存在局限性，仅修改软件无法实现新业务；有些交换机即便是能实现新业务，但由于实现的费用高、周期长、可靠性差，因此新业务的推广进程非常缓慢。

随着经济的发展，信息已经成为一种重要资源。人们希望电信网能为用户提供更多、更方便的新业务。例如：被叫集中付费业务和记账卡呼叫业务等等，这类业务不要求用户和接入点之间具有严格的一一对应关系，允许用户在任何接入点上接入，费用记在该用户的账号上，而不是记在接入点所对应的话机账号上。这类业务被称为基于号码的业务。开发这类新业务单纯依靠交换机本身软件的改动几乎是不可能的。为了解决上述问题，20 世纪 80 年代后期出现了一种新概念，就是把交换机的交换接续功能与业务控制功能分开，从而引入了智能网 IN(Intelligent Network)的概念。

智能网的基本结构如图 8.1 所示。它由业务管理和生成、智能业务控制和业务交换三部分组成。

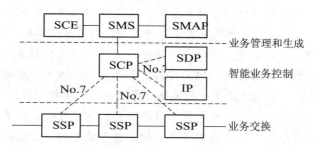

图 8.1 智能网的基本结构

业务控制点 SCP(Service Control Point)是实现智能业务的控制中心。它提供呼叫处理功能，接收业务交换点 SSP 送来的查询信息，查询数据库，验证后进行地址翻译和指派信息传送，并向 SSP 发出呼叫指令。一个 SCP 可以处理单一的 IN 业务，也可以处理多种 IN 业务，这取决于开放的各类 IN 业务的业务量。

业务交换点 SSP(Service Switching Point)从用户接收驱动信息，检测智能呼叫，并通过 No.7 信令上报 SCP，根据 SCP 的指令完成相应动作。用户通过 SSP 接到业务控制点和业务数据点 SDP(Service Data Point)上。

智能外设 IP (Intelligent Peripheral) 主要用于传送各种录音通知和接收用户的双音多频信息。

业务管理系统 SMS(Service Management System)是网络的支持系统，能开发和提供 IN 业务，并支撑正在运营的业务，它可以管理 SCP、SSP、IP。SMS 通过数据网与 SCE、SCP、SMAP 连接。

业务生成环境 SCE(Service Creation Environment)规定、开发、测试智能网中所提供的业务，并将其输入到 SMS 中。利用这个业务生成环境可以方便地开发新的业务，快速提供新的业务。

通过业务管理接入点 SMAP(Service Management Access Point)，业务用户可以将管理的信息送到 SMS，通过 SMS 对数据进行补充、修改、增加、删除等，可以使客户自己管理业务。

最初，IN 是建立在传统电路交换网之上的一个附加网络，由于它可以快速、经济、灵活地提供增值业务，因此现在已经发展成可以为各种通信网提供增值业务的网络。这些网络包括：综合业务数字网(ISDN)、公用移动通信网(PLMN)和宽带综合业务数字网(B-ISDN)等。通常将叠加在 PSTN/ISDN 网上的智能网系统称为固定智能网，叠加在移动通信网上的智能网系统称为移动智能网，叠加在 B-ISDN 上的智能网系统称为宽带智能网。

2. 智能网提供的业务

理论上，通过 IN 引入的业务种类包括话音和非话音业务。但实际上真正能上网运行的业务，不仅取决于用户需求以及相应的潜在效益，还取决于信令系统、网络能力等相关技术。智能网向用户提供的业务包括两大类：A 类业务和 B 类业务。所谓 A 类业务，是指业务为单个用户服务并直接影响该用户。大多数 A 类业务只可以在呼叫建立或终止期间调用，并属于"单端、单控制点"的分类范畴。所谓"单端"，是指业务特性仅对呼叫中的一方产生作用，而与可能加入呼叫的其它用户无关。这种互不相关性使得同一呼叫中的另一方可具有相同或不同的单端业务特性。所谓"单控制点"，是指一次呼叫仅由智能网的一个业务控制点控制。所有不在 A 类业务范畴内的业务统称为 B 类业务。

1992 年，ITU-T 在 IN CS1(Capability Set 1)中提出了 25 种目标业务，主要支持 PSTN。目前许多国家已投入运行了许多智能业务，如被叫付费业务(又称 800 业务)，记账卡呼叫，虚拟专用网、移动网中的预付费业务等。这些业务基本上都属于电话领域内的应用。

1997 年，ITU-T 提出的 IN CS2 除了包括 IN CS1 中提出的所有业务外，还补充提出了 16 种新业务，主要支持 PSTN、ISDN 和移动网的网间业务，如全球虚拟网业务、网间被叫集中付费、国际电信计费卡等。IN CS1 和 CS2 业务都属于 A 类业务。

下面以记账卡呼叫为例，说明智能网的处理过程。电话记账卡业务，也叫 300 业务。持卡用户可以在任何一部电话机上打国内长途和国际长途电话，即使是无权拨打长途电话的话机也可以呼叫，通话费记在电话卡上，而且用户可以持卡漫游。由于每一张电话卡都有自己的特性和数据，比如卡号、密码、现金及用户的属性等，而且用户可以持卡在任何一个电话机上使用，因此，这些用户数据必须要有集中的数据库来设置。图 8.2 为 300 业务示意图。

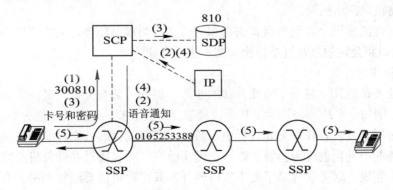

图 8.2 IN 网 300 业务示意图

图中各步骤说明如下：

(1) 用户拨电话记账卡的接入码 300810(300 是电话记账卡的接入码，810 是数据库的标识码)。SSP 识别智能业务是 300 业务，向 SCP 报告。SCP 启动 810 数据库和智能设备 IP。

(2) IP 语音提示用户输入账号和密码等。

(3) SSP 送卡号和密码给 SCP，SCP 查数据库核对并确认密码、卡号正确且卡上有钱。

(4) IP 给用户发录音通知，请用户输入被叫用户号码。

(5) SSP 根据收到的被叫号码接续。

像电话记账卡这样的业务，如果采用传统的交换机的方式是很难实现的，因为用户持卡可以漫游，它的呼叫可以在任何一个交换机中发生，这样每一个交换机都必须要有全部电话卡的数据。用户使用电话卡时，就到该交换机的数据库去访问，如果电话卡的数据有所变化(如增加或删除电话卡)，那么每一个数据库中的数据都要改变，即这些数据库的数据必须实时同步，因此，用交换机来实现记账卡业务是非常困难的。而智能网的方式则是采用集中的数据库，在使用每一张卡时均到该数据库去访问，这样数据库中数据的改变就非常方便，而且也不存在实时同步问题了。

8.1.2 业务、呼叫控制和承载分离

由于 IP 技术的迅速发展，传统电信网络将逐步成为分组骨干网的边缘部分。与此同时，为了支持新的多媒体商业应用，传统电信网络将越来越开放，并引入许多新的功能和物理部件。因此，有必要开发新的网络结构来反映这种新的网络环境，这种网络结构就是下一代网络 NGN(Next Generation Network)的基本框架。

1. 下一代网络中的业务

NGN 的发展目标是能够提供包括话音、数据和多媒体等各种业务在内的综合的开放的网络。网络中传递的业务有以下四个特点。

1) 多媒体特性明显

NGN 网络传送的是多媒体信息，这使得人们可以在语音沟通的同时能得到更多的信息。例如可视电话在人们进行语音交流的同时，还可以看到对方的相貌和表情。通过网络人们不需要专业的设备，计算机加上摄像头以及终端软件就可以进行远程会议。视频点播 VOD(Video on Demand)目前已经逐步地被应用，将来通过网络来收看电视节目(PAY TV)和电视教学也将被广泛地应用。

多媒体特性的另一个表现为语音识别和语音文本的双向转换，人们可以从电话中收听 E-mail，也可以将会议的录音直接转换为文本进行存储。

2) 业务提供个性化

个性化业务是指针对某一个特殊群体的业务，如针对某个公司、某所大学或某个城市开展的业务。例如一个跨国公司对于某项决策需要多人会签，这些人可能分布在世界各地，大家可以通过网络发表各自意见并进行电子签名，既可以提高效率，又使资料保存更加方便。这个业务的个性化表现为会签的群组会经常改变，会签可以在计算机上完成，还可以在移动终端上完成，这类业务除了要求实时性外，其内容还需要进行加密。有这样的业务的公司还需要具有自助管理的功能，公司可以对会签的人员进行定义，加密的方法也可以

由公司进行设定。

3) 虚拟业务将逐步发展

虚拟业务是将个人身份、联系方式以至于住所都虚拟化。举例来讲，张三的手机是13903307805，办公室电话是 8787655，家庭电话是 6750876，那么他的朋友为了和他联系方便，要记住三个号码，而且这些号码由于各种原因还会更改。虚拟号码具有和通信设备的物理端口无关的特性。例如张三申请了一个虚拟号码 888997000，那么无论什么时间或者他的手机号码是否变更，你都能和他联系，而且在上班时间你拨打虚拟号码，会接通张三办公桌的电话，下班时则会接通家里的电话，当电话无应答时会接通手机。

虚拟家庭使你可以在办公室、下班路上或电影院中对家中的电器进行控制。你可以设定在到家前一小时冰箱中的肉开始解冻，到家前半小时空调开始启动，也可以设定在下午 5点钟计算机通过网络提醒你输入行程表，以便计算机控制家中的电器。虚拟社区可以使身处异地、有相同爱好或信仰的人们也像邻居一样方便地交流。

4) 业务的智能化

NGN 的通信终端具有多样化、智能化的特点，网络业务和终端特性结合起来可以提供更加智能化的业务。同时用户可以将多种业务组合起来，形成新的业务；用户也可以通过业务门户进行简单的选择和配置，生成个性化的业务。

例如在开放式办公环境中，员工的座位并不固定，员工在上班时通过网络设置办公桌的电话号码以及电话的特性。这样无论他坐在哪个办公桌都可以使用个人固定的电话号码，他也可以设定自己喜爱的通信方式，如可视电话或 PC PHONE 等。用户也可以根据需要在不同时间段采用不同的通信方式，或者在某个时间段将呼叫转接给秘书处理。这类个人路由策略业务将在未来的 NGN 中被广泛应用。

业务的智能化还表现在通信和自动控制、智能终端的配合上，智能型的通信业务将和人们的工作与生活越来越紧密地联系起来。

2. 业务、呼叫和承载分离

NGN 中发展最快的特性将是多媒体特性，同时多媒体特性也是 NGN 最基本、最明显的特性。多媒体业务中的每种媒体可能要求有自己的连接，因为不同的媒体可能存储在不同位置中，导致在单个呼叫中要求有多条承载连接。呼叫控制将这些承载连接联系在一起，并对这些承载连接进行控制。在呼叫保持过程中，可根据需要动态增加或减少承载连接。因此要求将呼叫连接(Call Connection)和承载连接(Bearer Connection)分开。例如，在会议电视业务中，由于呼叫方可主动加入会议，也可中途退席，系统相应地要为该用户加入承载连接或拆除承载连接。可见，呼叫建立时所分配的功能在整个呼叫期间是固定的，而与承载连接有关的功能在呼叫过程中可能会改变，因此也要求呼叫和承载连接分离。

由此可见，在 NGN 网络中，业务、呼叫和承载连接必然是分离的，相应地，对业务的控制 SC(Service Control)、对呼叫的控制 CC(Call Control)和对承载连接的控制 LC(Link Control)也必然要分离。此外，为了支持多种媒体的处理，还应加强对网络资源的管理。网络资源管理功能应为所有的多媒体业务所共用，因此还要实现业务控制功能与网络资源管理功能的分离，以便于灵活地对网络资源进行控制，充分利用网络资源。

那么如何实现业务、呼叫和承载控制的分离呢？最初的思路是尽可能保持电路交换网结构的稳定性，通过内建扩充部件将电路交换机逐步改造成满足上述要求的宽带综合交换机，见图 8.3。

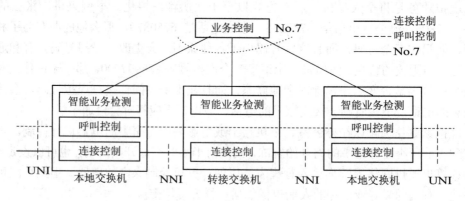

图 8.3　宽带综合交换机网络的结构

图 8.3 中，业务控制和智能业务检测属于 IN，连接控制和呼叫控制属于 B-ISDN 功能。其中：连接控制是控制相邻两个交换节点之间的宽带承载交换；呼叫控制位于源和目的交换机中，负责源端到目的端呼叫连接的建立、控制和管理，同时控制和管理所在交换机的连接。转接交换机不具有呼叫控制功能。

在连接和呼叫分离的环境中，通信控制应包括三个阶段：呼叫控制(CC)、预协商(PN)和连接控制(LC)。呼叫控制用于初始化所包含的各方的通信，是先于连接建立的准备阶段，这个准备阶段通过信令在所包含的各方之间进行。也就是说，呼叫控制负责建立、保持和释放呼叫阶段的信令联系。预协商的主要目的是检验呼叫双方之间的相容性和资源的可用性。连接定义为业务的网络拓扑结构，包括点到点、点到多点、多点到点和多点到多点四种。连接控制负责建立、保持和释放承载连接的控制。具体讲，连接控制负责业务的 QoS 参数与传输机制的直接映射关系，并对路由选择机制、同步机制、带宽和时延等参数进行控制。LC 可以控制多个承载连接。

三种控制分离的结果是：

(1) 当两个用户利用电信系统进行通信时，先建立一种呼叫连接，在被叫用户接收到某一呼叫时，承载连接并没有建立，因为在呼叫建立后，系统需要检查本次呼叫所需的资源是否能满足，并进行预协商。如果呼叫未被接收(如资源不足)，系统就不会空占任何承载连接；如果预协商成功，系统才为本次呼叫分配承载连接。这样，系统资源就可以得到合理利用。

(2) 可快速提供附加业务，易于实现对业务的灵活控制。

这种基于综合交换机的集中式节点演进方案，曾经被许多电信设备制造厂商推行。可是由于技术经济性、投资保护性、业务应用环境等诸多因素所限，这个方案未能得到市场的足够认可。

8.1.3　通信网络的演变

由于历史的原因，现有通信网根据所提供的不同业务被垂直划分为几个单业务网络(电话网、数据网、CATV 网、移动网等)，它们都是针对某类特定业务设计的，因而制约了向其它类型业务的扩展。

传统的基于电路交换的网络体系结构中，采用依靠交换机和信令来提供业务的方式，通常在制订交换机规范时就要确定该交换机应提供什么业务。因此，在增加新的业务时，必须要对交换机和相关的信令流程作相应的修改，网络缺乏开放性和灵活性。虽然后来引入的智能网可实现业务控制与业务交换的分离，但连接控制与呼叫控制(包括接入控制)功能仍未分离，不便于网络融合时的综合接入，而且也缺乏开放的应用可编程接口API(Application Programming Interface)。新业务的提供对客户来说仍较复杂，妨碍了业务客户化的实现。

多种网络长期并存的现实促使它们逐步走向融合，以便最大限度地利用原有网络资源。同时人们也期望未来能有一个按功能进行水平分层的多用途、多业务的网络，并最终演进为一个能支持多媒体业务的 NGN 网络。

对于多业务网络，用户、网络运营商和业务提供商都希望它具有以下特点：

(1) 高度的开放性、灵活性和可扩充性，以满足技术和应用不断变化和发展的需要；

(2) 能够快速、方便、经济地提供新业务，并易于实现业务的客户化；

(3) 相对低的建设和运营成本。

根据现有的认识和实践，显然基于 IP 的网络特别适合于处理话音、传真、数据和视频图像的融合，能以较低的带宽来集成话音、数据和视频信息，方便地传送各种新的业务，而且采用因特网结构具有较低的成本。

那么如何实现异构网络的融合，并且能快速开发和引入新业务，同时又满足网络的高度开放性、灵活性和适应性要求呢？答案是从网络体系结构入手，将网络的媒体承载部分、呼叫控制部分以及业务生成部分相分离，以解决上层服务交替时平滑过渡的问题。结构上采用中央服务器的分布式结构，并在各层与各单元之间采用标准协议和开放接口进行通信，通过基于 IP 交换的网络进行承载传送。硬件和软件组件的标准化更便于多厂商解决方案的引入和网络运营商与第三方开发的业务的快速引入。软交换技术正是能适应上述要求的下一代网络的解决方案。

软交换的主要思路不同于综合交换机，它保持 PSTN/ISDN 网络基本不变，即不再增加现有节点的复杂度，通过相应网关实现电路交换网和分组数据网的互通，并把电路交换对实时通信业务的控制技术引入数据网，由此实现两类网络的综合，进而实现网络的融合。

用软交换思想构建的交换模型不同于传统的电路交换，如图 8.4 所示。图中(a)表示传统电路交换机的功能组成，(b)是软交换结构。(b)中的媒体网关替代了(a)中的用户板/中继板，它完成从 TDM 流到 IP 分组流的转换；IP 分组骨干网替代了传统时分交换网络；软交换技术替代了控制时分交换网络的控制器，它控制媒体网关之间媒体分组的交换和选路。

图 8.4 中，软交换加上中继网关可以实现长途/汇接交换机的功能；软交换加上中继网关和一个本地性能服务器便是本地交换机；软交换加上接入网关便是专用小交换机(PBX)或语音虚拟专用网 VPN(Virtual Private Network)。

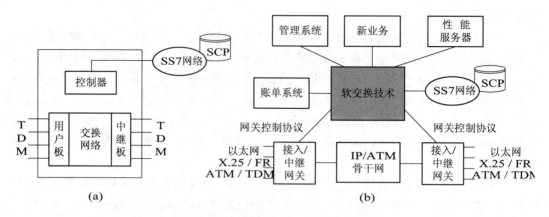

图 8.4   传统电路交换和软交换功能比较

(a) 传统电路交换模式； (b) 软交换模式

8.2   软 交 换 技 术

8.2.1   软交换技术产生的背景

20 世纪 90 年代中期，已有话音和数据两种不同类型的通信网络投入运营。即使是同一类型的网络也逐步打破了一个运营商独家经营的局面。不同运营商为了不断扩大自己的业务地盘，纷纷参与市场竞争，传统的通信网络框架已分崩离析。电信企业力图发展图像和计算机业务；有线电视企业积极发展计算机和电话业务；计算机企业则试图把活动图像和电话业务纳入自己的业务范围。这样，三网合一发展综合业务已成为必然。

在众多的业务中，传统电话业务的年增长率为 5%~10%，而数据业务的年增长率高达 25%~40%，且呈指数增长，特别是 WWW 业务的成功应用，Internet 由单纯的教育科研型网络转为公众信息网络，数据业务量不仅将超过电话，而且已进入包括声音和图像在内的多媒体通信领域。这种情况对传统 PSTN/ISDN 带来了直接影响，大量拨号上网用户长时间占用电路，造成网络资源紧张，正常电话接通率下降。

如何保持传统电信网的无处不在和高质量、高可靠性，同时又可以将用户转移到其它网络，实现异构网络的无缝连接和更广泛的业务和应用，是业务提供者和网络运营商致力的目标。

首先，实现上述思想的成功方案是 IP 电话。由于 IP 网传输时延不定，QoS 无法保证，为了支持实时电话业务，IETF 定义了实时协议 RTP(Real-Time Protocol)支持 QoS，定义了资源预留协议 RSVP(Resource Reservation Protocol)为呼叫保留网络资源。此外，IP 网是开放式的网络，为了保证网络安全，必须验证电话用户身份(即鉴权)，对重要电话信息必须加密。此外还必须对电话用户通话进行计费。

目前，IP 电话的体系结构大体可分为两种，一种是基于 H.323 的 IP 电话体系结构，另一种是基于 SIP 的 IP 电话体系结构。基于 H.323 的 IP 电话网络由 IP 电话网关 GW(GateWay)和网守 GK(GateKeeper)组成，见图 8.5。GW 完成媒体信息编码转换和信令转换(No.7 至 H.323 或用户线信令到 H.323 的转换)，GK 实现电话号码到 IP 地址的翻译、带宽管理、鉴权、网关定位等服务。多点控制单元 MCU(Multipoint Control Unit)执行多点会议呼叫信息流的处理和控制。

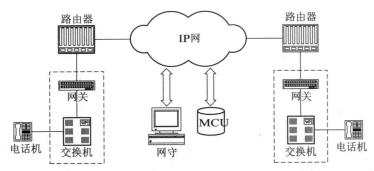

图 8.5　IP 电话系统的组成

在最初的 IP 电话网关设计中，信令处理、IP 网传输层地址交换、编码语音流的传送都在同一设备中实现。因此从表面看上去，最初的 IP 电话设备与传统电话一样，其交换都是由硬件来实现的，都是公认的"硬交换"。

后来，人们发现 IP 电话的用户语音流传输(IP 电话用户平面)和 IP 电话的呼叫接续控制(IP 电话控制平面)二者之间并没有必然的物理上的联系和依存关系，因此无需将媒体流的传输与呼叫的控制在物理上放在一起，可以将 IP 电话网关进行功能分解。分解后网关只负责不同网络的媒体格式的适配转换，故称之为媒体网关 MGW(Media GateWay)。所有控制功能，包括呼叫控制、连接控制、接入控制和资源控制等功能由另外设置的独立的媒体网关控制器 MGC(Media Gateway Controller)负责。MGC 是与传统硬交换不同的"软交换"设备，这就是最初软交换(Soft Switch)概念的由来。这种思路实际上是回归了传统电信网集中控制的机制，即网关相当于终端设备，数量大而功能简单，MGC 相当于交换机，数量少而功能复杂。一个 MGC 可以控制多个网关。业务更新时只需要更新 MGC 软件，无需更改网关，这有利于快速引入新业务。

经过数年的探索，各电信设备制造厂商逐步认同上述分离控制的思想，积极开发各自的产品系列。不同制造商对 MGC 赋予不同的名称，例如呼叫服务器(Call Server)、呼叫性能服务器(Call Feature Server)、呼叫代理(Call Agent)等。前美国贝尔通信研究所(Bellcore)首先将此概念在 IETF 提出，并提出 MGW-MGC 之间的控制协议草案。其后，ITU-T 和 IETF 合作研究，制定了统一的控制协议标推，这就是著名的 H.248 协议。

由于 MGC 的基础功能是呼叫控制，其地位相当于电话网中的交换机，但是和普通交换机不同的是，MGC 并不具体负责话音信号的传送，只是向 MGW 发出指令，由后者完成话音信号的传送和格式转换，相当于 MGC 中只包含交换机的控制软件，而交换网络则位于MGW 之中。因此，人们把 MGC 统称为"软交换机"，以屏蔽不同厂商的名称差异，并由制造厂商和运营商联合发起成立了全球性的"国际软交换联盟" ISC(International Softswitch Consortium)论坛性组织，积极推行软交换技术及其应用。

8.2.2　软交换方案举例

采用软交换技术的 IP 电话系统的网络结构如图 8.6 所示。

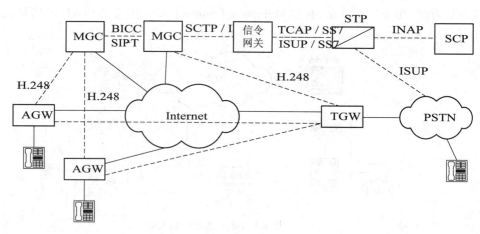

图 8.6　软交换 IP 电话网结构

连接终端的接入网关 AGW(Access GateWay)和支持 PSTN 互通的中继网关 TGW(Trunk GateWay)，均通过网关控制协议 H.248 受 MGC 的控制。其中，AGW 通过常规的 RJ-11 接口和电话机相接，负责：

(1) 采集电话用户的事件信息(如摘机、挂机等)，并上传 MGC；

(2) 支持 RTP 协议，以完成端到端 IP 话音的传送。

TGW 负责桥接 PSTN 和 IP 网络，它能够：

(1) 支持多种类型的中继线接入，如直联 7 号信令中继、MFC 中继、模拟中继等；

(2) 能提供中继接入的各种音信号；

(3) 装备录音通知或交互式语音应答设备；

(4) 在 MGC 控制下完成与 PSTN 用户的交互。

MGC 与 PSTN 的信令转换由 7 号信令网关完成。转换协议是 IETF 定义的流控制传送协议 SCTP(Stream Control Transfer Protocol)。MGC 处理经由信令网关转接的 7 号信令，在 phone-PC 通信情况下，还完成 7 号信令至 H.323 或 SIP 协议簇的转换。按照同样的机理，MGC 还能与智能网的 SCP 互通，而且支持目前 PSTN 的各种智能业务，还可望在 IP 环境下开发新的增值业务。

MGC 支持分布式结构，该结构允许在 IP 网中设置多个 MGC，它们协同工作，共同控制网关。在 ISDN-IP-ISDN 应用环境下，为支持主/被叫 ISDN 终端的正常通信，IP 网络有必要在主/被叫侧的 ISDN 之间透明地传送 ISUP 信令。为此，ITU-T 和 IETF 又定义了 MGC 之间的接口协议，分别称为承载无关的呼叫控制协议 BICC(Bearer Independent Call Control) 和 SIP 电话控制协议 SIP-T(SIP Telephony)。

8.2.3　基于软交换技术的网络体系结构

软交换的设计目标是建立一个可伸缩的软件系统，它独立于特定的底层硬件和操作系统，并且能够处理各种各样的通信协议，支持 PSTN、ATM 和 IP 网的互连，并便于业务增值和系统的灵活伸缩。软交换有如下几个技术特点：

(1) 它是一个网络解决方案，而不是像综合交换机那样着眼于节点的解决方案。其演进过程中需要支持的新的网络能力可以由网元(网关、服务器等)实现，软交换则定义网元之间的标准接口。

(2) 它是一个分布式和集中式相结合的解决方案。原则上所有功能都是在网络中分布实现的，特别是网络互通功能由分布式网关完成，这些网关数量多，功能相对简单，容量各不相同，但是呼叫控制和业务控制功能可集中于少数几个软交换机完成。

(3) 它是一个软件解决方案，核心在于软交换机中的控制逻辑和网元之间的接口协议，传送层功能由相应的底层网络自行解决，不在软交换的考虑范围之内。由于控制任务专一，软交换的容量可以相当大，有利于对通信业务的有效控制。

软交换是在新的运营环境下，对支撑业务运营的各要素的重新配置和组合，这导致各要素间原本专有的、封闭的接口必须实现开放和标准化。

基于软交换技术的网络体系结构分成媒体接入层、传输服务层、控制层和业务应用层，见图 8.7。与传统电信网络体系结构相比，其最大的不同就是把呼叫的控制和业务的生成从媒体层中分离出来。媒体接入层主要实现异构网络到核心传输网以及异构网络之间的互连互通，集中业务数据量并将其通过路由选择传送到目的地。传输服务层完成业务数据和控制层与媒体接入层间控制信息的集中承载传输。控制层决定呼叫的建立、接续和交换，将呼叫控制与媒体业务相分离，理解上层生成的业务请求，通知下层网络单元如何处理业务流。业务应用层则决定提供和生成哪些业务，并通知控制层做出相应的处理。

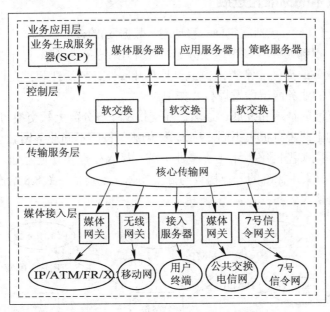

图 8.7　基于软交换技术的网络结构

图中，媒体网关作为媒体接入层的基本处理单元，负责管理 PSTN 与分组数据网络之间的互通和媒体、信令的相互转换，包括协议分析、话音编/解码、回声消除、数字检测和传真转发等。信令网关则提供 SS7 信令网络(SS7 链路)和分组数据网络之间的协议转换，其中包括协议 ISUP、TCAP 等的转换。而无线网关则负责移动通信网到分组数据网络的协议转换。软交换通过提供基本的呼叫控制和信令处理功能，对网络中的传输和交换资源进行分配和管理，在这些网关之间建立起呼叫或是已定义的复杂的处理，同时产生这次处理的详细记录。

　　控制层主要由 MGC 组成，业界通常将其称为"软交换机"。它提供传统有线网、无线网、7 号信令网和 IP 网的桥接功能(包括建立电话呼叫和管理通过各种网络的话音和数据业务流量)，是软交换技术中的呼叫控制引擎。

　　传输服务层承载业务，备选的核心技术有 TDM、IP、ATM 或 MPLS。

　　业务应用层中的应用服务器提供了执行、管理、生成业务的平台，负责处理与控制层中软交换的信令接口，提供开放的 API 用于生成和管理业务。媒体服务器则是用于提供专用媒体资源(IVR、会议、传真)的平台，并负责处理与媒体网关的承载接口。如果在应用中，应用服务器不与媒体服务器一起使用，则应用服务器只支持不要求媒体操作的业务，如阻截、前转和与选路相关的业务。应用服务器也可单独生成和提供各种各样增强的业务。

　　应用服务器和软交换之间的接口采用 IETF 制定的 SIP，软交换可以通过它将呼叫转至应用服务器进行增强业务的处理，同时应用服务器也可通过该接口将呼叫重新转移到软交换设备。API 驻留于应用服务器之中，为下面的业务和交换功能提供接入和生成的手段。它们为分组话音业务提供者提供了一个可以迅速高效地开发各种不同业务的环境，由于这些 API 接口具有开放和灵活的特性，因此在生成、管理业务时不必对软交换的功能进行更新或升级。

8.2.4　软交换技术的标准化进展

　　软交换是下一代网络(包括固定网、移动网、数据网)的核心技术，主要用于处理实时业务，如话音业务、视频业务、多媒体业务等，此外还提供一些基本补充业务，与传统交换呼叫控制和基本业务的提供非常类似。由于具有开放性、灵活性和扩充性等优势，软交换技术将在未来网络的业务网层面发挥核心作用。

　　软交换是智能网的继承和发展。显然，在交换和业务分离上软交换与 IN 有类似之处，但就整个体系结构上两者有很大不同。传统 IN 仍然是按照不同业务网独立设置的，并未考虑不同运营商、不同类型网络、不同类型业务统一接入处理和互连互通。而软交换作为一个开放的功能实体，采用标准的开放协议与外部实体实现通信。图 8.8 给出了软交换与外部的接口采用的标准协议。

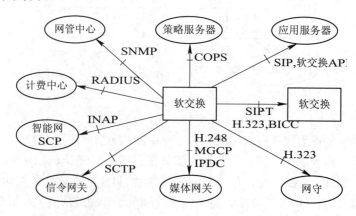

图 8.8　软交换与外部的接口采用的标准协议

　　媒体网关与软交换之间的接口用于软交换对媒体网关进行承载控制和资源管理。此接口采用 H.248(MeGaCo)协议，也可考虑采用媒体网关控制协议 MGCP(Media Gateway Control

Protocol)和 IP 设备控制协议 IPDC(Internet Protocol Device Control)。信令网关与软交换之间的接口完成软交换和信令网关之间信令信息的传递。此接口采用 SCTP。

　　软交换与网管中心之间的接口可实现对软交换的管理，采用简单网络管理协议 SNMP(Simple Network Management Protocol)。软交换与智能网的 SCP 之间的接口提供对现有智能网业务的支持，此接口使用智能网应用协议 INAP。

　　软交换与应用服务器间的接口提供对第三方应用和各种增值业务的支持功能，此接口可采用 SIP 协议或软交换提供的 API。

　　软交换与策略服务器间的接口可对网络设备的工作进行动态调整，此接口可使用 IETF 定义的 COPS(Common Open Policy Service)协议。

　　软交换间的接口主要实现不同软交换设备之间的交互。此接口采用 SIP-T、H.323 或 ITU-T 最新推出的 BICC 协议。

　　自从软交换概念提出以来，我国科研和生产部门也一直紧紧跟踪软交换技术的最新进展，标准化工作也在同步进行。1999 年下半年，我国网络与交换标准研究组启动了软交换项目的研究。2001 年 12 月，信息产业部科技司印发了参考性技术文件——软交换设备总体技术要求。现在，网络与交换标准研究组在积极制定有关信令网关、媒体网关、相关协议的技术规范及网络开放式体系架构和设备单元的测试规范。高科技"863"计划列项了软交换系统在移动和多媒体应用的研究。国内外设备制造商、各大运营商也都提出了各自相应的解决方案。

　　以软交换为核心的交换体系提供业务开放能力，符合固定网络和移动网络融合的趋势；提供语音、数据、视频业务和多媒体融合业务，满足通信个性化、移动化和随时随地获取信息的发展目标。软交换技术是目前解决在统一平台上，提供多业务应用的一个重要发展方向，是下一代网络呼叫与控制的核心。

8.3　光 交 换 技 术

　　从通信发展演变的历史可以看出，交换遵循传输形式的发展规律。模拟传输引入机电制交换，数字传输引入数字交换。那么，在传输系统普遍采用光纤的今天，很自然地引入了光交换。未来的网络可以直接在光域内实现信号的传输、交换、复用、路由选择、监控以及生存性保护(即全光网)，网内信号的流动没有光/电转换的障碍，可以克服宽带通信网的"电子瓶颈"。

8.3.1　光交换技术简介

　　未来的全光网仍是以交换节点为核心构建,因此研究和开发具有高速宽带大容量交换潜力的光交换机势在必行。

　　和电交换节点一样，光交换节点按功能结构可分为接口、光交换网络、信令和控制系统四大部分。接口完成光信号接入，包括电/光或光/电信号的转换、光信号的复用/分路或信号的上路/下路。信令协调光交换节点和接入设备以及光节点设备间的工作。光交换网络在控制系统的控制下交换光信号，实现任意用户间的通信。

　　上述四个功能中，如何实现交换网络和控制系统的光化是光交换系统主要的研究课题。

要将光技术应用于处理控制设备，就应解决类似于在计算机中遇到的许多问题，包括光逻辑操作和数据操作算法。但至今光计算机还没有广泛投入使用，涉及的光交换系统还是一个光交换网络与电子控制系统相结合的交换系统。有信令支持的自动交换光网络 ASON(Automatic Switched Optical Network)具有动态连接能力，但目前还未实用化。目前的光交换系统中控制选路的路由表由人工配置，控制光交换网络交换的转发表通过网管系统配置。

　　光信号复用可以提高光纤的传输容量。目前可用于超高速光纤网络的复用技术主要有：光波分复用 OWDM(Optical WaveLength Division Multiplexing)、光频分复用 OFDM(Optical Frequency Division Multiplexing)、光时分复用 OTDM(Optical Time Division Multiplexing)、光码分复用 OCDM(Optical Code Division Multiplexing)和副载波复用 SCM(SubCarrier Multiplexing)等。其中，OFDM 和 OWDM 在本质上相似，都是用不同的光载波传输信息，但两者又有区别：在同一根光纤中传输的光载波路数不多，载波之间的间隔又较大的复用方式通常称为 OWDM；若光载波路数较多，波长间隔较小而又密集的复用方式称为 OFDM，OFDM 是密集波分复用系统使用的复用技术。

　　按交换方式光交换系统分为：光(电)路交换(OCS)、光分组交换(OPS)和光突发交换(OBS)，见图 8.9。OCS 又可分为空分(SD)、时分(TD)和波分/频分(WD/FD)光交换，以及由这些交换组合而成的结合型。其中空分交换按光矩阵开关所使用的技术又分成两类，一类是采用波导技术的波导空分，另一类是使用自由空间光传播技术的自由空间光交换。OPS 的交换过程有两种主要形式，其一是同步的、用时隙的、分组长度是固定的；其二是异步的、不用时隙的、分组长度是可变的。大量的研究几乎集中于固定长度的 OPS，如 ATM 光交换。

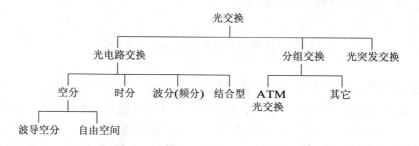

图 8.9　光交换分类

8.3.2　光交换器件

　　组成电交换网络要有缓存器、开关等器件，同样，组成光交换网络也需要类似的器件。

1．光开关

　　构成一个电交换系统的最简单方法是用电开关。同样，构成一个光交换系统的最简单方法是用光开关。与电开关不同的是，光开关接通或断开的是光信号。

　　光开关可分为机械式和非机械式两大类。机械式光开关靠光纤或光学元件移动，使光路发生改变。非机械式光开关依靠电光效应、磁光效应、声光效应和热光效应来改变波导折射率，使光路发生改变。衡量各种光交换开关性能的指标有：插入损耗、串扰、消光比(开关比)、开关响应速度和功耗。

机械式光开关的特点是：插入损耗低，串扰小，消光比和波长透明度大，但其开关响应速度低(ms 级)，仅适合于光路的恢复等面向连接的应用。典型的器件是机械光纤开关。

非机械式光开关的特点是开关响应速度相对较高和易于集成。典型的器件有使用聚合物(如全氟环丁烷 PFCB 、铌酸锂 LiNbO$_3$、磷化铟 InP)和半导体等材料，利用其热光、电光、磁光或声光效应形成的方向耦合器制成的光开关；有采用半导体光放大器制成的光开关；也有利用成阵列的空间电—光调制器 (SLM)来控制入端光纤和出端光纤之间光路通断组成的光开关阵列等。

1) 光放大器

光放大器就是放大光信号的器件。它的输入、输出信号均是光波。光放大器件有两大类：一类称为光纤放大器；另一类是半导体光放大器。

光纤放大器最基本的组成有三部分：一是掺稀土离子的光纤，这是激光激活物质，其长度一般在十几米范围内；二是光耦合器，这里主要是波分复用器(WDM)，它将泵浦光与信号光耦合进掺稀土的光纤中；三是泵浦源，是激励激光活性物质的。泵浦源是输出功率较大(几十 mW 到 100 多 mW)而输出波长一定(980 nm、1480 nm)的激光器。

半导体光放大器可以对输入的光信号进行放大，并且通过偏置电信号控制它的放大倍数。如果偏置信号为零，那么输入光信号就会被这个器件完全吸收，使输出信号为零，相当于把光信号关断。当偏置信号不为零时，输入光信号就出现在输出端上，相当于让光信号导通。因此，这种半导体光放大器可以用作光开关，如图 8.10 所示。半导体光放大器开关插入损耗小，有很宽的带宽且易于集成。同样，掺饵光纤放大器也可以用作光开关，只要控制泵浦光即可。

图 8.10　用作光开关的半导体光放大器

2) 硅衬底平面光波导开关

最通常的一类光开关是基于马赫—曾德尔 Mach-Zchnder(M-Z)干涉计原理的，即当一束光射入波导后分成两个相同长度的光束支路，经一定距离后又汇合在一起，若设法改变其中一个支路的折射指数，使该支路的光束与另一支路的光束同相或反相，则合成光束相互叠加或抵消，形成光路的通或断，实现 1×1 光开关功能。基于 M-Z 干涉计原理的光开关速度因所用材料和设计的不同而异。采用电光效应的响应速度为纳秒级；采用声光效应的为数十微秒级；而采用热光效应材料(如 PFCB)的则为毫秒级。

2×2 硅衬底平面光波导开关器件具有马赫—曾德尔干涉仪(MZI)结构形式。这种器件的交换原理是基于在硅介质波导内的热—电效应，平时偏压为零时，器件处于交叉连接状态，但在加热波导臂时，它可以切换到平行连接状态。这种器件的优点是插入损耗小(0.5 dB)，稳定性好，可靠性高，成本低，适合作大规模集成，但是它的响应时间较慢(1～2 ms)。利用这种器件已制成空分交换系统用的 8×8 光开关。

3) 耦合波导开关

半导体光放大器开关具有一个输入端和一个输出端，而耦合波导开关除一个控制电极外，却具有两个输入端和两个输出端。耦合波导开关的结构和工作模式如图 8.11 所示。

铌酸锂($LiNbO_3$)是一种电光材料，它具有折射率随外界电场而变化的光学特性。在铌酸锂基片上进行钛扩散以形成两个相距很近的光通路，通过这两条通路的

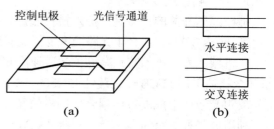

图 8.11　耦合波导开关

(a) 结构外形；(b) 工作模式

光束将发生能量交换，交换的强弱随耦合系数、平行波导的长度和两波导之间的相位差变化。典型波导的长度为数毫米，控制电压为 5 V。当控制端不加电压时，在两个通道上的光信号都会完全耦合到另一个通道上去，从而形成光信号的交叉连接状态。然而，当控制端加上适当的电压后，耦合到另一个通道上的光信号会再次耦合回原来的通道，从而相当于光信号的平行连接状态。用铌酸锂制作的光开关响应速度快(达到纳秒级)，非常适合于吉比特数据的包交换，但铌酸锂交换器件存在较大插入损耗和中等串扰的不足，且用来制造硅器件的许多常规工艺不大适用于铌酸锂。

4) 空间光调制器

用砷铝镓(GaAlAs)多量子阱(MQW)材料可做成自由光效应器件(SEED)阵列。SEED 不仅具有在外电场作用下吸收峰向长波长方向移动的量子限制 stark 效应，而且还存在着以下光电交替反馈进程：某一波长的单色光照射产生光电流→外电路端电压和 SEED 反向偏置变化量子阱→材料场强变化→光吸收率变化→光电流变化→…，即自电光效应。若将两个 SEED 串接，可形成对称的 SEED(S-SEED)单元，构成光逻辑。采用 6 个 S-SEED 可形成一个两级结构的 2×2 基本交换单元(第一级四个 S-SEED 作为与门，第二级两个 S-SEED 作为或门)。当控制光束 CONT＝0，呈交叉连接状态(即 I_1—O_2，I_2—O_1)；当 CON＝1，则呈水平连接状态(即 I_2—O_1、I_1—O_2)。在此基础上可组成 S-SEED 阵列(例如 256×128)，再通过与成像光学技术的结合形成由光控制的空间光调制器(SLM)，完成自由空间互连，可进行纳秒级速度的光交换。由 S-SEED 组成的 2×2 光交换单元的原理如图 8.12 所示。

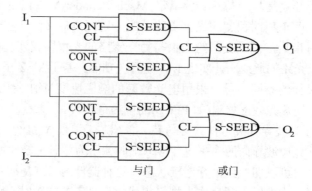

图 8.12　SEED 光交换的原理图

2．波长变换器

1) 可调光滤波器

波长可变的可调谐滤波器在波分复用和光交换系统中起着十分重要的作用。滤光器应具有好的选择性、低的插入损耗和低的偏振敏感性。常用的可调谐滤光器类型有：F-P(Fabry-Perot)滤光器、M-Z 滤光器、光纤布拉格(Bragg)光栅和电光、声光可调谐滤光器(AOTF)等。这类器件主要用于波分/频分光交换网络。

F-P 滤光器的主体是一对由高反射率镜面构成的 F-P 谐振腔，通过改变腔长、材料折射率或入射角来改变谐振腔传输峰值的波长。现已开发出多种结构的 F-P 可调谐滤光器，如利用压电陶瓷改变空气间隙乃至腔长的光纤 F-P 腔型可调谐滤光器。使用铁电类液晶材料来改变 F-P 谐振腔吸收特性也可改变传输峰值的波长。

AOTF 的主体是声光波导，它可以根据控制信号的不同，将一个或多个波长的信号从一个端口滤出，而其它波长的信号从另一个端口输出，如图 8.13 所示。因此它可以看作波长复用的空间 1×2 光开关。

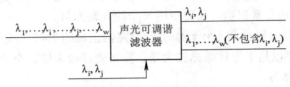

图 8.13　声光可调谐滤波器

2) 波长转换器

另外一种用于光交换的器件是波长转换器。最直接的波长变换是光—电—光变换，即将波长为 λ_i 的输入光信号，由光电探测器转变为电信号，然后再去驱动一个波长为 λ_j 的激光器，或者通过外调制器去调制一个波长为 λ_j 的输出激光器，如图 8.14 所示。

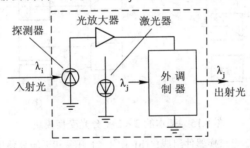

图 8.14　波长转换器

这种方法不需要再定时。另外几种波长转换器是在控制信号(可以是电信号，也可以是光信号)的作用下，通过交叉增益、交叉相位或交叉频率调制以及四波混频等方法实现一个波长的输入信号变换成另一个波长的输出信号。

3．光存储器

光存储器是时分光交换系统的关键器件，它可实现光信号的存储，以进行光信号的时隙交换。常用的光存储器有两种：双稳态激光二极管和光纤延时线。双稳态激光器可用作光缓存器，但是它只能按位缓存，而且还需要解决高速化和容量扩充等问题。光纤延时线是一种比较适用于时分光交换的光缓存器。它以光信号在其中传输一个时隙时间经历的长度为单位，光信号需要延时几个时隙，就让它经过几个单位长度的光纤延时线。

8.3.3 光交换

光交换网络完成光信号在光域的直接交换，不需通过光—电—光的变换。根据光信号的分割复用方式，相应的也存在空分、时分和波分三种信道的交换。若光信号同时采用两种或三种交换方式， 则称为混合光交换。

1. 空分光交换

空分光交换(space optical switch)的实现是几种交换方式中最简单的一种，该交换使输入端任一信道与输出端任一信道相连，完成信息的交换。空分交换网络由开关矩阵组成。最基本的空分光交换网络是 2×2 光交换模块。

空分光交换模块有以下几种：

(1) 铌酸钾晶体定向耦合器；

(2) 由 4 个 1×2 光交换器件组成的 2×2 光交换模块(见图 8.15(a))，该 1×2 光交换器件可以由铌酸锂方向耦合器担当，只要少用一个输入端即可。

(3) 由 4 个 1×1 开关器件和 4 个无源分路/合路器组成的 2×2 光交换模块(见图 8.15(b))，其中 1×1 开关器件可以是半导体激光放大器、掺铒光纤放大器、空分光调制器，也可以是 SEED 器件、光门电路等。

所有以上器件均具有纳秒(ns)量级的交换速度。在图 8.15(a)所示的光交换模块中，输入信号只能在 1 个输出端出现，而图 8.15(b)所示的输入信号可以在两个输出端都出现。

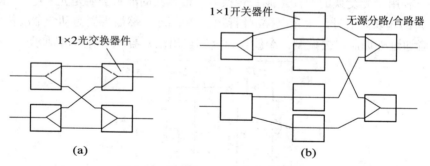

图 8.15 基本的 2×2 空分光交换模块

(a) 由 1×2 光交换器件组成；(b) 由 1×1 开关和无源分路/合成组成

用 1×1、2×2 等光开关为基本单元，并按不同的拓扑结构连接可组成不同形式的交换网络，如纵横交换网络、三级串联结构形式的 CLOSE 网络和多级互联网络等。根据组成网络的器件不同，对交换网络的控制也不同，可以是电信号、光信号等。

空分光交换直接利用光的宽带特性，开关速度要求不高，所用光电器件少，交换网络易于实现，适合中小容量交换机。

2. 时分光交换

时分光交换采用光技术来完成时隙互换。但是，它不是使用存储器，而是使用光延迟器件。

图 8.16 为两种时隙交换器 TSI(Time Slot Interchanger)。图中的空间光开关在一个时隙内

保持一种状态，并在时隙间的保护带中完成状态转换。现假定时分复用的光信号每帧有 T 个时隙，每个时隙长度相等，代表一个信道。

图(a)用一个$1\times T$空间光开关把 T 个时隙时分复用，每个时隙输入到一个2×2光开关。若需要延时，则将光开关置成交叉状态，使信号进入光纤环中，光纤环的长度为 1，然后将光开关置成平行状态，使信号在环中循环。需要延时几个时隙就让光信号在环中循环几圈，再将光开关置成交叉状态使信号输出。T 个时隙分别经过适当的延时后重新复用成一帧输出。这种方案需要一个$1\times T$光开关和 T 个2×2光开关，光开关数与 T 成正比。

图(a)是反馈结构，即光信号从光开关的一端经延时又反馈到它的一个入端。它有一个缺点，就是不同延时的时隙经历的损耗不同，延时越长，损耗越大，而且信号多次经过光开关还会增加串扰。

图(b)采用了前馈结构，不同的延时使用不同长度的单位延时线。图中没有2×2光开关，控制比较简单，损耗和串扰都比较小。但是在满足保持帧的完整性要求时，它需要 2T 减 1 条不同长度的光纤延时线，而反馈结构只需要 T 条长度为 1 的光纤延时线。

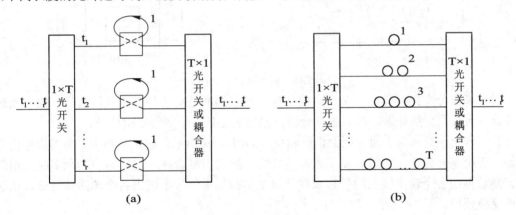

图 8.16 时隙交换器

用时隙交换器结合时间复用的空间开关可以组成时分光交换网络，如图 8.17 所示。

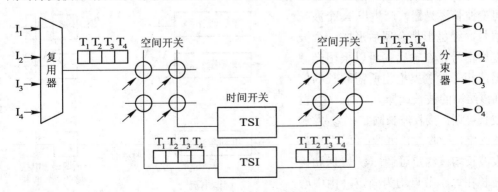

图 8.17 时分光交换网络

时分光交换网络的工作原理是这样的：首先，把时分复用信号送入空间开关分路，使它的每条出线上同时都只有某一个时隙的信号；然后，把这些信号分别经过不同的光延迟线器件，使其获得不同的时间延迟；最后，再把这些信号经过一个空间开关复用重新复合起来，时隙互换就完成了。

3．波分光交换

波分复用系统采用波长互换的方法来实现交换功能。波长开关是完成波长交换的关键部件。可调波长滤波器和变换器是构成波分光交换的基本元件。

波长互换的实现是从波分复用信号中检出所需波长的信号，并把它调制到另一波长上去，如图 8.18 所示。检出信号的任务可以由具有波长选择功能的法布里—珀罗(F-P)滤波器或相干检测器来完成。信号载波频率的变换则是由可调谐半导体激光器来完成的。为了使交换系统能够根据具体要求在不同的时刻实现不同的连接，控制信号应对 F-P 滤波器进行控制，使之在不同的时刻选出不同波长的信号。

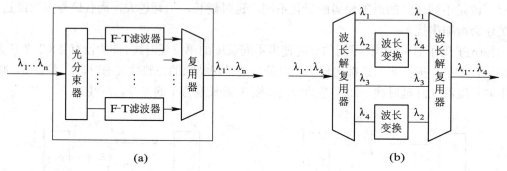

图 8.18　波长互换光交换

时分和波分交换都具有一个共同的结构，即它们都是从某种多路复用信号开始，先进行分路，再进行交换处理，最后进行合路，输出的还是一个多路复用信号。

另一种交换结构与上面介绍的正好相反，如图 8.19 所示。它是从各个单路的原始信号开始，先用某种方法，如时分复用或波分复用，把它们复合在一起，构成一个多路复用信号，然后再由各个输出线上的处理部件从这个多路复用信号中选出各个单路信号来，从而完成交换处理。

图 8.19 为波长选择光交换原理图，该结构可以看成是一个 N×N 阵列型波长交换系统，N 路原始信号在输入端分别去调制 N 个可变波长激光器，产生出 N 个波长的信号，经星形耦合器后形成一个波分复用信号、在输出端可以采用光滤波器或相干检测器检出所需波长的信号。该结构的波长选择方式有：① 发送波长可调，接收波长固定；② 发送波长固定，接收波长可调；③ 发送和接收波长均按约定可调；④ 发送和接收波长在每一节点均为固定，由中心节点进行调配。

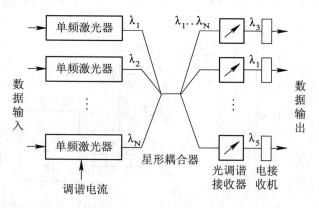

图 8.19　波长选择光交换原理

4．结合型光交换

虽然使用半导体激光器可实现光频转换，使用调谐滤波器可以选择信道，但是在实际系统中利用它们实现交换的信道数有限。将几种光交换相结合，可以扩大交换网络的容量。

1) 空分与时分结合型交换系统

图 8.20 给出两种空分与时分结合的光交换单元。图中，时分光交换模块可由 N 个时隙交换器构成。LiNbO$_3$ 光开关、InP 光开关和半导体光放大器门型光开关的开关速率都可达到 ns 级，由它们构成空分光交换模块 S。

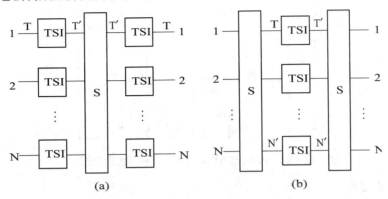

图 8.20 两种空分与时分结合型光交换单元

(a) TST 结构；(b) STS 结构

2) 波分与空分结合型交换系统

使用波分复用技术设计大规模交换网络的一种方法是把多级波分交换网络进行互联。但是这种方法每次均需要把 WDM 信号分路后进行交换，然后再合路，这使系统很复杂，实现起来也很困难，成本也高。解决方法之一是利用空分交换技术。把输入信号波分解复用，再对每个波长的信号分别应用一个空分光交换模块，完成空间交换后再把不同波长的信号波分复用起来，完成波分与空分光交换功能，如图 8.21 所示。

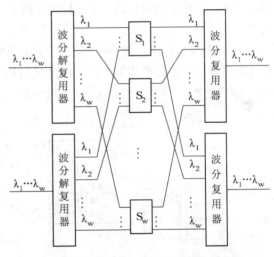

图 8.21 一种波长复用的空分光交换模块

3) FDM 与 TDM 结合型交换系统

在 FDM 交换系统中，加入光存储器完成时隙交换，就可以实现 FDM 与 TDM 结合型交换，如图 8.22 所示。其工作原理是这样的：首先，用电时分复用的方法将 N 路信号复用在一起，然后去调制 L 个光载波中的一个光载波，这 L 路光载波经频分复用后就构成 FDM 与 TDM 结合的复用信号。为了实现 FDM 与 TDM 结合型交换，应首先用波分解复用器对 L 路 FDM 信号解复用，得到 L 路时分复用信号，然后再对每一路 TDM 信号进行时隙交换。TDM 交换是由 1×N 分路器、N 个光存储器、N 个低速频率转换器和 1 个 N×1 光合路器组成。时隙交换后的 L 路光信号再经合路器复合后送入光纤传输，从而完成了 FDM 与 TDM 结合型交换。由此可见，这种 1 级结构需要 N×L 个光存储器和 N×L 个低速频率转换器。

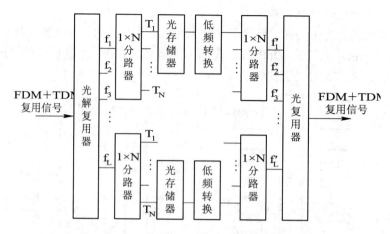

图 8.22 FDM 与 TDM 结合型交换系统原理图

5. ATM 光交换

ATM 光交换是以 ATM 信元为交换对象的技术,交换遵循电领域 ATM 交换的基本原理,采用波分复用、电或光缓存技术,由信元波长进行选路。依照信元的波长,信元被选路到输出端口的光缓冲存储器中,然后将选路到同一输出端口的信元存储于输入公用的光缓冲存储器内,完成交换的目的。下面讨论一种基于超窄光脉冲的广播选择星形网络的 ATM 信元交换。

图 8.23 是用输出缓冲器控制的光信元交换广播选择星形网络。该网络中输入和输出信号是电信号,其比特率为 B,经光时分复用后为 nB。交换系统由 6 部分组成:光调制器、光信元编码器、星形耦合器、光信元选择器,光信元缓冲器以及光信元解码器。

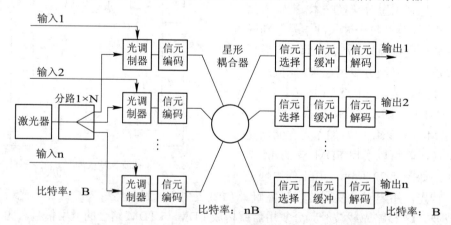

图 8.23 光时分复用 ATM 信元交换广播选择星形网络

光信元编码器是一列脉冲间隔压缩器,每个编码器由 1×2 的光开关、一对光延迟线和一个光耦合器组成。在光发送端,使用超窄光脉冲发生器,把比特率为 B 的电 ATM 信元数据流转变成超高速光信元流,超窄光脉冲由增益切换分布反馈激光二极管或模式锁定激光器获得。包括路由信息的控制信元同时由直接调制激光器产生,并与它们对应的高速数据信元经波分复用器复用在一起。在星形耦合器中,经波分复用后的超高速数据信息信元和控制信元又与其它输入线来的信元时分复用，其结果是在星形耦合器的输出端产生了一列比特率为 nB 的超高速光比特流。

数据信元被波分解复用后，信元选择器检出控制信元，当其地址与输出线的地址一致时，使用一个光门控开关，从高速数据流中滤出数据信元，然后送入输出缓冲器，比特率为 nB 的超高速光信元被转换回比特率为 B 的光信元，并进一步由信元解码器变换为电信元。信元选择器和信元探测器需要的逻辑功能是由电子器件来完成的。

光星形耦合器的广播选择星形网络结构简单，因此可靠性高、费用也低。

6. 自由空间光交换

我们知道，光学通道是由光学波导组成的，所构成的交换网络容量有限，远远没有发挥光的并行性、高密度的潜力。另外，平面波导构成的光开关节点是一种定向耦合开关节点，没有逻辑处理功能，不能做到自寻址路由控制，因此很难适应 ATM 交换的需要。由于光波作为载波在自由空间传输的带宽大约为 100THz，为了充分利用这种带宽，科学家们开始研究自由空间光交换网络系统。

在空间无干涉地控制光的路径的光交换叫自由空间光交换。它是最早的光交换，其构成比较简单，只要移动棱镜或透镜即可。典型的自由空间光交换是由二维光极化控制的阵列或开关门器件组成。另外，使用全息光交换技术也可以构成大规模的自由空间光交换系统，而且无需多级互联。自由空间交换的优点是互连不需物理接触，且串扰和损耗小。但在自由空间光交换方式中，对光束的校准和准直精度有很高的要求。

自由空间光交换网络可以由多个 2×2 交叉连接元件组成。图 8.24 所示是由具有极化控制的两块双折射片组成的交换元件，前一块双折射片对两束正交极化的输入光束复用，后一块片对其解复用。输入光束偏振方向由极化控制器控制，可以旋转 0° 或 90°。当旋转 0° 时，输入光束的极化状态不会改变；当旋转 90° 时，输入光束的极化状态发生变化，正常光束变为异常光束，异常光束变为正常光束，实现了 2×2 交换。

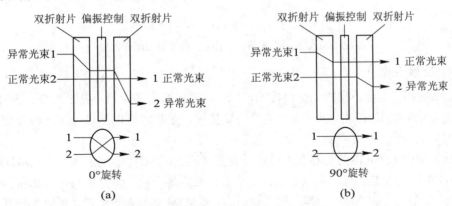

图 8.24　由两块双折射片组成的交换元件

(a) 交叉连接状态；(b) 平行连接状态

如果把 4 个交叉连接元件连接起来，就可以得到一个 4×4 交换单元，如图 8.25 所示。这种交换单元有一个特点，就是每一个输入端到每一个输出端都有一条路径，且只有一条路径。例如，在控制信号的作用下，A 和 B 交叉连接元件工作在平行连接状态，而 C 元件工作在交叉连接状态，所以输入线 0 只能输出到输出线 0，输入线 3 只能输出到输出线 1。用类似的方法，可以构成大规模的交换系统。

　　自由空间光交换网络也可以由光逻辑开关器件组成，比较有前途的一种器件是既要求电能也要求光能的自电光效应器件(S-SEED)。自电光效应器件的结构及其特性如图 8.26 所示。该器件是一个 i 区为多量子阱(MQW)结构的 PIN 光电二极管。通常，除信号光束外，对它还施加一个偏置光束，这种器件在对它供电的情况下，出射光强并不完全正比于入射光强，当入射光强

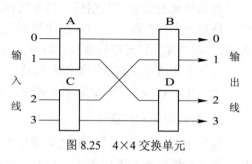

图 8.25　4×4 交换单元

(偏置光强+信号光强)大到一定程度时，该器件变成一个光能吸收器，使出射光信号减小，如图 8.26(a)所示。利用这一性质，可以制成多种逻辑器件，比如逻辑门，当偏置光强和信号光强都足够大时，其总能量足以超过器件的非线性阈值电平，使该器件的状态发生改变，输出电平从高电平"1"下降到低电平"0"。借助减小或增加偏置光束能量和信号光束能量，可以构成一个光逻辑门。

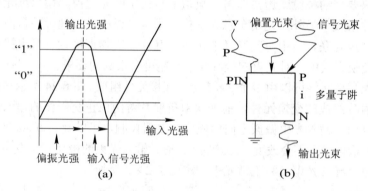

图 8.26　自电光效应器件的结构及其特性
(a) 自电光效应器件的特性；(b) 自电光效应器件的结构

7. 光交换系统

　　实际系统中，上述不同的光交换技术可以支持不同粒度的交换，见图 8.27。其中：多路光纤空间交换和波长交换类似于现存的电路交换网，是粗粒度的信道分割；时分交换或分组交换的信道分割粒度较细。

　　目前，WDM 全光网的主要节点设备是光交叉连接(OXC)和光分插复用器(OADM)。

　　OADM 的功能是在光域内从传输设备中有选择性地下路、上路或直通传输信号，实现传统 SDH 设备中电的 ADM 功能。相比较而言，OADM 更具有透明性，可以处理任何格式和速率的信号，使整个光纤通信网络的灵活性大大提高。目前已经有厂家开始提供商用的固定波长 OADM(如加拿大的 JDS 公司)，可变波长 OADM 技术也已经成熟，正逐步从实验室走向商用市场。一种目前国内外光试验网广泛采用的 OADM 结构如图 8.28 所示。

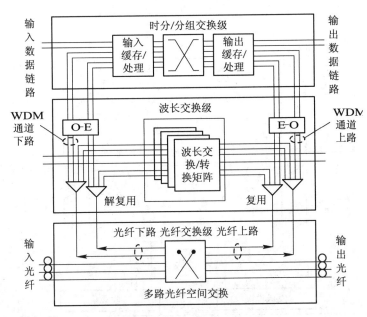

图 8.27 光交换层次示列

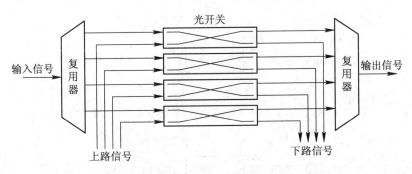

图 8.28 基于解复用器和光开关的 OAM

OXC 的功能与 SDH 中的数字交叉连接设备(SDXC)类似，不同点是它能在光域网上直接实现高速光信号的路由选择、网络恢复等，是全光网的核心器件。虽然 OXC 只具有有限的光交换功能，但已在各种基于 WDM 的光联网中得到了应用。OXC 首先用于长途骨干网，然后将逐步应用于城域网。OXC 的基本应用包括物理网络的管理、波长管理、指配和疏导。物理网络的管理是指故障路由的恢复和灵活的选路；波长管理主要指波长选路；指配和疏导可实现网络重组和改变业务模式，以适应新业务的需要。此外，在 WDM 网中，为了防止信道间的串扰，相邻波长需保证一定的间隔，因而可用波长数受限，OXC 网络节点对指定波长进行互连，可实现波长重用。

OXC 的具体结构主要有基于空间交换的 OXC 和基于波长交换的 OXC。但是目前全光波长变换器的实用化还取决于器件的发展水平和系统的实际需要。在不采用波长变换器的结构中，目前最看好的两种 OXC 结构如图 8.29 所示。

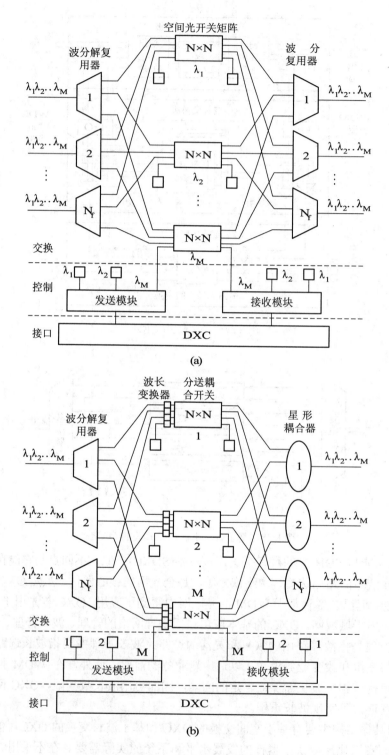

图 8.29 两种 OXC 结构

(a) 基于空间交换的 OXC 结构；(b) 基于分送耦合开关的 OXC 结构

8.3.4 光交换技术的发展状况

对光交换的探索始于 20 世纪 70 年代，80 年代中期发展比较迅速。首先是在实验室对各种光基本器件进行了技术研究，然后对构成系统进行了研究。目前对光交换所需器件的研究已具有相当水平。在光器件技术推动下，光交换系统技术的研究也有了很大进展。第一步进行电控光交换，即信号交换是全光的，而光器件的控制仍由电子电路完成。目前实用系统大都处于这一水平，相关成果报道得也比较多。第二步为全光交换技术，即系统的逻辑、控制和交换均由光子完成。关于这方面的报道还较少。

随着 B-ISDN 技术的发展，各国对光交换的关注日益增加。许多国家都在致力于光交换技术的研究与开发，其中美国 ATM 贝尔研究所，日本 NEC 和 NTF、德国 HHI、瑞典爱立信公司等研究机构对光交换的研究水平较高，主要涉及 6 种交换方式以及光互联、全光同步、光存储器和光交换在 B-ISDN 中的应用等领域。光交换领域急需研究开发的课题有：光互联、光交换、光逻辑控制及光综合通信网的结构。

我国在"七五"期间就开展了光交换技术的研究，并将光交换技术列为"八五"、"九五"期间的高科技基础研究课题。1990 年，清华大学实现了我国第一个时分光交换(34 M/s)演示系统。1993 年，北京邮电大学光通信技术研究所研制出光时分交换网络实验模型。

目前，光交换技术市场日益成熟，价格也在迅速下降。许多运营商，比如 Global Crossing、法国电信和日本电信等都已经计划在他们的网络中广泛采用光交换技术。北京市通信公司宣布采用北电网络的 OPTera DX 光交换机完成了长途光传输系统工程，升级后的网络已投入商业服务。

对光信号处理可以是线路级的、分组级的或比特级的。WDM 光传输网属于线路级的光信号处理；OTDM 是比特级的光信号处理，由于它对光器件的工作速度要求很高，因此尽管国内外的研究人员做了很大努力，但离实用还有一定的距离；光分组交换(OPS)属于分组级的光信号处理，和 OTDM 相比，它对光器件工作速度的要求大大降低，而且比 WDM 能更加灵活、有效地提高带宽利用率。光分组交换网能以更细的粒度快速分配光信道，支持 ATM 和 IP 的光分组交换，是下一代全光网络技术，其应用前景广阔。目前，世界上许多发达国家进行了光分组交换网的研究，如欧洲 RACD 计划的 ATMOS 项目和 ACTS 计划的 KEOPS 项目，美国 DARPA 支持的 POND 项目和 CORD 项目，英国 EPRC 支持的 WASPNET 项目，日本 NTT 光网络实验室的项目等。但是，光分组交换网的实用化取决于一些关键技术的进步，如光标记交换、微电子机械系统(MEMS)、光器件技术等。目前，光器件技术中固态光交换技术已开始迅速发展，利用固态交换技术，交换速度可以在纳秒的范围之内，这样高的速度主要用于光的分组交换。已经有一些公司在这个方向上取得了重大进展，例如 Brimcom、Lynx and NTT 公司。据 CIR 预测，美国的固态光交换元件和子系统市场将从现在的 1800 万美元增加到 2005 年的 2.02 亿美元。随着光网络技术、系统技术、光器件技术的发展，光分组交换在不远的将来将会走向实用化。

思 考 题

8.1 引入 IN 的目的是什么？它是在怎样的环境下提出的？实现的思想是什么？

8.2 软交换是在怎样的环境下提出的？怎样实现？

8.3 为什么引入光交换？光交换的种类有哪些？

8.4 目前全光网的节点设备有哪些？举例说明它们的组成和工作原理。

附录　英文缩写词汇表

英文缩写	全称	中文名

A

AAL	ATM Adaptation Layer	ATM 适配层
ABR	Available Bit Rate	可用比特率
ACM	Address Complete Message	地址全消息
AGW	Access Gateway	接入网关
ANC	Answer with Charge	应答并计费（消息）
ANSI	American National Standard Institute	美国国家标准协会
API	Application Programming Interface	应用编程接口
AP	Application part	应用部分
ARPA	Advanced Research Project Agency	高级研究计划署
AS	Access Switch	接入交换级
		入口级接线器
ASIC	Application Specific Integrated Circuit	专用集成电路
ASON	Automatic Switched Optical Network	自动交换光网络
AT	Analog Trunk	模拟中继
ATDM	Asynchronous Time Division Multiplexing	异步时分复用
ATM	Asynchronous Transfer Mode	异步传送模式
AUUI	ATM User-User Indication	ATM 用户至用户指示

B

BC	Bearer Capability	承载能力
BECN	Backward Explicit Congestion Notification	后向显式拥塞通知
BHCA	Busy Hour Call Attempts	忙时试呼次数
BGP	Border Gateway Protocol	边界网关协议
BIB	Backward Indication Bit	后向指示位
BICC	Bearer Independent Call Control	承载无关的呼叫控制
B-ISDN	Broadband Integrated Service Digital Network	宽带综合业务数字网
BRI	Basic Rate Interface	基本速率接口
BSN	Backward Sequence Number	后向序号

C

CAC	Call Admission Control	呼叫接纳控制
CAS	Channel Associated Signaling	随路信令
CBR	Constant Bit Rate	恒定比特率
CC	Call Control	呼叫控制
CCS	Common Channel Signaling	公共信道信令
CDV	Cell Delay Variation	信元时延抖动
CIC	Circuit Identification Code	电路识别码
CIDR	Classless Inter-Domain Routing	无分类域间路由选择
CK	Check Bit	校验位
CL	Connectionless	无连接
CLF	Clear Forward	前向拆线消息
CLP	Cell Loss Priority	信元丢失优先级
CLR	Cell Loss Ratio	信元丢失率
CM	Control Memory	控制存储器
CMOC	Centralized Maintenance & Operation Center	集中维护操作中心
CO	Connection Oriented	面向连接
CPCS	Common Part Convergence Sub-layer	公共部分汇聚子层
CPS	Common Part Sub-layer	公共部分子层
CR	Cell Relay	信元中继
CRC	Cyclic Redundancy Check	循环冗余校验
CS	Capability Set	能力集
CS	Convergence Sub-layer	汇聚子层
CS	Circuit Switch	电路交换
CSMA/CD	Carrier Sense Multiple Access with Collision Detection	带冲突检测的载波监听多路访问
CTD	Cell Transfer Delay	信元传送时延

D

DCE	Data Circuit-terminating Equipment	数据电路终接设备
DDN	Digital Data Network	数字数据网
DG	Datagram	数据报
DLCI	Data Link Connection Identifier	数据链路连接标识符
DPC	Destination Point Code	目的信令点编码
DSE	Digital Switching Element	数字交换单元
DSN	Digital Switching Network	数字交换网络
DT	Digital Trunk	数字中继
DTE	Data Terminal Equipment	数据终端设备

| DTMF | Dual-Tone Multi-Frequency | 双音多频 |
| DUP | Data User Part | 数据用户部分 |

E

| ETSI | European Telecommunication Standard Institute | 欧洲电信标准协会 |

F

FC	Feedback Control	反馈控制
FDDI	Fiber Distributed Data Interface	光纤分布式数据接口
FECN	Forward Explicit Congestion Notification	前向显式拥塞通知
FIB	Forward Indication Bit	前向指示比特
FISU	Fill-In Signal Unit	填充信令单元
FPS	Fast Packet Switching	快速分组交换
FR	Frame Relay	帧中继
FS	Frame Switching	帧交换
FSN	Forward Sequence Number	前向序号

G

GFC	Generic Flow Control	一般流量控制
GK	GateKeeper	网守
GT	Global Title	全局码
GW	GateWay	网关

H

HDLC	High-level Data Link Control	高级数据链路控制规程
HEC	Header Error Control	信头差错控制
HSTP	Higher Signaling Transfer Point	高级信令转接点

I

IAI	IAM with Information	带附加信息的初始地址消息
IAM	Initial Address Message	初始地址消息
ICMP	Internet Control Message Protocol	因特网控制报文协议
IEEE	Institute of Electrical and Electronics Engineers	电气和电子工程师协会
IETF	Internet Engineering Task Force	因特网工程任务小组
IFMP	Ipsilon Flow Management Protocol	Ipsilon 流管理协议
IMP	Interface Message Processor	接口信息处理机
IN	Intelligent Network	智能网
INAP	Intelligent Network Application Part	智能网应用部分
IP	Interworking Protocol	因特网协议
IP	Intelligent Peripheral	智能外设

IPDC	Internet Protocol Device Control	IP 设备控制协议
ISC	International Softswitch Consortium	国际软交换联盟
ISDN	Integrated Service Digital Network	综合业务数字网
ISO	International Organization for Standardization	国际标准化组织
ISUP	ISDN User Part	ISDN 用户部分
ITU	International Telecommunication Union	国际电信联盟

L

LAPB	Link Access Procedures Balanced	平衡型链路接入规程
LAPD	Link Access Procedure on the D-channel	D 信道链路接入规程
LAPF	Link Access Procedures to Frame Mode Bearer Services	帧方式承载业务链路接入规程
LAN	Local Area Network	局域网
LANE	LAN Emulation	局域网仿真
LC	Link Control	连接控制
LC	Line Concentration	用户集中级
LC	Line Circuit	用户电路
LCGN	Logical Channel Group Number	逻辑信道群号
LCN	Logical Channel Number	逻辑信道号
LDP	Label Distribution Protocol	标记分配协议
LI	Length Indicator	长度指示语
LLC	Logical Link Control	逻辑链路控制
LMI	Local Management Interface	本地管理接口
LSSU	Link Status Signal Unit	链路状态信令单元
LSTP	Lower Signaling Transfer Point	低级信令转接点

M

MAC	Medium Access Control	介质访问控制
MAP	Mobile Application Part	移动应用部分
MCU	Multipoint Control Unit	多点控制单元
MFC	Multi-Frequency Compelled	多频互控
MGCP	Media Gateway Control Protocol	媒体网关控制协议
MGW	Media GateWay	媒体网关
MPLS	Multi-Protocol Label Switch	多协议标记交换
MPOA	Multi-Protocol Over ATM	多协议通过 ATM
MRCS	Multi-Rate Circuit Switching	多速率电路交换
MSU	Message Signal Units	消息信令单元
MTBF	Mean Time Between Failure	平均故障间隔时间
MTP	Message Transfer Part	消息传递部分

MTTR	Mean Time To Repair	平均故障修复时间

N

NAP	Network Access Point	网络接入点
NGN	Next Generation Network	下一代网络
NI	Network Indicator	网络指示语
N-ISDN	Narrowband Integrated Service Digital Network	窄带综合业务数字网
NNI	Network-to-Network Interface	网络至网络接口
NPC	Network Parameter Control	网络参数控制
NRM	Network Resource Management	网络资源管理

O

OAM	Operation And Maintenance	操作与维护
OCDM	Optical Code Division Multiplexing	光码分复用
OFDM	Optical Frequency Division Multiplexing	光频分复用
OMAP	Operation and Maintenance Application Part	操作维护应用部分
OPC	Original Point Code	源信令点编码
OSI	Open System Interconnection	开放系统互连
OSPF	Open Shortest Path First	开放最短路径优先
OTDM	Optical Time Division Multiplexing	光时分复用
OWDM	Optical WaveLength Division Multiplexing	光波分复用

P

PABX	Private Automatic Branch Exchange	自动用户交换机
PBX	Private Branch Exchange	用户交换机
PCM	Pulse Code Modulation	脉冲编码调制
PCR	Peak Cell Rate	峰值信元速率
PDU	Protocol Data Unit	协议数据单元
PLMN	Public Land Mobile Network	公用陆地移动网
PM	Physical Media Dependent Sublayer	物理媒介子层
PNNI	Private Network-to-Network Interface	专用网络至网络接口
PRI	Primary Rate Interface	基群速率接口
PS	Packet Switching	分组交换
PSPDN	Packet Switching Public Data Network	公用分组交换数据网
PSTN	Public Switched Telecommunication Network	公用电话交换网
PT	Payload Type	净荷类型
PTI	Payload Type Identifier	净荷类型指示
PVC	Permanent Virtual Circuit	永久虚电路
PVC	Permanent Virtual Connection	永久虚连接

Q

| QoS | Quality of Service | 服务质量 |

R

RIP	Routing Information Protocol	路由信息协议
RLG	Release Guard	释放监护信令
RM	Remote Module	远端模块
RTP	Real-time Transport Protocol	实时传输协议
RSU	Remote Subscriber Unit	远端用户单元
RSVP	Resource Reservation Protocol	资源预留协议

S

SAAL	Signaling ATM Adaptation Layer	信令 ATM 适配层
SAP	Service Access Point	业务接入点
SAPI	Service Access Point Identifier	业务接入点标识
SAR	Segmentation And Reassembly	分段和重装
SCCP	Signaling Connection Control Part	信令连接控制部分
SC	Service Control	业务控制
SCE	Service Creation Environment	业务生成环境
SCM	Subcarrier Multiplexing	副载波复用
SCP	Service Control Point	业务控制点
SCTP	Stream Control Transfer Protocol	流控制传送协议
SDH	Synchronous Digital Hierarchy	同步数字序列
SDP	Service Data Point	业务数据点
SDU	Service Data Unit	业务数据单元
SF	Status Filed	状态字段
SI	Service Indicator	业务指示语
SIF	Signaling Information Field	信令信息字段
SIO	Service Indicator Octet	业务指示语八位位组
SIP	Session Initiation Protocol	会话启动协议
SIP-T	SIP Telephony	SIP 电话控制协议
SL	Signaling Link	信令链路
SLS	Signaling Link Selection	信令链路选择码
SM	Speech Memory	话音存储器
SMAP	Service Management Access Point	业务管理接入点
SMS	Service Management System	业务管理系统
SN	Sequence Number	序号
SNP	Sequence Number Protection	序号保护
SNMP	Simple Network Management Protocol	简单网络管理协议

SP	Signaling Point	信令点
SPC	Signaling Point Code	信令点编码
SPC	Stored Program Control	存储程序控制
SS7	Signaling System No.7	7号信令系统
SSCF	Service Specific Coordination Function	业务特定协调功能
SSCOP	Service Specific Connection Oriented Protocol	业务特定面向连接协议
SSCS	Service Specific Convergence Sublayer	业务特定汇聚子层
SSF	Sub-Service Field	子业务字段
SSN	Sub-System Number	子系统号
SSP	Service Switching Point	业务交换点
STDM	Synchronous Time Division Multiplexing	同步时分复用
STM	Synchronous Transfer Mode	同步转移模式
STP	Signaling Transfer Point	信令转接点
SU	Signaling Unit	信令单元
SVC	Switched Virtual Circuit	交换虚电路
SVC	Switched Virtual Connection	交换虚连接

T

TAG	Tag Switch	标签交换
TC	Transaction Capability	事务处理能力
TC	Transmission Convergence Sublayer	传输会聚子层
TCAP	Transaction Capabilities Application Part	事务处理能力应用部分
TCP	Transmission Control Protocol	传输控制协议
TDP	Tag Distribution Protocol	标签分配协议
TGW	Trunk Gateway	中继网关
TMN	Telecommunication Management Network	电信管理网
TS	Time Slot	时隙
TSI	Time Slot Interchanger	时隙交换器
TTL	Time To Live	生存时间
TUP	Telephone User Part	电话用户部分

U

UDP	User Datagram Protocol	用户数据报协议
UNI	User-Network Interface	用户网络接口
UP	User Part	用户部分
UPC	Usage Parameter Control	使用参数控制

V

VBR	Variable Bit Rate	可变比特率

VC	Virtual Connection	虚连接
VC	Virtual Circuit	虚电路
VC	Virtual Channel	虚信道
VCC	Virtual Channel Connection	虚信道连接
VCI	Virtual Channel Identifier	虚信道标识
VP	Virtual Path	虚通道
VPC	Virtual Path Connection	虚通道连接
VPI	VP Identifier	虚通道标识符
VPN	Virtual Private Network	虚拟专用网
VOD	Video on Demand	视频点播

W

WAN	Wide Area Network	广域网

参 考 文 献

1   A.S. Tanenbaum. Computer Network. 3rd ed. 北京：清华大学出版社，1996

2   Christopher Y.Metz. IP 交换技术协议与体系结构. 北京：机械工业出版社，2001

3   Forozan 著. TCP/IP 协议簇. 谢希仁译. 北京：清华大学出版社，2003

4   Jim Metzler，Lynn DeNoia 著. 第三层交换. 卢泽新，周榕等译. 北京：机械工业出版社，2000

5   Radia Perlman著. 网络互连：网桥、路由器、交换机和互连协议(第二版). 高传善等译. 北京：机械工业出版社，2000

6   Uyless Black. 因特网高级技术. 宋建平等译. 北京：电子工业出版社，2001

7   Uyless Black. ATM: Internetworking with ATM(影印版). 北京：清华大学出版社，1999

8   William Stallings著. 局域网与城域网. 毛迪林，张琦等译. 北京：电子工业出版社，2001

9   William Stallings. 高速网络——TCP/IP 和 ATM 设计原理. 齐望东等译. 北京：电子工业出版社，1999

10 William Stallings. 数据与计算机通信. 北京：电子工业出版社，2002

11 W.Richard Stevens. TCP/IP Illustrated Volume I. 北京：机械工业出版社，Addison-Wesley，2002

12 ITU-T 蓝皮书. 七号信令系统技术规程. Q.700-716，Q.721-766，1989

13 敖志刚. 现代高速交换局域网及其应用. 北京：国防工业出版社，2001

14 陈锡生，糜正琨. 现代电信交换. 北京：北京邮电大学出版社，1999

15 陈建亚. 可编程交换技术. 北京：人民邮电出版社，2001

16 达新宇. 现代通信新技术. 西安：西安电子科技大学出版社，2001

17 杜治龙. 分组交换工程. 北京：人民邮电出版社，1993

18 桂海源，骆亚国. NO.7 信令系统. 北京：北京邮电大学出版社，1999

19 龚双瑾，王鸿生. 智能网概论. 北京：人民邮电出版社，1997

20 顾畹仪等. 全光通信网. 北京：北京邮电大学出版社，2001

21 金惠文，陈建亚，纪红. 现代交换原理. 北京：电子工业出版社，2000

22 纪越峰等. 现代通信技术. 北京：北京邮电大学出版社，2002

23 纪红著. 7号信令系统(修订版). 北京：人民邮电出版社，1999

24 李增智，陈妍. 计算机网络原理. 西安：西安交通大学出版社，2000

25 刘少亭，卢建军，李国民. 现代信息网. 北京：人民邮电出版社，2000

26 廖建新等. 宽带智能网. 北京：人民邮电出版社，2001

27 糜正琨，陈锡生著. 7号共路信令系统. 北京：人民邮电出版社，1994

28 全首易. ATM 宽带技术及应用. 北京：北京邮电大学出版社，1999

29 孙海荣. ATM 技术. 成都：电子科技大学出版社，1998

30 沈金龙. 计算机通信与网络. 北京：北京邮电大学出版社，2002

31 唐宝民，王文鼎，李标庆. 电信网技术基础. 北京：人民邮电出版社，2001

32 王立言. 公共信道信号. 北京：人民邮电出版社，1993

33　王柏. 智能网教程. 北京：北京邮电大学出版社，2000

34　王承恕. 通信网基础. 北京：人民邮电出版社，1999

35　王晓军、毛京丽. 计算机通信网基础. 北京：人民邮电出版社，2002

36　徐荣、龚倩. 高速宽带光互联网技术. 北京：人民邮电出版社，2002

37　徐澄圻. 21 世纪通信发展趋势. 北京：人民邮电出版社，2002

38　谢希仁. 计算机网络. 北京：电子工业出版社，2002

39　杨放春. 智能化现代通信网. 北京：北京邮电大学出版社，1999

40　杨宗凯. ATM 理论及应用. 西安：西安电子科技大学出版社，1996

41　叶敏. 程控数字交换与交换网. 北京：北京邮电大学出版社，1999

42　朱世华. 程控数字交换原理与应用. 西安：西安交通大学出版社，1993

43　加拿大北方电讯. DPN-100 分组交换机参考手册. 王芸译. 1994

44　石晶林，丁炜. MPLS 宽带网络互连技术. 北京：人民邮电出版社，2001

45　冯径. 多协议标记交换. 北京：人民邮电出版社，2002

46　James Aweya. IP Router Architecture：An Overview. Nortel Networks

47　Traffic Management Specification. version 4.1. ATM forum，1999

48　Requirements for Traffic Engineering Over MPLS. RFC2702. IETF，1999

49　Multiprotocol Label Switching Architecture. RFC3031. IETF，2001

50　Joon Choi and Danny Lahav. Optical Transport Network :Solution to Network Scalability and Manageability. OptiX Networks，2002

51　Y. Rekhter et al. Cisco Systems. Tag Switching Architecture Overview. RFC 2105. Network Working Group，1997

52　Intelligent Network. Telcordia Technologies, www.iec.org

53　Awdeh,R.Y and Mouftah,H.T. Survey of ATM Switch Architectures. Computer Network and ISDN System, 1995, vol.27, pp.136-143

54　Bellamy,J. Digital Telephony. New York：ohn Wiley,1991

55　Jabbari B. Colombo G., Nakajima A and Kulkarni J. Network Issues for Wireless Communications. IEEE Commun.Magazine, 1995,vol.33,pp.88-98,Jan

56　Metcalfe R.M. Computer/ Network Interface Design: Lessons from Arpanet and Ethernet. IEEE Journal on Selected Areas in Commun, 1993, vol.11,pp.173-179

57　Siu K.Y. and Jain. R. A Brief Overview of ATM:Protocol Layers,LAN Emulation,and Traffic Management. Computer Commun.Rev. 1995, vol.25, pp.6-20